BIM 技术与应用系列

Revit 2018
中文版
建筑设计基础实例教程

◎ 贾燕 编著

BIM Technology

人民邮电出版社

北 京

图书在版编目（CIP）数据

Revit 2018中文版建筑设计基础实例教程 / 贾燕编
著. -- 北京：人民邮电出版社，2019.4
（BIM技术与应用系列）
ISBN 978-7-115-50374-9

Ⅰ. ①R… Ⅱ. ①贾… Ⅲ. ①建筑设计－计算机辅助
设计－应用软件－教材 Ⅳ. ①TU201.4

中国版本图书馆CIP数据核字(2018)第287223号

内 容 提 要

本书重点介绍了 Autodesk Revit 2018 中文版的新功能及各种基本操作方法和技巧。全书共 11 章，内容包括 Revit 2018 入门，基本绘图工具，创建族，绘图准备，墙、楼板、门窗、屋顶、楼梯设置，场地设置，漫游和渲染等。在介绍该软件的过程中，本书注重由浅入深、从易到难，各章节既相对独立又前后关联。编者根据自己多年经验及学习者的需要，及时给出总结和相关提示，帮助读者快捷地掌握所学知识。

本书内容翔实、图文并茂、语言简洁、思路清晰、实例丰富，可以作为相关院校的教材，也可作为初学者的自学指导书。

◆ 编　著　贾　燕
　　责任编辑　刘　博
　　责任印制　陈　犇

◆ 人民邮电出版社出版发行　　北京市丰台区成寿寺路 11 号
　　邮编 100164　　电子邮件 315@ptpress.com.cn
　　网址 http://www.ptpress.com.cn
　　北京九州迅驰传媒文化有限公司印刷

◆ 开本：787×1092　1/16
　　印张：19.5　　　　　　2019 年 4 月第 1 版
　　字数：538 千字　　　2024 年 12 月北京第 5 次印刷

定价：59.80 元

读者服务热线：(010)81055256　印装质量热线：(010)81055316
反盗版热线：(010)81055315
广告经营许可证：京东市监广登字 20170147 号

前言
Preface

建筑行业的竞争极为激烈，从业者需要采用独特的技术来充分发挥专业人员的技能和丰富经验。建筑信息模型（Building Information Modeling，BIM）支持建筑师在施工前更好地预测竣工后的建筑，使他们在如今日益复杂的商业环境中保持竞争优势。BIM 以建筑工程项目的各项相关信息数据作为基础，建立起三维的建筑模型，通过数字信息仿真模拟建筑物所具有的真实信息。BIM 可以用来展示整个建筑生命周期，包括兴建过程及运营过程，提取建筑内材料的信息十分方便，建筑内各个部分、各个系统都可以呈现出来。

本书是一本针对 Autodesk Revit 2018 的教、学相结合的指导书，内容全面、具体，适合不同读者的需求。为了在有限的篇幅内提高知识集中程度，作者对所讲述的知识点进行精心剪裁，通过实例操作驱动知识点讲解。实例的种类也非常丰富，有知识点讲解的小实例，还有几个知识点或全章知识点的综合实例。各种实例交错讲解，能帮助读者达到巩固理解知识的目标。

本书所有实例操作需要的原始文件和结果文件以及上机实验实例的原始文件和结果文件都可以通过人邮教育社区（http://www.ryjiaoyu.com）下载，读者可以复制到计算机硬盘下参考和使用。

除利用传统的纸质教材讲解外，我们还随书配送了电子资料包，包含全书讲解实例和练习实例的源文件素材和全程实例动画同步 AVI 文件。为了增强教学的效果，更进一步方便读者的学习，作者亲自对实例动画进行了配音讲解，读者可通过人邮教育社区下载本书实例的操作过程视频 AVI 文件，这样就可以随心所欲，像看电影一样轻松愉悦地学习本书。

本书主要由河北传媒学院的贾燕副教授编写。另外，王敏、王正军等也在本书的编写、校对方面做了大量工作，保证了书稿内容系统、全面和实用，在此向他们表示感谢！

由于编者水平有限，书中疏漏之处在所难免，不当之处恳请读者批评指正。读者在学习过程中有任何问题，请通过邮箱 win760520@126.com 与我们联系。也欢迎加入三维书屋图书学习交流群（QQ：725195807）交流探讨，编者将在线提供问题咨询解答以及软件安装服务。需要授课 PPT 文件的老师还可以联系编者索取。

编　者
2019 年 1 月

前言
Preface

目录
Contents

第1章

Revit 2018入门

Revit 作为一款专为建设行业 BIM（建筑信息模型）构建的软件，帮助了许多专业的设计人员和施工人员使用协调一致的基于模型的新办公方法与流程，将设计创意从最初的概念变为现实的构造。

- 建筑信息模型概述
- Autodesk Revit 概述
- Autodesk Revit 2018 新增功能
- Revit 2018 界面
- 文件管理
- 系统设置

1.1 建筑信息模型概述

1.1.1 BIM 简介

建筑信息模型（Building Information Modeling，BIM）是以建筑工程项目的各项相关信息数据作为基础，建立起三维的建筑模型，通过数字信息仿真模拟建筑物所具有的真实信息。

BIM 涵盖了几何学、空间关系、地理资讯、各种建筑元件的性质及数量。BIM 可以用来展示整个建筑生命周期，包括兴建过程及运营过程，提取建筑内材料的信息十分方便，建筑内各个部分、各个系统都可以呈现出来。

BIM 是一种数字信息的应用，并且可以用设计、建造、管理的数字化方法支持建筑工程的集成管理环境，使建筑工程在其整个进程中显著提高效率、大量减少风险。在一定范围内，BIM 可以模拟实际的建筑工程建设行为。BIM 还可以用四维立体视图模拟实际施工，以便在早期设计阶段就发现后期施工阶段会出现的各种问题，以提前处理，为后期活动打下坚固的基础。在后期施工时能作为施工的实际指导，提供合理的施工方案，合理配置材料使用，从而在最大范围内实现资源合理运用。

如果简单解释，可以将 BIM 视为数码化的建筑三维几何模型，在这个模型中，所有建筑构件所包含的信息，除了几何数据外，同时还具有建筑或工程的数据。这些数据为程式系统提供充分的计算依据，使这些程式能根据构件的数据，自动计算出查询者所需要的准确信息。此处所指的信息可能具有多种表达形式，诸如建筑平面图、立面图、剖面图、详图、三维立体视图、透视图、材料表或计算每个房间自然采光的照明效果、所需要的空调通风量、冬夏季需要的空调电力消耗等。

1.1.2 BIM 的特点

真正的 BIM 具有可视化、协调性、模拟性、优化性、可出图性、一体化性、参数化性和信息完备性八大特点。

1．可视化

可视化即"所见所得"的形式，对于建筑行业来说，可视化的真正运用在建筑业的作用是非常大的，例如，通常见到的施工图纸，只是各个构件的信息在图纸上采用线条的绘制表达，但是真正的构造形式就需要建筑业参与人员去自行想象了。对于一些简单的东西来说，这种想象也未尝不可，但是近几年建筑业的建筑形式各异，复杂造型在不断推出，那么这种只靠想象的东西就未免有点不太现实了。所以 BIM 提供了可视化的思路，让人们将以往的线条式的构件形成一种三维的立体实物图形展示在人们面前。建筑业也需要设计出效果图，但是这种效果图是分包给专业的效果图制作团队进行识读设计制作出来的，并不是通过构件的信息自动生成的，缺少了同构件之间的互动性和反馈性；然而 BIM 提到的可视化是一种能够同构件之间形成互动性和反馈性的可视。在 BIM 中，由于整个过程都是可视化的，所以可视化的结果不仅可以用来展示效果图以及报表的生成，更重要的是，项目设计、建造、运营过程中的沟通、讨论、决策都在可视化的状态下进行。

2．协调性

协调性是建筑业中的重要内容，不管是施工单位还是业主以及设计单位，无不在做着协调及配合的工作。一旦项目的实施过程中遇到了问题，就要将各有关人士组织起来开协调会，找出各个施工问题发生的原因，及解决方法，然后做出变更，做相应补救措施。那么真的就只能出现问题后再进行协调吗？在设计时，往往由于各专业设计师之间的沟通不到位，经常出现各种专业之间的碰撞问题。例如暖通等专业中的管道在进行布置时，由于绘制施工图纸时，是各自绘制在各自的施工图纸上的，真正施工过程中，可能在布置管线时正好在此处有结构设计的梁等构件妨碍管线的布置，这种就是施工中常遇到的碰撞问题。像这样的碰撞问题的协调解决就只能在问题出现之后再进行解决吗？BIM 的协调性服务就可以帮助处理这种问题，也就是说，BIM 可在建筑物建造前期对各专业的碰撞问题进行协调，生成协调数据。当然 BIM 的协调作用也并不是只能解决各专业间的碰撞问题，它还可以解决如电梯井布置与其他设计布置及净空要求之协调，防火分区与其他设计布置之协调，地下排水布置与其他设计布置之协调等。

3. 模拟性

模拟性不仅能模拟设计出的建筑物模型，还能模拟出不能在真实世界中进行操作的事物。在设计阶段，BIM 可以对设计上需要进行模拟的一些东西进行模拟实验，例如：节能模拟、紧急疏散模拟、日照模拟、热能传导模拟等；在招投标和施工阶段可以进行 4D 模拟（三维模型加项目的发展时间），也就是根据施工的组织设计模拟实际施工，从而确定合理的施工方案来指导施工；同时还可以进行 5D 模拟（基于 3D 模型的造价控制），从而实现成本控制；后期运营阶段可以模拟日常紧急情况的处理方式，例如地震人员逃生模拟及消防人员疏散模拟等。

4. 优化性

事实上整个设计、施工、运营的过程就是一个不断优化的过程。当然优化和 BIM 也不存在实质性的必然联系，但在 BIM 的基础上可以实现更好的优化。优化受三样东西的制约：信息、复杂程度和时间。没有准确的信息做不出合理的优化结果，BIM 模型提供了建筑物实际存在的信息，包括几何信息、物理信息、规则信息，还提供了建筑变化以后的实际存在信息。建筑物复杂度高到一定程度，参与人员受本身能力的限制，就无法掌握所有的信息了，必须基于一定的科学技术和设备的帮助。现代建筑物的复杂程度大多超过参与人员本身的能力极限，BIM 及与其配套的各种优化工具提供了对复杂项目进行优化的可能。基于 BIM 的优化可以做下面的工作。

（1）项目方案优化：把项目设计和投资回报分析结合起来，设计变化对投资回报的影响可以实时计算出来。这样业主对设计方案的选择就不会主要停留在对形状的评价上，而更多地可以使业主知道哪种项目设计方案更有利于自身的需求。

（2）特殊项目的设计优化：例如在裙楼、幕墙、屋顶、大空间等处，我们到处可以看到异型设计。这些内容看起来占整个建筑的比例不大，但是占投资和工作量的比例却往往要大得多，而且通常也是施工难度比较大和施工问题比较多的地方，对这些内容的设计施工方案进行优化，可以带来显著的工期和造价改进。

5. 可出图性

BIM 并不是为了出大家常见的建筑设计院所出的建筑设计图纸，及一些构件加工的图纸，而是通过对建筑物进行可视化展示、协调、模拟、优化，帮助业主出如下图纸。

（1）综合管线图（经过碰撞检查和设计修改，消除了相应错误以后）；

（2）综合结构留洞图（预埋套管图）；

（3）碰撞检查侦错报告和建议改进方案。

由上述内容，我们可以大体了解 BIM 的相关内容。BIM 在世界很多国家已经有比较成熟的 BIM 标准或者制度。BIM 在建筑市场内要顺利发展，必须和国内的建筑市场特色相结合，才能够满足国内建筑市场的需求；同时 BIM 将会给国内建筑业带来一次巨大变革。

6. 一体化性

基于 BIM 技术，可进行从技术到施工再到运营，贯穿工程项目全生命周期的一体化管理。BIM 的技术核心是一个由计算机三维模型形成的数据库，不仅包含了建筑的设计信息，而且可以容纳从设计到建成使用，甚至到使用周期终结的全过程信息。

7. 参数化性

参数化建模指的是通过参数而不是数字建立和分析模型，简单地改变模型中的参数值就能建立和分析新的模型；BIM 中图元以构件的形式出现，这些构件之间的不同，是通过参数的调整反映出来的，参数保存了图元作为数字化建筑构件的所有信息。

8. 信息完备性

信息完备性体现为 BIM 技术可对工程对象进行 3D 几何信息和拓扑关系的描述以及完整的工程信息描述。

1.2 Autodesk Revit 概述

Autodesk Revit 软件是专为 BIM 构建的。BIM 是以设计、施工到运营的协调、可靠的项目信息为基础而构建的集成流程。通过采用 BIM，建筑公司可以在整个流程中使用一致的信息来设计和绘制创新项目，并且还可以通过精确实现建筑外观的可视化来支持更好的沟通，模拟真实性能以便让项目各方了解成本、工期与环境影响。

1.2.1 软件介绍

Autodesk Revit 提供支持建筑设计、MEP 工程设计和结构工程的工具。

1. 建筑设计

Autodesk Revit 软件可以按照建筑师和设计师的思考方式进行设计，因此，可以提供更高质量、更加精确的建筑设计。Revit 通过使用专为支持建筑信息模型工作流而构建的工具，可以获取信息并分析概念。强大的建筑设计工具可帮助用户捕捉灵感和分析概念，以及保持从设计到建筑的各个阶段的一致性。

2. MEP 工程设计

Autodesk Revit 向暖通、电气和给排水（MEP）工程师提供工具，可以设计复杂的建筑系统。Revit 可帮助导出更高效的建筑系统，从概念到建筑的精确设计、分析和文档。Revit 使用信息丰富的模型，在整个建筑生命周期中支持建筑系统。为 MEP 工程师构建的工具可帮助用户设计和分析高效的建筑系统并为这些系统编档。

3. 结构工程

Autodesk Revit 软件为结构工程师和设计师提供了工具，可以更加精确地设计和建造高效的建筑结构。

1.2.2 Revit 特性

Autodesk Revit Architecture 软件全面创新的概念设计功能，帮助用户进行自由形状建模和参数化设计，并且还能够让用户对早期设计进行分析。借助这些功能，用户可以自由绘制草图，快速创建三维形状，交互地处理各个形状；可以利用内置的工具进行复杂形状的概念澄清，为建造和施工准备模型。随着设计的持续推进，Autodesk Revit Architecture 软件能够围绕最复杂的形状自动构建参数化框架，并为用户提供更高的创建控制能力、精确性和灵活性；从概念模型到施工文档的整个设计流程都在一个直观环境中完成。

1.3 Autodesk Revit 2018 新增功能

（1）明细表的浏览器组织：若要支持用户的工作方式，除了视图和图纸外，还可自定义项目浏览器来过滤、编组和排序明细表。根据明细表/数量的属性或自定义参数，定义最多 3 个级别的过滤、6 个级别的编组和排序条件。在明细表中选中构件时，三维模式下将高亮显示选中的构件。

（2）更新后的图形和硬件选项："选项"对话框的"图形"选项卡经过重新组织，用来说明图形相关选项的影响。新的"硬件"选项卡提供了有关硬件设置更多的有意义信息。

（3）Dynamo 播放器支持脚本输入：Revit 设计师与工程师可在 Dynamo 播放器界面中提供 Dynamo 脚本的值，从而进一步发挥脚本的作用。Revit 用户可以快速更改输入值以调整当前模型的脚本。

（4）新的族内容：Revit 2018 在窗、家具系统、家电设备、结构钢柱和框架形状、Steel Connection 的结构钢等族文件中添加了新的内容。

（5）FormIt Converter：在导入时，应用到 FormIt 图元的材质将传递到 Revit；将 FormIt 模型导入 Revit 时提高了模型保真度。

（6）栏杆扶手：在编辑已重新作为图元主体的栏杆扶手的草图时，草图会显示在主体的标高上。

（7）楼梯：在创建楼梯时，新增拾取标高自动生成并成组的功能，并且在组里可以仅选中相同高度的楼梯进行修改。

（8）倾斜管道的多点布线：MEP 预制的"多点"布线工具现支持创建倾斜管道。

（9）打印预制报告：新版本可以从 Revit 中打印预制报告。

（10）预制零件和部件：Structural Precast for Revit 是一款功能强大的以 BIM 为中心的产品，可用于为预浇平面图元进行建模和详细设计，提高了工程师、详图设计师和施工人员的工作效率。

（11）自由形式钢筋：新版本可以在复杂的土木工程结构图元或极具挑战性的建筑模型中，以平面或三维的方式为钢筋建模和添加细节。

（12）可以链接 NWD/NWC 文件：Revit 新版本可以链接 NWD/NWC 文件，相当于可以支持更多格式的文件。

（13）新的注释功能：新的注释功能将使 Revit 导成 CAD 文件时图层分类更清晰与友善。

（14）增加 Civil 3D 与 Revit 的接口：支持直接将 Civil 3D 的地形数据导入 Revit 中，并且原数据修改简化了导入的步骤，可识别 Civil 3D 的经纬度。

（15）地形：支持勘测或放样数据直接生成 Revit 地形。

1.4　Revit 2018 界面

单击桌面上的 Revit 2018 图标，进入图 1-1 所示的 Revit 2018 开始界面。单击"新建"按钮，新建一项目文件，进入 Revit 2018 绘图界面，如图 1-2 所示。

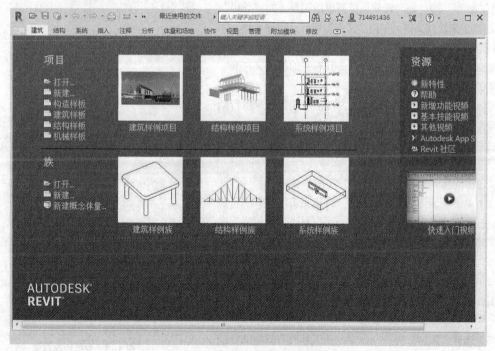

图 1-1　Revit 2018 开始界面

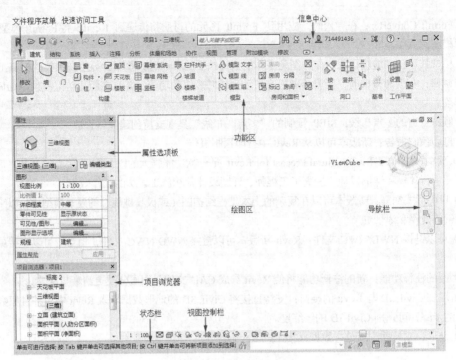

图 1-2 Revit 2018 绘图界面

1.4.1 文件程序菜单

文件程序菜单上提供了常用文件操作，如"新建""打开"和"保存"等，还允许使用更高级的工具（如"导出"和"发布"）来管理文件。单击"文件"可打开程序菜单，如图 1-3 所示。"文件"程序菜单无法在功能区中移动。

要查看每个菜单的选择项，单击其右侧的箭头，打开下一级菜单，单击所需的项进行操作。

可以直接单击应用程序菜单中左侧的主要按钮来执行默认的操作。

1.4.2 快速访问工具栏

快速访问工具栏默认放置一些常用的工具按钮。

（1）单击快速访问工具栏上的"自定义访问工具栏"按钮，打开图 1-4 所示的下拉菜单，可以对该工具栏进行自定义，勾选命令在快速访问工具栏上显示，取消勾选命令则隐藏。

（2）在快速访问工具栏的某个工具按钮上单击鼠标右键，打开图 1-5 所示的快捷菜单，选择"从快速访问工具栏中删除"命令，将删除选中工具按钮。

（3）选择"添加分隔符"命令，在工具的右侧添加分隔符线。

（4）单击"在功能区下方显示"命令，快速访问工具栏可以显示在功能区的上方或下方。

图 1-3 文件程序菜单

图 1-4 下拉菜单

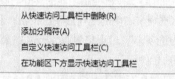

图 1-5 快捷菜单

（5）单击"自定义快速访问工具栏"命令，打开图 1-6 所示的"自定义快速访问工具栏"对话框，可以对快速访问工具栏中的工具按钮进行排序、添加或删除分割线。

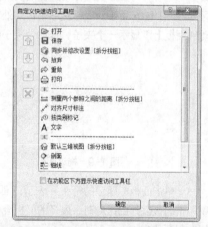

- ⬆上移或⬇下移：在对话框的列表中选择命令，然后单击⬆（上移）或⬇（下移）将该工具移动到所需位置。
- Ⅲ添加分隔符：选择要显示在分隔线上方的工具，然后单击"添加分隔符"按钮，添加分隔线。
- ✖删除：从工具栏中删除工具或分隔线。

在功能区的任意工具按钮上单击鼠标右键，打开快捷菜单，然后单击"添加到快速访问工具栏"命令，将工具按钮添加到快速访问工具栏中。

图 1-6 "自定义快速访问工具栏"对话框

上下文选项卡中的某些工具无法添加到快速访问工具栏中。

1.4.3 信息中心

该工具栏包括一些常用的数据交互访问工具，如图 1-7 所示，可以访问许多与产品相关的信息源。

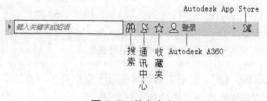

图 1-7 信息中心

（1）搜索：在搜索框中输入要搜索信息的关键字，然后单击"搜索"按钮 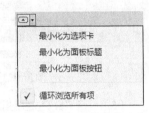，可以在联机帮助中快速查找信息。

（2）通讯中心：可以接收支持信息、产品更新以及接收订阅的 RSS 提要的信息。

（3）收藏夹：显示所存储的重要链接。

（4）Autodesk A360：使用该工具可以访问与 Autodesk Account 相同的服务，但增加了 Autodesk A360 的移动性和协作优势。个人用户通过申请的 Autodesk 账户，登录自己的云平台。

（5）Autodesk App Store：单击此按钮，可以登录 Autodesk 官方的 App 网站下载不同系列软件的插件。

1.4.4　功能区

创建或打开文件时，功能区会显示系统提供创建项目或族所需的全部工具。调整窗口的大小时，功能区中的工具会根据可用的空间自动调整大小。每个选项卡集成了相关的操作工具，方便了用户的使用。用户可以单击功能区选项后面的 按钮控制功能的展开与收缩。

（1）单击功能区选项卡右侧的三角形下拉按钮，系统提供了 4 种功能区的显示方式："最小化为选项卡""最小化为面板标题""最小化为面板按钮"或"循环浏览所有项"，如图 1-8 所示。

（2）在面板上按住鼠标左键并拖动（如图 1-9 所示），将其放置到绘图区域或桌面上即可。将鼠标放到浮动面板的右上角位置处，显示"将面板返回到功能区"，如图 1-10 所示。鼠标左键单击此处，使它变为"固定"面板。将鼠标移动到面板上以显示一个夹子，拖动该夹子到所需位置，移动面板。

图 1-8　下拉菜单

图 1-9　拖动面板

图 1-10　固定面板

（3）单击面板标题旁的箭头 表示该面板可以展开，来显示相关的工具和控件，如图 1-11 所示。默认情况下单击面板以外的区域时，展开的面板会自动关闭。单击图钉按钮 ，面板在其功能区选项卡显示期间始终保持展开状态。

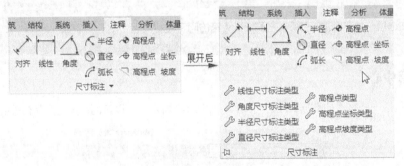

图 1-11　展开面板

（4）使用某些工具或者选择图元时，上下文功能区选项卡中会显示与该工具或图元的上下文相关的工具，如图 1-12 所示。退出该工具或清除选择时，该选项卡将关闭。

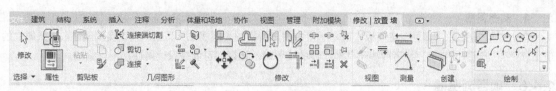

图 1-12　上下文功能区选项卡

1.4.5　"属性"选项板

"属性"选项板是一个无模式对话框。通过该对话框，可以查看和修改用来定义图元属性的参数。

第一次启动 Revit 时，"属性"选项板处于打开状态并固定在绘图区域左侧"项目浏览器"的上方，如图 1-13 所示。

1.　类型选择器

显示当前选择的族类型，并提供一个可从中选择其他类型的下拉列表，如图 1-14 所示。

2.　属性过滤器

该过滤器用来标识由工具放置的图元类别，或者标识绘图区域中所选图元的类别和数量。如果选择了多个类别或类型，则选项板上仅显示所有类别或类型所共有的实例属性。当选择了多个类别时，使用过滤器的下拉列表可以仅查看特定类别或视图本身的属性。

3.　"编辑类型"按钮

单击此按钮，打开相关的"类型属性"对话框，该对话框用来查看和修改选定图元或视图的类型属性，如图 1-15 所示。

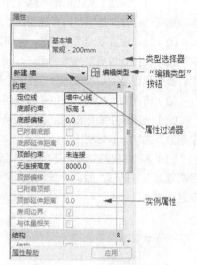

图 1-13　"属性"选项板

图 1-14　类型选择器下拉列表

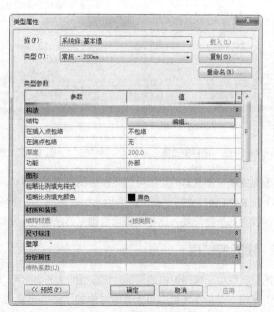

图 1-15　"类型属性"对话框

4. 实例属性

在大多数情况下,"属性"选项板中既显示可由用户编辑的实例属性,又显示只读实例属性。当某属性的值由软件自动计算或赋值,或者取决于其他属性的设置时,该属性可能是只读属性,不可编辑。

1.4.6 项目浏览器

项目浏览器用于显示当前项目中所有视图、明细表、图纸、组和其他部分的逻辑层次。展开和折叠各分支时,将显示下一层项目,如图 1-16 所示。

(1)打开视图:双击视图名称打开视图,也可以在视图名称上单击鼠标右键,打开图 1-17 所示的快捷菜单,选择"打开"选项,打开视图。

(2)打开放置了视图的图纸:在视图名称上单击鼠标右键,打开图 1-17 所示的快捷菜单,选择"打开图纸"选项,打开放置了视图的图纸。如果快捷菜单中的"打开图纸"选项不可用,则要么视图未放置在图纸上,要么视图是明细表或可放置在多个图纸上的图例视图。

(3)将视图添加到图纸中:将视图名称拖曳到图纸名称上或拖曳到绘图区域中的图纸上。

(4)从图纸中删除视图:在图纸名称下的视图名称上单击鼠标右键,在打开的快捷菜单中单击"从图纸中删除"选项,删除视图。

(5)单击"视图"选项卡"窗口"面板中的"用户界面"按钮,打开图 1-18 所示的下拉列表,选中"项目浏览器"复选框。如果取消"项目浏览器"复选框的勾选或单击项目浏览器顶部的"关闭"按钮×,隐藏项目浏览器。

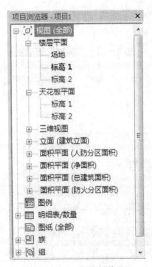

图 1-16　项目浏览器　　　　图 1-17　快捷菜单　　　　图 1-18　下拉列表

(6)拖曳项目浏览器的边框可调整项目浏览器的大小。

(7)在 Revit 窗口中拖曳浏览器移动光标时会显示一个轮廓。该轮廓指示浏览器移动到位置时松开鼠标,将浏览器放置到所需位置,还可以将项目浏览器从 Revit 窗口拖曳到桌面。

1.4.7 视图控制栏

视图控制栏位于视图窗口的底部,状态栏的上方,它可以快速访问影响当前视图的功能,如图 1-19 所示。

(1)比例:是指在图纸中用于表示对象的比例,可以为项目中的每个视图指定不同比例,也可以创建自定义视图比例。在比例上单击打开图 1-20 所示的比例列表,选择需要的比例,也可以单击"自定义比例"选项，打开"自定义比例"对话框，输入比率，如图 1-21 所示。

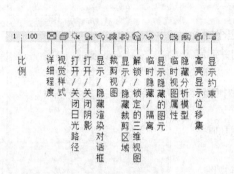

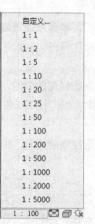

图 1-19　视图控制栏　　　　　　图 1-20　比例列表　　　　图 1-21　"自定义比例"对话框

 不能将自定义视图比例应用于该项目中的其他视图。

（2）详细程度：可根据视图比例设置新建视图的详细程度，包括粗略、中等和精细三种程度。当在项目中创建新视图并设置其视图比例后，视图的详细程度将会自动根据表格中的排列进行设置。通过预定义详细程度，可以影响不同视图比例下同一几何图形的显示。

（3）视觉样式：可以为项目视图指定许多不同的图形样式，如图 1-22 所示。

- 线框：显示绘制了所有边和线而未绘制表面的模型图像。视图显示线框视觉样式时，可以将材质应用于选定的图元类型。这些材质不会显示在线框视图中；但是表面填充图案仍会显示。

- 隐藏线：显示绘制了除被表面遮挡部分以外的所有边和线的图像。

- 着色：显示处于着色模式下的图像，而且具有显示间接光及其阴影的选项。

图 1-22　视觉样式

- 一致的颜色：显示所有表面都按照表面材质颜色设置进行着色的图像。该样式会保持一致的着色颜色，使材质始终以相同的颜色显示，无论以何种方式将其定向到光源。

- 真实：可在模型视图中即时显示真实材质外观。旋转模型时，表面会显示在各种照明条件下呈现的外观。

 "真实"视觉视图中不会显示人造灯光。

- 光线追踪：该视觉样式是一种照片级真实感渲染模式，该模式允许平移和缩放模型。

（4）打开/关闭日光路径：控制日光路径可见性。在一个视图中打开或关闭日光路径时，其他任何视图都不受影响。

（5）打开/关闭阴影：控制阴影的可见性。在一个视图中打开或关闭阴影时，其他任何视图都不受影响。

（6）显示/隐藏渲染对话框：单击此按钮，打开"渲染"对话框，定义控制照明、曝光、分辨率、背景和图像质量的设置，如图 1-23 所示。

（7）裁剪视图：定义了项目视图的边界。在所有图形项目视图中显示模型裁剪区域和注释裁剪区域。

（8）显示/隐藏裁剪区域：可以根据需要显示或隐藏裁剪区域。在绘图区域中，选择裁剪区域，则会显示注释和模型裁剪。内部裁剪是模型裁剪，外部裁剪则是注释裁剪。

（9）解锁/锁定的三维视图：锁定三维视图的方向，以在视图中标记图元并添加注释记号。包括保存方向并锁定视图、恢复方向并锁定视图和解锁视图三个选项。

保存方向并锁定视图：将视图锁定在当前方向。在该模式中无法动态观察模型。

恢复方向并锁定视图：将解锁的、旋转方向的视图恢复到其原来锁定的方向。

解锁视图：解锁当前方向，从而允许定位和动态观察三维视图。

（10）临时隐藏/隔离："隐藏"工具可在视图中隐藏所选图元，"隔离"工具可在视图中显示所选图元并隐藏所有其他图元。

（11）显示隐藏的图元：临时查看隐藏图元或将其取消隐藏。

（12）临时视图属性：包括启用临时视图属性、临时应用样板属性、最近使用的模板和恢复视图属性4种视图选项。

（13）隐藏分析模型：可以在任何视图中显示分析模型。

（14）高亮显示位移集：单击此按钮，启用高亮显示模型中所有位移集的视图。

（15）显示约束：在视图中临时查看尺寸标注和对齐约束，以解决或修改模型中的图元。"显示约束"绘图区域将显示一个彩色边框，以指示处于"显示约束"模式。所有约束都以彩色显示，而模型图元以半色调（灰色）显示。

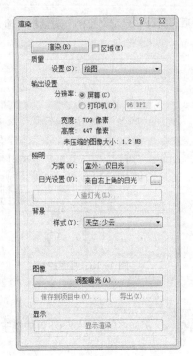

图1-23　"渲染"对话框

1.4.8　状态栏

状态栏在屏幕的底部，如图1-24所示。状态栏会提供关于要执行的操作的提示。高亮显示图元或构件时，状态栏会显示族和类型的名称。

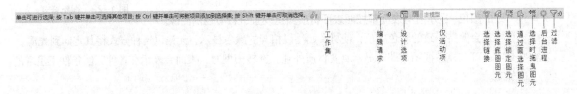

图1-24　状态栏

（1）工作集：显示处于活动状态的工作集。

（2）编辑请求：对于工作共享项目，表示未决的编辑请求数。

（3）设计选项：显示处于活动状态的设计选项。

（4）仅活动项：用于过滤所选内容，以便仅选择活动的设计选项构件。

（5）选择链接：可在已链接的文件中选择链接和单个图元。

（6）选择底图元：可在底图中选择图元。

（7）选择锁定图元：可选择锁定的图元。

（8）通过面选择图元：可通过单击某个面，选中某个图元。

（9）选择时拖曳图元：不用先选择图元就可以通过拖曳操作移动图元。

（10）后台进程：显示在后台运行的进程列表。

（11）过滤：用于优化在视图中选定的图元类别。

1.4.9 ViewCube

ViewCube 默认在绘图区的右上方。通过 ViewCube 可以在标准视图和等轴测视图之间切换。

（1）单击 ViewCube 上的某个角，可以根据由模型的三个侧面定义的视口将模型的当前视图重定向到四分之三视图，单击其中一条边缘，可以根据模型的两个侧面将模型的视图重定向到二分之一视图，单击相应面，将视图切换到相应的主视图。

（2）如果在从某个面视图中查看模型时 ViewCube 处于活动状态，则四个正交三角形会显示在 ViewCube 附近。使用这些三角形可以切换到某个相邻的面视图。

（3）单击或拖动 ViewCube 中指南针的东、南、西、北字样，切换到西南、东南、西北、东北等方向视图，或者绕上视图旋转到任意方向视图。

（4）单击"主视图"图标🏠，不管视图目前是何种视图都会恢复到主视图方向。

（5）从某个面视图查看模型时，两个滚动箭头按钮⤾会显示在 ViewCube 附近。单击🢰图标，视图以 90° 逆时针或顺时针进行旋转。

（6）单击"关联菜单"按钮▼，打开图 1-25 所示的关联菜单。

① 转至主视图：恢复随模型一同保存的主视图。

② 保存视图：使用唯一的名称保存当前的视图方向。此选项只允许在查看默认三维视图时使用唯一的名称保存三维视图。如果查看的是以前保存的正交三维视图或透视（相机）三维视图，则视图仅以新方向保存，而且系统不会提示您提供唯一一名称。

③ 锁定到选择项：当视图方向随 ViewCube 发生更改时，使用选定对象可以定义视图的中心。

④ 切换到透视三维视图：在三维视图的平行和透视模式之间切换。

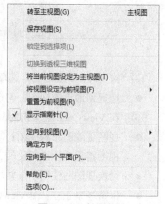

图 1-25 关联菜单

⑤ 将当前视图设定为主视图：根据当前视图定义模型的主视图。

⑥ 将视图设定为前视图：在 ViewCube 上更改定义为前视图的方向，并将三维视图定向到该方向。

⑦ 重置为前视图：将模型的前视图重置为其默认方向。

⑧ 显示指南针：显示或隐藏围绕 ViewCube 的指南针。

⑨ 定向到视图：将三维视图设置为项目中的任何平面、立面、剖面或三维视图的方向。

⑩ 确定方向：将相机定向到北、南、东、西、东北、西北、东南、西南或顶部。

⑪ 定向到一个平面：将视图定向到指定的平面。

（7）还可以通过"选项"对话框中的"ViewCube"选项卡来设置 ViewCube，如图 1-26 所示。

① "ViewCube 外观"选项组

- 显示 ViewCube：设置在二维视图中显示或隐藏 ViewCube。
- 显示位置：指定在哪些视图中显示 ViewCube。如果选择"仅活动视图"，则仅在当前视图中显示 ViewCube。
- 屏幕位置：指定 ViewCube 在绘图区域中的位置，如右上、右下、左上、左下。
- ViewCube 大小：指定 ViewCube 的大小，包括自动、微型、小、中、大。
- 不活动时的不透明度：指定未使用 ViewCube 时的不透明度。如果选择了 0%，则需要将鼠标指针移动至 ViewCube 位置上方，否则 ViewCube 不会显示在绘图区域中。

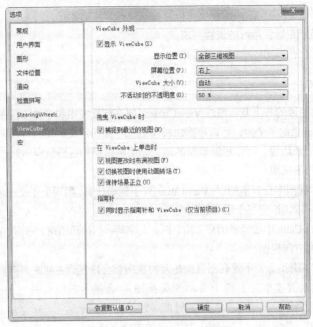

图 1-26　"ViewCube"选项卡

② "拖曳 ViewCube 时"选项组
- 捕捉到最近的视图：勾选此复选框，将捕捉到最近的 ViewCube 的视图方向。

③ "在 ViewCube 上单击时"选项组
- 视图更改时布满视图：勾选此复选框后，在绘图区中选择了图元或构件，并在 ViewCube 上单击，则视图将相应地进行旋转，并进行缩放以匹配绘图区域中的该图元。
- 切换视图时使用动画转场：勾选此复选框，切换视图方向时显示动画操作。
- 保持场景正立：使 ViewCube 和视图的边垂直于地平面。取消此复选框的勾选，可以 360 度动态观察模型。

④ "指南针"选项组
- 同时显示指南针和 ViewCube：勾选此复选框，在显示 ViewCube 的同时显示指南针。

1.4.10　导航栏

　　导航栏在绘图区域中，沿当前模型的窗口的一侧显示，包括"SteeringWheels"和"缩放工具"，如图 1-27 所示。

图 1-27　导航栏

1. SteeringWheels

SteeringWheels 为控制盘的集合。通过这些控制盘，可以在专门的导航工具之间快速切换。每个控制盘都被分成不同的按钮。每个按钮都包含一个导航工具，用于重新定位模型的当前视图。SteeringWheels 包含以下几种形式，如图 1-28 所示。

图 1-28　SteeringWheels

单击控制盘右下角的"显示控制盘菜单"按钮 ，打开图 1-29 所示的控制盘菜单。菜单中包含了所有全导航控制盘的视图工具，单击"关闭控制盘"选项关闭控制盘，也可以单击控制盘上的"关闭"按钮 ，关闭控制盘。

可以通过"选项"对话框中的"SteeringWheels"选项卡设置 SteeringWheels 视图导航工具，如图 1-30 所示。

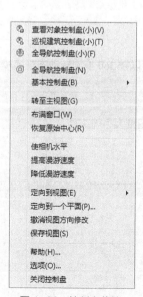

图 1-29　控制盘菜单

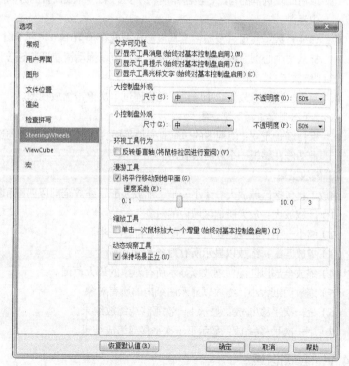

图 1-30　"SteeringWheels"选项卡

（1）"文字可见性"选项组

- 显示工具消息：显示或隐藏工具消息，如图 1-31 所示。不管该设置如何，对于基本控制盘工具消息始终显示。
- 显示工具提示：显示或隐藏工具提示，如图 1-32 所示。

图 1-31　显示工具消息　　　　　　　　图 1-32　显示工具提示

- 显示工具光标文字：工具处于活动状态时显示或隐藏光标文字。

（2）"大控制盘外观"/"小控制盘外观"选项组

- 尺寸：用来设置大/小控制盘的大小，包括大、中、小三种尺寸。
- 不透明度：用来设置大/小控制盘的不透明度，可以在其下拉列表中选择不透明度值。

（3）"环视工具行为"选项组

　　反转垂直轴：反转环视工具的向上向下查找操作。

（4）"漫游工具"选项组

- 将平行移动到地平面：使用"漫游"工具漫游模型时，勾选此复选框可将移动角度约束到地平面。取消此复选框的勾选，漫游角度将不受约束，将沿查看的方向"飞行"，可沿任何方向或角度在模型中漫游。
- 速度系数：使用"漫游"工具漫游模型或在模型中"飞行"时，可以控制移动速度。移动速度由光标从"中心圆"图标移动的距离控制。可以拖动滑块调整速度系数，也可以直接在文本框中输入。

（5）"缩放工具"选项组

- 单击一次鼠标放大一个增量：允许通过单次单击缩放视图。

（6）"动态观察工具"选项组

- 保持场景正立：使视图的边垂直于地平面。取消此复选框的勾选，可以按 360 度旋转动态观察模型，此功能在编辑一个族时很有用。

2．缩放工具

缩放工具包括区域放大、缩小一半、缩放匹配、缩放全部以匹配和缩放图纸大小等工具。

（1）区域放大：放大所选区域内的对象。

（2）缩小一半：将视图窗口显示的内容缩小一半。

（3）缩放匹配：缩放以显示所有对象。

（4）缩放全部以匹配：缩放以显示所有对象的最大范围。

（5）缩放图纸大小：缩放以显示图纸内的所有对象。

（6）上一次平移/缩放：显示上一次平移或缩放结果。

（7）下一次平移/缩放：显示下一次平移或缩放结果。

1.4.11　绘图区域

Revit 窗口中的绘图区域显示当前项目的视图以及图纸和明细表。每次打开项目中的某一视图时，默认情况下此视图会显示在绘图区域中其他打开的视图的上面。其他视图仍处于打开的状态，但是这些视图在当前视图下面。

绘图区域的背景颜色默认为白色。

1.5　文件管理

1.5.1　新建文件

单击"文件"程序菜单→"新建"下拉按钮，打开"新建"菜单，如图 1-33 所示，可创建项目文件、族文件、概念体量等。

（1）单击"文件"程序菜单→"新建"→"项目"命令，打开"新建项目"对话框，如图 1-34 所示。

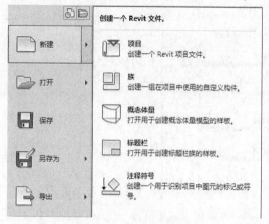

图 1-33　"新建"菜单

图 1-34　"新建项目"对话框

（2）在"样板文件"下拉列表中选择样板，也可以单击"浏览"按钮，打开图 1-35 所示的"选择样板"对话框，选择需要的样板，单击"打开"按钮，打开样板文件。

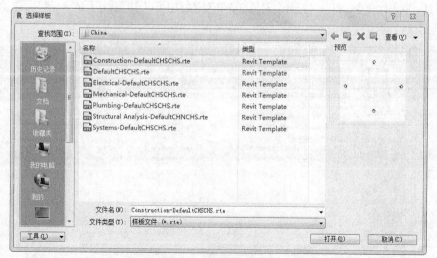

图 1-35　"选择样板"对话框

（3）选择"项目"选项，单击"确定"按钮，创建一个新项目文件。

在 Revit 中，项目是整个建筑物设计的联合文件。建筑的所有标准视图、建筑设计图以及明细表都包含在项目文件中，只要修改模型，所有相关的视图、施工图和明细表都会随之自动更新。

1.5.2 打开文件

单击"文件"程序菜单→"打开"下拉按钮，打开"打开"菜单，如图 1-36 所示，可打开项目文件、族文件、IFC 文件、样例文件等。

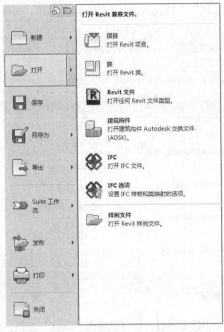

图 1-36 "打开"菜单

（1）项目：单击此命令，打开"打开"对话框，在对话框中可以选择要打开的 Revit 项目文件和族文件，如图 1-37 所示。

图 1-37 "打开"对话框

- 核查：扫描、检测并修复模型中损坏的图元，此选项可能会大大增加打开模型所需的时间。
- 从中心分离：独立于中心模型而打开工作共享的本地模型。
- 新建本地文件：打开中心模型的本地副本。

（2）族：单击此命令，打开"打开"对话框，可以打开软件自带族库中的族文件，或用户自己创建的族文件，如图 1-38 所示。

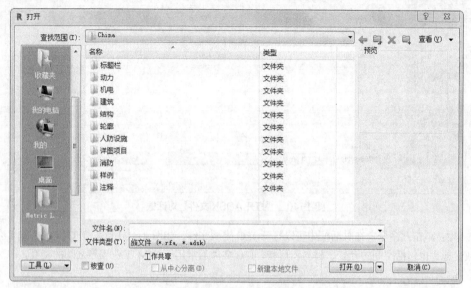

图 1-38 "打开"对话框

（3）Revit 文件：单击此命令，可以打开 Revit 所支持的文件，例如.rvt、.rfa、.adsk 和.rte 文件，如图 1-39 所示。

图 1-39 "打开"对话框

（4）建筑构件：单击此命令，在对话框中选择要打开的 Autodesk 交换文件，如图 1-40 所示。

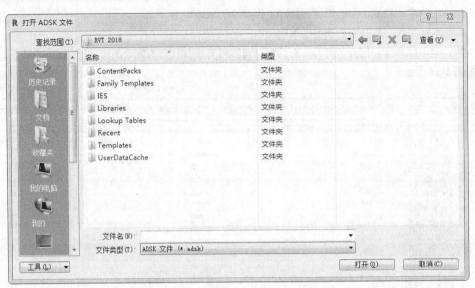

图 1-40　"打开 ADSK 文件"对话框

（5）IFC：单击此命令，在对话框中可以打开 IFC 类型文件，如图 1-41 所示。IFC 文件格式含有模型的建筑物或设施，也包括空间的元素、材料和形状。IFC 文件通常用于 BIM 工业程序之间的交互。

图 1-41　"打开 IFC 文件"对话框

（6）IFC 选项：单击此命令，打开"导入 IFC 选项"对话框，在对话框中可以设置 IFC 类型名称对应的 Revit 类别，如图 1-42 所示。此命令只有在打开 Revit 文件的状态下才可以使用。

（7）样例文件：单击此命令，打开"打开"对话框，可以打开软件自带的样例项目文件和族文件，如图 1-43 所示。

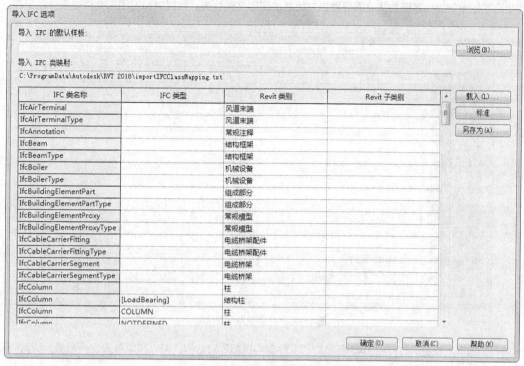

图 1-42　"导入 IFC 选项"对话框

图 1-43　"打开"对话框

1.5.3　保存文件

单击"文件"程序菜单→"保存"命令,可以保存当前项目、族文件、样板文件等。若文件已命名,则 Revit 自动保存。若文件未命名,则系统打开"另存为"对话框,如图 1-44 所示,用户可以命名保存。在"保存于"下拉列表框中可以指定保存文件的路径;在"文件类型"下拉列表框中可以指定保存文件的类型。为了防止因意外操作或计算机系统故障导致正在绘制的图形文件丢失，可以对当前图形文件设置自动保存。

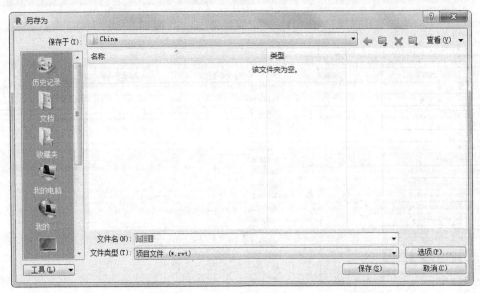

图 1-44　"另存为"对话框

单击"选项"按钮，打开图 1-45 所示的"文件保存选项"对话框，可以指定备份文件的最大数量以及与文件保存相关的其他设置。

● 最大备份数：指定最多备份文件的数量。默认情况下，非工作共享项目有 3 个备份，工作共享项目最多有 20 个备份。
● 保存后将此作为中心模型：将当前已启用工作集的文件设置为中心模型。
● 压缩文件：保存已启用工作集的文件时减小文件的大小。在正常保存时，Revit 仅将新图元和经过修改的图元写入现有文件。这可能会导致文件变得非常大，但会加快保存的速度。压缩过程会将整个文件进行重写并删除旧的部分以节省空间。
● 打开默认工作集：设置中心模型在本地打开时所对应的工作集默认设置。从该列表中，可以将一个工作共享文件保存为始终以下列选项之一为默认设置："全部""可编辑""上次查看的"或者"指定"。用户修改该选项的唯一方式是选择"文件保存选项"对话框中的"保存后将此作为中心模型"，来重新保存新的中心模型。

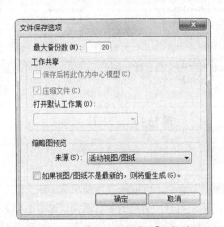

图 1-45　"文件保存选项"对话框

● 缩略图预览：指定打开或保存项目时显示的预览图像。此选项的默认值为"活动视图/图纸"。Revit
只能从打开的视图创建预览图像。如果选择"如果视图/图纸不是最新的，则将重生成"复选框，则
无论用户何时打开或保存项目，Revit 都会更新预览图像。

1.5.4 另存为文件

单击"文件"程序菜单→"另存为"下拉按钮，打开"另存为"菜单，如图 1-46 所示，可以将文件保存
为项目、族、样板和库 4 种类型文件。

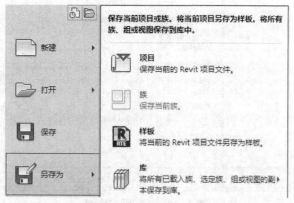

图 1-46 "另存为"菜单

执行其中一种命令后打开"另存为"对话框，如图 1-47 所示，Revit 用另存为保存，并把当前图形更名。

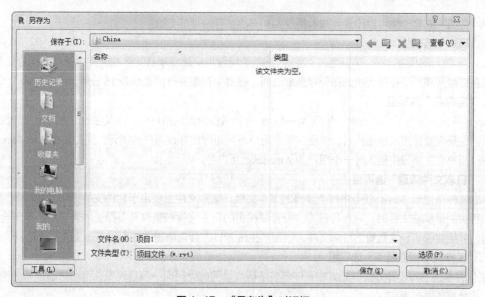

图 1-47 "另存为"对话框

1.6 系统设置

"选项"对话框控制软件及其用户界面的各个方面。
单击"文件"程序菜单中的"选项"按钮 选项 ，打开"选项"对话框，如图 1-48 所示。

图 1-48　"选项"对话框

1.6.1 "常规"设置

在"常规"选项卡中可以设置通知、用户名和日志文件清理等参数。

1."通知"选项组

Revit 不能自动保存文件，可以通过"通知"选项组设置用户建立项目文件或族文件保存文档的提醒时间。在"保存提醒间隔"下拉列表中选择保存提醒时间，设置保存提醒时间最少是 15 分钟。

2."用户名"选项组

Revit 首次在工作站中运行时，使用 Windows 登录名作为默认用户名。在以后的设计中可以修改和保存用户名。如果需要使用其他用户名，以便在某个用户不可用时放弃该用户的图元，则先注销 Autodesk 账户，然后在"用户名"字段中输入另一个用户的 Autodesk 用户名。

3."日志文件清理"选项组

日志文件是记录 Revit 任务中每个步骤的文本文档。这些文件主要用于软件支持进程。要检测问题或重新创建丢失的步骤或文件时，可运行日志。设置要保留的日志文件数量以及要保留的天数后，系统会自动进行清理，并始终保留设定数量的日志文件，后面产生的新日志会自动覆盖前面的日志文件。

4."工作共享更新频率"选项组

工作共享是一种设计方法，此方法允许多名团队成员同时处理同一项目模型，拖动对话框中的滑块用来设置工作共享的更新频率。

5."视图选项"选项组

对于不存在默认视图样板，或存在视图样板但未指定视图规程的视图，指定其默认规程，系统提供了 6 种视图样板，如图 1-49 所示。

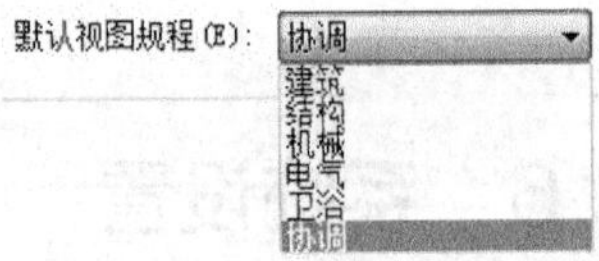

图 1-49　视图规程

1.6.2 "用户界面"设置

"用户界面"选项卡用来设置用户界面，包括功能区的设置、活动主题、快捷键的设置和选项卡的切换等，如图 1-50 所示。

图 1-50 "用户界面"选项卡

1."配置"选项组

（1）工具和分析：可以通过选择或清除"工具和分析"列表框中的复选框，控制用户界面功能区中选项卡的显示和关闭。例如：取消"'建筑'选项卡和工具"复选框的勾选，单击"确定"按钮后，功能区中"建筑"选项卡不再显示，如图 1-51 所示。

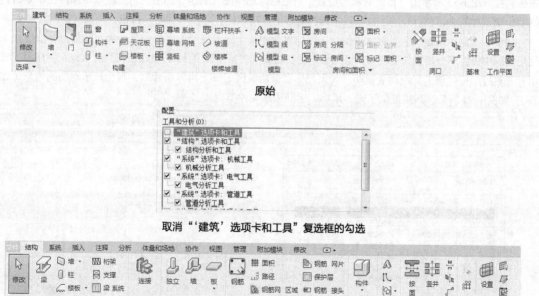

原始

取消"'建筑'选项卡和工具"复选框的勾选

不显示"建筑"选项卡

图 1-51 选项卡的关闭

（2）快捷键：用于设置命令的快捷键。单击"自定义"按钮，打开"快捷键"对话框，如图1-52所示。设置快捷键的方法：搜索要设置快捷键的命令或者在列表中选择要设置快捷键的命令，然后在"按新建"文本框中输入快捷键，单击"指定"按钮 ，添加快捷键。

图1-52　"快捷键"对话框

（3）双击选项：指定用于进入族、绘制的图元、部件、组等类型的编辑模式的双击动作。单击"自定义"按钮，打开图1-53所示的"自定义双击设置"对话框，选择图元类型，然后在对应的双击操作栏中单击，右侧会出现下拉箭头，在打开的下拉列表中选择对应的双击操作，单击"确定"按钮，完成双击设置。

（4）工具提示助理：工具提示提供有关用户界面中某个工具或绘图区域中某个项目的信息，或者在工具使用过程中提供下一步操作的说明。将光标停留在功能区的某个工具上时，默认情况下，Revit会显示工具提示。工具提示提供该工具的简要说明。如果光标在该功能区工具上再停留片刻，则会显示附加的信息（如果有），如图1-54所示。系统提供了无、最小、标准和高4种类型。

图1-53　"自定义双击设置"对话框

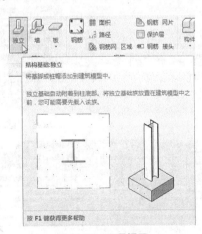

图1-54　工具提示

① 无：关闭功能区工具提示和画布中工具提示，使它们不再显示。

② 最小：只显示简要的说明，而隐藏其他信息。

③ 标准：为默认选项。当光标移动到工具上时，显示简要的说明，如果光标再停留片刻，则接着显示更多信息。

④ 高：同时显示有关工具的简要说明和更多信息（如果有），没有时间延迟。

（5）启动时启用"最近使用的文件"页面：在启动 Revit 时显示"最近使用的文件"页面。该页面列出您最近处理过的项目和族的列表，还提供对联机帮助和视频的访问。

2. "选项卡切换行为"选项组

此选项组用来设置上下文选项卡在功能区中的行为。

（1）清除选择或退出后：项目环境或族编辑器中指定所需的行为。列表中包括"返回到上一个选项卡"和"停留在'修改'选项卡"选项。

① 返回到上一个选项卡：在取消选择图元或者退出工具之后，Revit 显示上一次出现的功能区选项卡。

② 停留在"修改"选项卡：在取消选择图元或者退出工具之后，仍保留在"修改"选项卡上。

（2）选择时显示上下文选项卡：勾选此复选框，当激活某些工具或者编辑图元会自动增加并切换到"修改|xx"选项卡，如图 1-55 所示。其中包含一组只与该工具或图元的上下文相关的工具。

图 1-55 "修改|xx"选项卡

3. "视觉体验"选项组

（1）活动主题：用于设置 Revit 用户界面的视觉效果，包括明和暗两种，如图 1-56 所示。

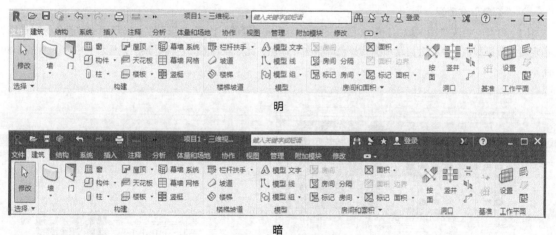

明

暗

图 1-56 活动主题

（2）使用硬件图形加速：通过使用可用的硬件，提高渲染 Revit 用户界面时的性能。

1.6.3 "图形"设置

"图形"选项卡主要控制图形和文字在绘图区域中的显示，如图 1-57 所示。

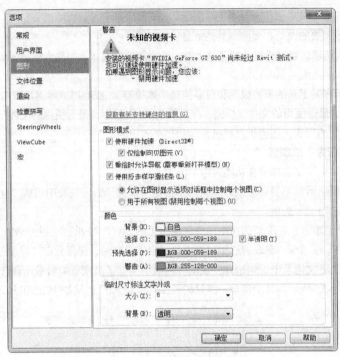

图 1-57　"图形"选项卡

1. "图形模式"选项组

勾选"使用反走样平滑线条"复选框，提高视图中的线条质量，使边显示得更平滑。如果要在使用反走样时体验最佳性能，则勾选"使用硬件加速"复选框，启用硬件加速。如果没有启用硬件加速，并使用反走样，则在缩放、平移和操纵视图时性能会降低。

2. "颜色"选项组

（1）背景：更改绘图区域中背景和图元的颜色。单击"颜色"按钮，打开图 1-58 所示的"颜色"对话框，指定新的背景颜色。系统会自动根据背景色调整图元颜色，比如较暗的颜色将导致图元显示为白色，如图 1-59 所示。

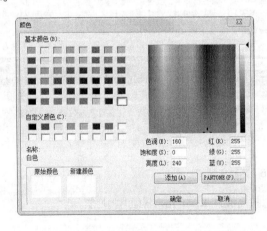

图 1-58　"颜色"对话框

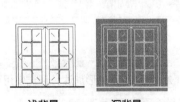

浅背景　　　　深背景

图 1-59　背景色和图元颜色

（2）选择：用于显示绘图区域中选定图元的颜色，如图 1-60 所示。单击颜色按钮可在"颜色"对话框中指定新的选择颜色。勾选"半透明"复选框，可以查看选定图元下面的图元。

（3）预先选择：设置在将鼠标指针移动到绘图区域中的图元时，用于显示高亮显示的图元的颜色，如图 1-61 所示。单击颜色按钮可在"颜色"对话框中指定高亮显示颜色。

（4）警告：设置在出现警告或错误时选择的用于显示图元的颜色，如图 1-62 所示。单击颜色按钮可在"颜色"对话框中指定新的警告颜色。

图 1-60　选择图元

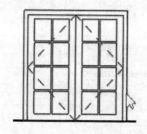

图 1-61　高亮显示

图 1-62　警告颜色

3."临时尺寸标注文字外观"选项组

（1）大小：用于设置临时尺寸标注中文字的字体大小，如图 1-63 所示。

文字大小为 8　　　　　　　　文字大小为 12

图 1-63　字体大小

（2）背景：用于指定临时尺寸标注中的文字背景为透明或不透明，如图 1-64 所示。

透明　　　　　　　　不透明

图 1-64　设置文字背景

1.6.4　"文件位置"设置

"文件位置"选项卡用来设置 Revit 文件和目录的路径，如图 1-65 所示。

（1）项目样板文件：指定在创建新模型时要在"最近使用的文件"窗口和"新建项目"对话框中列出的样板文件。

（2）用户文件默认路径：指定 Revit 保存当前文件的默认路径。

（3）族样板文件的默认路径：指定样板和库的路径。

（4）点云的根路径：指定点云文件的根路径。

（5）放置：添加公司专用的第二个库。单击此按钮，打开"放置"对话框，如图 1-66 所示，添加或删除库路径。

图 1-65　"文件位置"选项卡

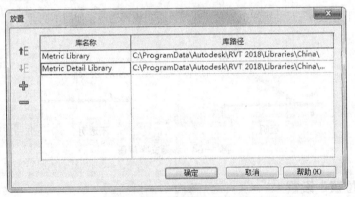

图 1-66　"放置"对话框

1.6.5　"渲染"设置

　　"渲染"选项卡提供有关在渲染三维模型时如何访问要使用的图像的信息，如图 1-67 所示。在此选项卡中可以指定用于渲染外观的文件路径以及贴花的文件路径。单击"添加值"按钮 ，输入路径，或单击 按钮，打开"浏览器文件夹"对话框设置路径。选择列表中的路径，单击"删除值"按钮 ，删除路径。

图 1-67 "渲染"选项卡

1.6.6 "检查拼写"设置

"检查拼写"选项卡用于文字输入时的语法设置，如图 1-68 所示。

图 1-68 "检查拼写"选项卡

（1）设置：勾选或取消相应的复选框，以指示拼写检查工具是否应忽略特定单词或查找重复单词。

（2）恢复默认值：单击此按钮，恢复到安装软件时的默认设置。

（3）主字典：在列表中选择所需的字典。

（4）其他词典：指定要用于定义拼写检查工具可能会忽略的自定义单词和建筑行业术语的词典文件的位置。

1.6.7 "宏"设置

"宏"选项卡定义用于创建自动化重复任务的宏的安全性设置，如图 1-69 所示。

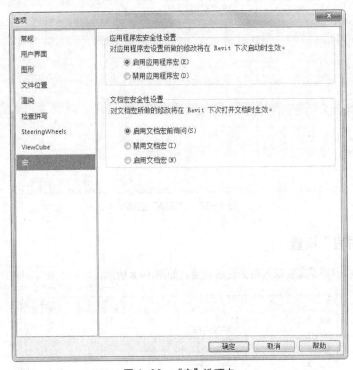

图 1-69 "宏"选项卡

1. "应用程序宏安全性设置"选项组

（1）启用应用程序宏：选择此选项，打开应用程序宏。

（2）禁用应用程序宏：选择此选项，关闭应用程序宏，但是仍然可以查看、编辑和构建代码，但是修改后不会改变当前模块状态。

2. "文档宏安全性设置"选项组

（1）启用文档宏前询问：系统默认选择此选项，如果在打开 Revit 项目时存在宏，系统会提示启用宏，用户可以选择在检测到宏时启用宏。

（2）禁用文档宏：在打开项目时关闭文档级宏，但是仍然可以查看、编辑和构建代码，但是修改后不会改变当前模块状态。

（3）启用文档宏：打开文档宏。

第2章

基本绘图工具

Revit 提供了丰富的实体操作工具，如工作平面、模型修改以及几何图形的编辑等，借助这些工具，用户可轻松、方便、快捷地绘制图形。

- 工作平面
- 图元选择
- 模型创建
- 图元修改

2.1 工作平面

工作平面是一个用作视图或绘制图元起始位置的虚拟二维表面。工作平面可以作为视图的原点，可以用来绘制图元，还可以用于放置基于工作平面的构件。

2.1.1 设置工作平面

每个视图都与工作平面相关联。在视图中设置工作平面时，工作平面与该视图一起保存。

在某些视图（如平面视图、三维视图和绘图视图）以及族编辑器的视图中，工作平面是自动设置的。在其他视图（如立面视图和剖面视图）中，则必须设置工作平面。

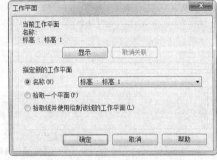

图 2-1 "工作平面"对话框

单击"建筑"选项卡"工作平面"面板中的"设置"按钮，打开图 2-1 所示的"工作平面"对话框，使用该对话框可以显示或更改视图的工作平面，也可以显示、设置、更改或取消关联基于工作平面图元的工作平面。

（1）名称：从列表中选择一个可用的工作平面。此列表中包括标高、网格和已命名的参照平面。

（2）拾取一个平面：选择此选项，可以选择任何可以进行尺寸标注的平面，包括墙面、链接模型中的面、拉伸面、标高、网格和参照平面为所需平面，Revit 会创建与所选平面重合的平面。

（3）拾取线并使用绘制该线的工作平面：Revit 会创建与选定线的工作平面共面的工作平面。

2.1.2 显示工作平面

在视图中显示或隐藏活动的工作平面，工作平面在视图中以网格显示，如图 2-2 所示。

单击"建筑"选项卡"工作平面"面板上的"显示工作平面"按钮，显示工作平面。再次单击"显示工作平面"按钮，隐藏工作平面。

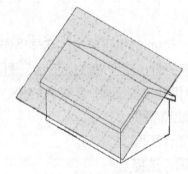

图 2-2 工作平面

2.1.3 编辑工作平面

可以修改工作平面的边界大小和网格大小。

具体编辑过程如下。

（1）单击"建筑"选项卡"工作平面"面板上的"显示工作平面"按钮，显示视图中的工作平面，如图 2-3 所示。

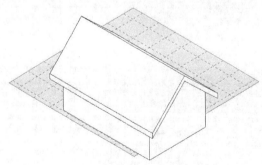

图 2-3 显示工作平面

（2）选取视图中的工作平面，拖动平面的边界控制点，改变大小，如图 2-4 所示。

（3）在属性选项板中的工作平面网格间距中输入新的间距值，然后按 Enter 键或单击"应用"按钮，更改网格间距大小，如图 2-5 所示。

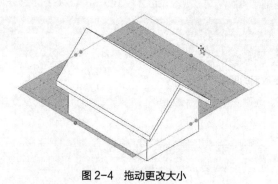

图 2-4　拖动更改大小

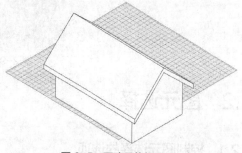

图 2-5　更改网格间距

2.1.4　工作平面查看器

使用"工作平面查看器"可以修改模型中基于工作平面的图元。工作平面查看器提供一个临时性的视图，不会保留在"项目浏览器"中。对于编辑形状、放样和放样融合中的轮廓非常有用。

具体操作过程如下。

（1）单击"快速访问"工具栏中的"打开"按钮 ，打开放样.rfa 图形，如图 2-6 所示。

（2）单击"建筑"选项卡"工作平面"面板上的"工作平面查看器"按钮 ，打开"工作平面查看器"窗口，如图 2-7 所示。

（3）根据需要编辑模型，如图 2-8 所示。

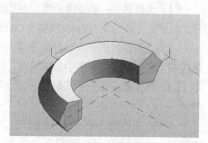

图 2-6　打开图形

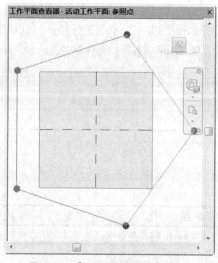

图 2-7　"工作平面查看器"窗口

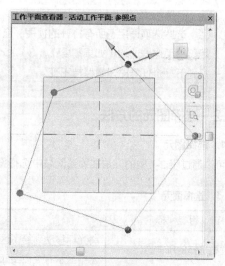

图 2-8　更改图形

（4）当在项目视图或工作平面查看器中进行更改时，其他视图会实时更新，结果如图 2-9 所示。

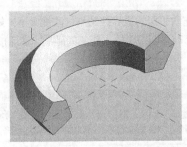

图 2-9　更改后的图形

2.2　图元选择

2.2.1　控制图元选择的选项

　　单击"修改"选项卡"修改"面板"选择"下拉按钮，打开图 2-10 所示的下拉菜单。使用以下选项控制用于选择的图元以及选择行为。

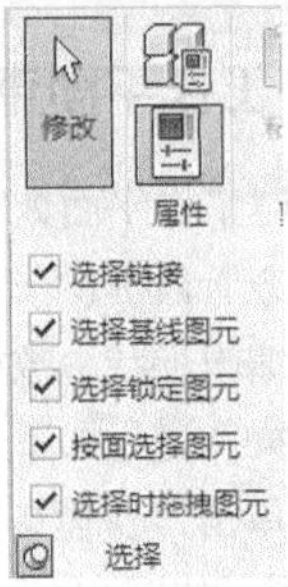

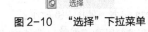

　　（1）选择链接：选择此选项，可以选择链接的文件和链接中的各个图元。链接的文件包括：Revit 模型、CAD 文件和点云。

　　（2）选择基线图元：选择此选项，可以选择基线中包含的图元。选择基线图元会影响选择视图中的图元时，取消此选项的勾选。

　　（3）选择锁定图元：选择此选项，可以选择被锁定到位且无法移动的图元。

　　（4）按面选择图元：选择此选项，可以通过单击内部面而不是边来选择图元。

图 2-10　"选择"下拉菜单

　　（5）选择时拖曳图元：选择此选项，无须先选择图元即可拖曳。此选项适用于所有模型类别和注释类别中的图元。

　　（1）这些选项适用于所有打开的视图；它们不是特定于某视图的。（2）在当前任务中，可以随时启用和禁用这些选项（如果需要）。（3）每个用户对于这些选项的设置都会被保存，且从一个任务切换到下一个任务时设置保持不变。

2.2.2　选择图元的方法

1. 选择图元

　　可以通过表 2-1 中的方法在绘图区域中选择图元。

表 2-1　选择图元

目　　标	操　　作
定位要选择的所需图元	将光标移动到绘图区域中的图元上。Revit 将高亮显示该图元并在状态栏和工具提示中显示有关该图元的信息
选择一个图元	单击该图元
选择多个图元	在按住 Ctrl 键的同时单击每个图元
选择特定类型的全部图元	选择所需类型的一个图元，并键入 SA（表示"选择全部实例"）

续表

目　　标	操　　作
选择某种类别（或某些类别）的所有图元	在图元周围绘制一个拾取框，并单击"修改|选择多个"选项卡"选择"面板中的"过滤器"按钮🔻，打开"过滤器"对话框，选择所需类别，并单击"确定"按钮
取消选择图元	在按住 Shift 键的同时单击每个图元，可以从一组选定图元中取消选择该图元
重新选择以前选择的图元	在按住 Ctrl 键的同时按左箭头键

2. 选择多个图元

使用以下方法来选择多个图元。

（1）在按住 Ctrl 键的同时，单击每个图元。如果要选择多个图元，并且需要使用 Tab 键来选择与其他图元非常接近的某个图元，则在按 Tab 键时不要按住 Ctrl 键。

（2）将光标放在要选择的图元一侧，并对角拖曳光标以形成矩形边界，从而绘制一个选择框。要仅选择完全位于选择框边界之内的图元，从左至右拖曳光标。要选择全部或部分位于选择框边界之内的任何图元，从右至左拖曳光标。

（3）按 Tab 键高亮显示连接的图元，然后单击选择这些图元。

（4）使用"选择全部实例"工具可以在项目或视图中选择某一图元或族类型的所有实例。

（5）对于某些工具，上下文选项卡提供了"选择多个"工具。

在绘图区域中，单击未选定的项目可将其添加到选择集中。要将选定的项目从选择集中删除，请单击该项目。光标将指示正在对选择集执行的操作是添加（＋）还是删除（－）。

2.2.3　使用过滤器选择图元

当选择中包含不同类别的图元时，可以使用过滤器从选择中删除不需要的类别。例如，如果选择的图元中包含墙、门、窗和家具，可以使用过滤器将家具从选择中排除。

（1）将光标放置在图元的一侧，并沿对角线拖曳光标，以形成一个矩形边界定义选择框，如图 2-11 所示。要仅选择完全位于选择框边界之内的图元，从左至右拖曳光标。要选择全部或部分位于选择框边界之内的任何图元，从右至左拖曳光标。

（2）单击"修改\|选择多个"选项卡"选择"面板中的"过滤器"按钮🔻，打开图 2-12 所示的"过滤器"对话框。修改选择内容时，对话框中和状态栏上的总数会随之更新。

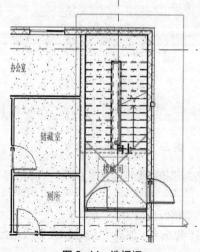

图 2-11　选择框

图 2-12　"过滤器"对话框

- 类别：列出当前选择的所有类别的图元。
- 合计：指示每个类别中的已选择图元数。
- 选定的项目总数：当前选定图元的总数。
- 选择全部：要选择全部类别。
- 放弃全部：要清除全部类别。

（3）选择类别后，单击"确定"按钮。

2.3 模型创建

2.3.1 模型线

模型线是基于工作平面的图元，存在于三维空间且在所有视图中都可见。模型线可以绘制成直线或曲线，可以单独绘制、链状绘制或者以矩形、圆形、椭圆形或其他多边形的形状进行绘制。

单击"建筑"选项卡"模型"面板上"模型线"按钮，打开"修改|放置线"选项卡，其中"绘制"面板和"线样式"面板中包含了所有用于绘制模型线的绘图工具与线样式设置，如图 2-13 所示。

图 2-13 "绘制"面板和"线样式"面板

1. 直线

指定线的起点和终点，或指定线的长度绘制线。

具体绘制过程如下。

（1）单击"修改|放置线"选项卡"绘制"面板上"线"按钮，鼠标指针变成，并在功能区的下方显示选项栏，如图 2-14 所示。

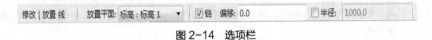

图 2-14 选项栏

（2）在视图区中指定直线的起点，按住左键开始拖动鼠标，直到直线终点放开。视图中绘制显示直线的参数，如图 2-15 所示。

（3）可以直接输入直线的参数，按 Enter 键确认，如图 2-16 所示。

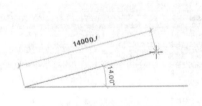

图 2-15 直线参数

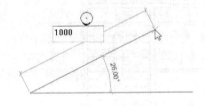

图 2-16 输入直线参数

- 放置平面：显示当前的工作平面，可以从列表中选择标高或拾取新工作平面为工作平面。
- 链：勾选此复选框，绘制连续线段。
- 偏移：在文本框中输入偏移值，绘制的直线根据输入的偏移值自动偏移轨迹线。
- 半径：勾选此复选框，并输入半径值。绘制的直线之间会根据半径值自动生成圆角。要使用此选项，必须先勾选"链"复选框绘制连续曲线才能绘制圆角。

2. 矩形

根据起点和角点绘制矩形。

具体绘制过程如下。

（1）单击"修改|放置线"选项卡"绘制"面板上"矩形"按钮 ▱，在图中适当位置单击确定矩形的起点。

（2）拖动鼠标移动，动态显示矩形的大小，单击确定矩形的角点，也可以直接输入矩形的尺寸值。

（3）在选项栏中勾选半径，输入半径值，绘制带圆角的矩形，如图2-17所示。

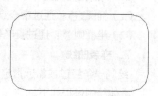

图2-17　带圆角矩形

3. 多边形

（1）内接多边形

对于内接多边形，圆的半径是圆心到多边形边之间顶点的距离。

具体绘制过程如下。

① 单击"修改|放置线"选项卡"绘制"面板上"内接多边形"按钮 ⬡，打开选项栏，如图2-18所示。

图2-18　多边形选项栏

② 在选项栏中输入边数，偏移值以及半径等参数。

③ 在绘图区域内单击以指定多边形的圆心。

④ 移动光标并单击确定圆心到多边形边之间顶点的距离，完成内接多边形的绘制。

（2）外接多边形

绘制一个各边与中心相距某个特定距离的多边形。

具体绘制过程如下。

① 单击"修改|放置线"选项卡"绘制"面板上"外接多边形"按钮 ⬠，打开选项栏，如图2-18所示。

② 在选项栏中输入边数、偏移值以及半径等参数。

③ 在绘图区域内单击以指定多边形的圆心。

④ 移动光标并单击确定圆心到多边形边的垂直距离，完成外接多边形的绘制。

4. 圆

通过指定圆形的中心点和半径来绘制圆形。

具体绘制过程如下。

（1）单击"修改|放置线"选项卡"绘制"面板上"圆"按钮 ⊘，打开选项栏，如图2-19所示。

图2-19　圆选项栏

（2）在绘图区域中单击确定圆的圆心。

（3）在选项栏中输入半径，仅需要单击一次就可将圆形放置在绘图区域。

（4）如果在选项栏中没有确定半径，可以拖动鼠标调整圆的半径，再次单击确认半径，完成圆的绘制。

5. 圆弧

Revit 提供了4种用于绘制弧的选项。

（1）起点-终点-半径弧 ⌒：通过绘制连接弧的两个端点指定起点和终点，然后使用第3个点指定角度或半径。

（2）圆心-端点弧 ⌒：通过指定圆心，起点和端点绘制圆弧。此方法不能绘制角度大于180度的圆弧。

（3）相切-端点弧 ：从现有墙或线的端点创建相切弧。

（4）圆角弧 ：绘制两相交直线间的圆角。

6．椭圆和椭圆弧

（1）椭圆 ：通过中心点、长半轴和短半轴来绘制椭圆。

（2）半椭圆 ：通过长半轴和短半轴来控制半椭圆的大小。

7．样条曲线

绘制一条经过或靠近指定点的平滑曲线。

具体绘制过程如下。

（1）单击"修改|放置线"选项卡"绘制"面板上"样条曲线"按钮 ，打开选项栏。

（2）在绘图区域中单击指定样条曲线的起点。

（3）移动光标单击，指定样条曲线上的下一个控制点，根据需要指定控制点。

用一条样条曲线无法创建单一闭合环，但是，可以使用第二条样条曲线来使曲线闭合。

8．线样式

在"线样式"的"线样式"下拉列表中提供了多种线样式，如图 2-20 所示。

在图形中选择要更改线型的模型线，在线样式列表中选择线型，结果如图 2-21 所示。

图 2-20 "线样式" 下拉列表

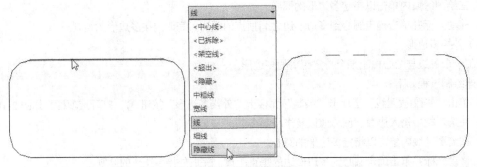

图 2-21 更改线样式

2.3.2 模型文字

模型文字是基于工作平面的三维图元，可用于建筑或墙上的标志或字母。对于能以三维方式显示的族（如墙、门、窗和家具族），用户可以在项目视图和族编辑器中添加模型文字。模型文字不可用于只能以二维方式表示的族，如注释、详图构件和轮廓族。

在添加模型文字之前首先设置要在其中显示文字的工作平面。

1．创建模型文字

具体绘制步骤如下。

（1）在图形区域中绘制一段墙体。

（2）单击"建筑"选项卡"工作平面"面板中的"设置"按钮 ，打开"工作平面"对话框，选择"拾取一个平面"选项，如图 2-22 所示。单击"确定"按钮，选择墙体的前端面为工作平面。

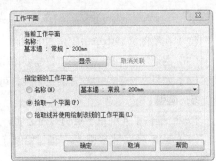

图 2-22 "工作平面"对话框

（3）单击"建筑"选项卡"模型"面板中的"设置"按钮 A，打开"编辑文字"对话框，输入"Revit"文字，如图 2-23 所示。

（4）将文字放置到墙上适当位置，如图 2-24 所示。

图 2-23　"编辑文字"对话框

图 2-24　模型文字

2. 编辑模型文字

编辑模型文字的具体步骤如下。

（1）选中图 2-24 中的文字，在属性选项板中更改文字深度为 50，单击"应用"按钮，更改文字深度，如图 2-25 所示。

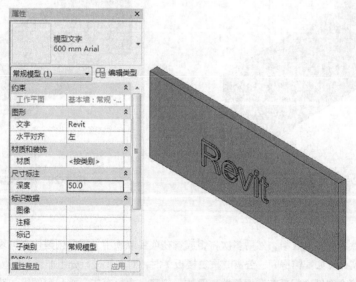

图 2-25　更改文字深度

（2）单击属性选项板中的"编辑类型"按钮 编辑类型，打开"类型属性"对话框，更改字体为 Arial，文字大小为 800，勾选粗体和斜体选项，如图 2-26 所示，单击"确定"按钮，完成文字字体和大小的更改，如图 2-27 所示。

（3）选中文字按住鼠标左键拖动文字，如图 2-28 所示，释放鼠标左键放置位置，如图 2-29 所示，完成文字的移动。

图 2-26　"类型属性"对话框

图 2-27　更改字体和大小

图 2-28　拖动文字

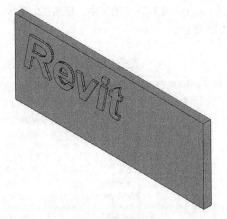

图 2-29　移动文字

2.3.3　模型组

可以将项目或族中的图元成组，然后多次将组放置在项目或族中。需要创建代表重复布局的实体或通用于许多建筑项目的实体（如宾馆房间、公寓或重复楼板）时，对图元进行分组非常有用。

放置在组中的每个实例之间都存在相关性。例如，创建一个具有床、墙和窗的组，然后将该组的多个实例放置在项目中。如果修改一个组中的墙，则该组所有实例中的墙都会随之改变。

可以创建模型组、详图组和附着的详图组。

（1）模型组：创建都有模型组成的组，如图 2-30 所示。

（2）详图组：创建包含视图专有的文本、填充区域、尺寸标注、门窗标记等图元，如图 2-31 所示。

（3）附着的详图组：包含与特定模型组关联的视图专有图元，如图 2-32 所示。

组不能同时包含模型图元和视图专有图元。如果选择了这两种类型的图元，将它们成组，则 Revit 会创建一个模型组，并将详图图元放置于该模型组的附着的详图组中。如果同时选择了详图图元和模型组，Revit 将为该模型组创建一个含有详图图元的附着的详图组。

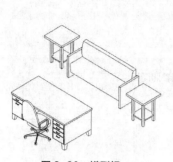

图 2-30　模型组

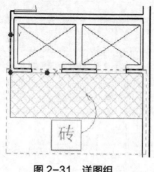

图 2-31　详图组

图 2-32　附着的详图组

2.4　图元修改

Revit 提供了图元的修改和编辑工具，主要集中在"修改"选项卡中，如图 2-33 所示。

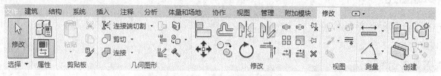

图 2-33　"修改"选项卡

当选择要修改的图元后，会打开"修改|xx"选项卡，选择的图元不同，打开的"修改|xx"选项卡也会有所不同，但是"修改"面板中的操作工具是相同的。

2.4.1　对齐图元

可以将一个或多个图元与选定图元对齐。此工具通常用于对齐墙、梁和线，但也可以用于其他类型的图元。可以对齐同一类型的图元，也可以对齐不同族的图元。可以在平面视图（二维）、三维视图或立面视图中对齐图元。

具体步骤如下。

（1）单击"修改"选项卡"修改"面板"对齐"按钮 ，打开选项栏，如图 2-34 所示。

● 多重对齐：勾选此复选框，将多个图元与所选图元对齐，也可以按照 Ctrl 键同时选择多个图元进行对齐。

● 首选：指明将如何对齐所选墙，包括参照墙面、参照墙中心线、参照核心层表面和参照核心层中心。

图 2-34　对齐选项栏

（2）选择要与其他图元对齐的图元。

（3）选择要与参照图元对齐的一个或多个图元。在选择之前，将鼠标在图元上移动，直到高亮显示要与参照图元对齐的图元部分时为止，然后单击该图元，对齐图元。

（4）如果希望选定图元与参照图元保持对齐状态，单击锁定标记来锁定对齐，当修改具有对齐关系的图元时，系统会自动修改与之对齐的其他图元，如图 2-35 所示。

要启动新对齐，按 Esc 键一次；要退出对齐工具，按 Esc 键两次。

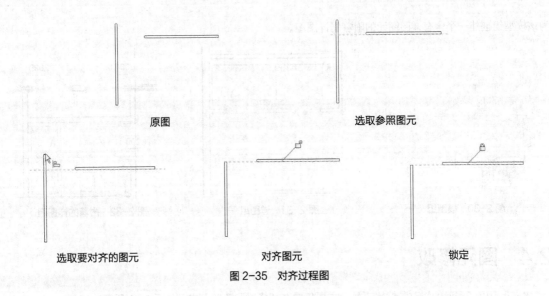

原图	选取参照图元

| 选取要对齐的图元 | 对齐图元 | 锁定 |

图 2-35 对齐过程图

2.4.2 移动图元

将选定的图元移动到新的位置。

具体步骤如下。

（1）选择要移动的图元。

（2）单击"修改"选项卡"修改"面板"移动"按钮✛，打开选项栏，如图 2-36 所示。

● 约束：勾选此复选框，限制图元沿着与其垂直或共线的矢量方向的移动。

● 分开：勾选此复选框，可在移动前中断所选图元和其他图元之间的
  关联。也可以将依赖于主体的图元从当前主体移动到新的主体上。

| 修改 \| 墙 | □约束 □分开 □多个 |

图 2-36 移动选项栏

（3）单击图元上的点作为移动的起点。

（4）移动鼠标，移动图元到适当位置。

（5）单击完成移动操作，如果要更精准地移动图元，在移动过程中输入要移动的距离即可。

移动过程如图 2-37 所示。

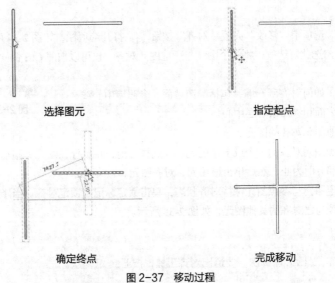

选择图元	指定起点

| 确定终点 | 完成移动 |

图 2-37 移动过程

2.4.3　旋转图元

绕轴旋转选定的图元。在楼层平面视图、天花板投影平面视图、立面视图和剖面视图中，图元会围绕垂直于这些视图的轴进行旋转，并不是所有图元均可以围绕任何轴旋转。例如，墙不能在立面视图中旋转。窗不能在没有墙的情况下旋转。

具体步骤如下。

（1）选择要旋转的图元。

（2）单击"修改"选项卡"修改"面板"旋转"按钮⟳，打开选项栏，如图 2-38 所示。

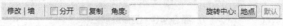

图 2-38　旋转选项栏

● 分开：勾选此复选框，可在移动前中断所选图元和其他图元之间的关联。
● 复制：勾选此复选框，旋转所选图元的副本，而在原来位置上保留原始对象。
● 角度：输入旋转角度，系统会根据指定的角度执行旋转。
● 旋转中心：默认的旋转中心是图元中心，可以单击"地点"按钮 地点 ，指定新的旋转中心。

（3）单击以指定旋转的开始位置放射线。此时显示的线即表示第一条放射线。如果在指定第一条放射线时光标进行捕捉，则捕捉线将随预览框一起旋转，并在放置第二条放射线时捕捉屏幕上的角度。

（4）移动鼠标，移动图元到适当位置。

（5）单击完成旋转操作，如果要更精准地旋转图元，在旋转过程中输入要旋转的角度即可。

旋转过程如图 2-39 所示。

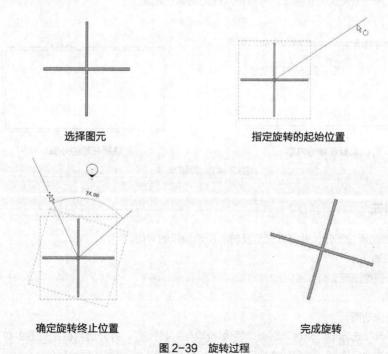

图 2-39　旋转过程

2.4.4　偏移图元

可以将选定的图元，如线、墙或梁复制移动到其长度的垂直方向上的指定距离处。可以对单个图元或属于相同族的图元链应用偏移工具。可以通过拖曳选定图元或输入值来指定偏移距离。

偏移工具的使用限制条件。

（1）只能在线、梁和支撑的工作平面中偏移它们。

（2）不能对创建为内建族的墙进行偏移。

（3）不能在与图元的移动平面相垂直的视图中偏移这些图元，例如，不能在立面图中偏移墙。

具体步骤如下。

（1）单击"修改"选项卡"修改"面板"偏移"按钮 ，打开选项栏，如图2-40所示。

○ 图形方式 ◉ 数值方式　偏移: 1000.0　　　　☑复制

图2-40　偏移选项栏

- 图形方式：选择此选项，将选定图元拖曳到所需位置。
- 数值方式：选择此选项，在偏移文本框中输入偏移距离值，距离值为正数值。
- 复制：勾选此复选框，偏移所选图元的副本，而在原来位置上保留原始对象。

（2）在选项栏中选择偏移距离的方式。

（3）选择要偏移的图元或链，如果选择"数值方式"选项指定了偏移距离，则将在放置光标的一侧在离高亮显示图元该距离的地方显示一条预览线，如图2-41所示。

（4）根据需要移动光标，以便在所需偏移位置显示预览线，然后单击将图元或链移动到该位置，或在那里放置一个副本。

（5）如果选择"图形方式"选项，则单击以选择高亮显示的图元，然后将其拖曳到所需距离并再次单击。开始拖曳后，将显示一个关联尺寸标注，可以输入特定的偏移距离。

鼠标在墙的内部

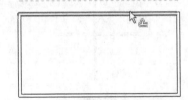

鼠标在墙的外部

图2-41　偏移方向

2.4.5　镜像图元

Revit移动或复制所选图元，并将其位置反转到所选轴线的对面。

1. 镜像-拾取轴

通过已有轴来镜像图元。

具体步骤如下。

（1）选择要镜像的图元。

（2）单击"修改"选项卡"修改"面板"镜像-拾取轴"按钮 ，打开选项栏，如图2-42所示。

- 复制：勾选此复选框，镜像所选图元的副本。而在原来位置上保留原始对象。

（3）选择代表镜像轴的线。

（4）单击完成镜像操作。

镜像过程如图2-43所示。

修改 | 墙　　☑复制

图2-42　镜像选项栏（拾取轴）

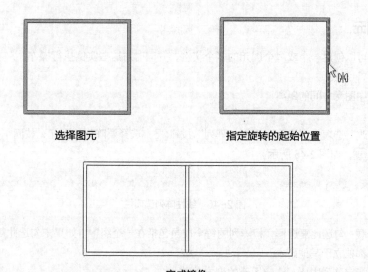

选择图元 　　　　　　　　　　　　　　指定旋转的起始位置

完成镜像

图 2-43　镜像过程（拾取轴）

2．镜像-绘制轴

绘制一条临时镜像轴线来镜像图元。

具体步骤如下。

（1）选择要镜像的图元。

（2）单击"修改"选项卡"修改"面板"镜像-拾取轴"按钮，打
开选项栏，如图 2-44 所示。

（3）绘制一条临时镜像轴线。

（4）单击完成镜像操作。

镜像过程如图 2-45 所示。

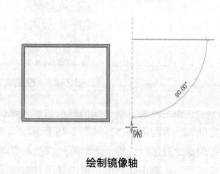

图 2-44　镜像选项栏（绘制轴）

选择图元 　　　　　　　　　　　　　　绘制镜像轴

完成镜像

图 2-45　镜像过程（绘制轴）

2.4.6　阵列图元

使用阵列工具可以创建一个或多个图元的多个实例，并同时对这些实例执行操作。

1. 线性阵列

可以指定阵列中图元之间的距离。

具体步骤如下。

（1）单击"修改"选项卡"修改"面板"阵列"按钮🔡，选择要阵列的图元，按回车键，打开选项栏，单击"线性"按钮🟫，如图 2-46 所示。

图 2-46　线性阵列选项栏

- 成组并关联：勾选此复选框，将阵列的每个成员包括在一个组中。如果未勾选此复选框，则阵列后，每个副本都独立于其他副本。
- 项目数：指定阵列中所有选定图元的副本总数。
- 移动到：成员之间间距的控制方法。
- 第二个：指定阵列每个成员之间的间距，如图 2-47 所示。

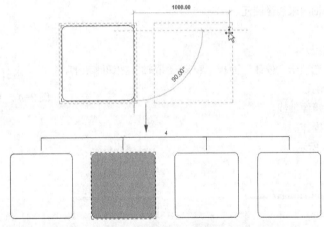

图 2-47　设置第二个成员间距

- 最后一个：指定阵列中第一成员到最后一个成员之间的间距。阵列成员会在第一个成员和最后一个成员之间以相等间距分布，如图 2-48 所示。
- 约束：勾选此复选框，用于限制阵列成员沿着与所选的图元垂直或共线的矢量方向移动。
- 激活尺寸标注：单击此选项，可以显示并激活要阵列图元的定位尺寸。

（2）在绘图区域中单击以指明测量的起点。

（3）移动光标显示第二个成员尺寸或最后一个成员尺寸，单击鼠标左键确定间距尺寸，或直接输入尺寸值。

（4）在选项栏中输入副本数，也可以直接修改图形中的副本数字，完成阵列。

2. 半径阵列

绘制圆弧并指定阵列中要显示的图元数量。

具体步骤如下。

（1）单击"修改"选项卡"修改"面板"阵列"按钮🔡，选择要阵列的图元，按回车键，打开选项栏，单击"半径"按钮🔘，如图 2-49 所示。

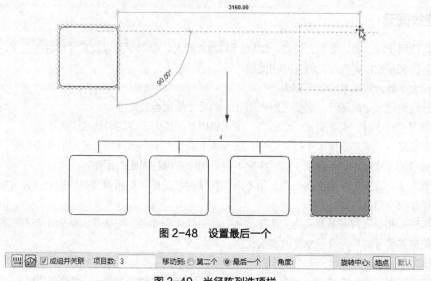

图 2-48　设置最后一个

图 2-49　半径阵列选项栏

- 角度：在此文本框中输入总的径向阵列角度，最大为 360 度。
- 旋转中心：设定径向旋转中心点。

（2）指定旋转中心点。在大部分情况下，都需要将旋转中心控制点从所选图元的中心移走或重新定位。

（3）将光标移动到半径阵列的弧形开始的位置。

（4）输入旋转角度和副本数。也可以指定第一条旋转放射线后移动光标放置第二条旋转放射线来确定旋转角度。

半径阵列过程如图 2-50 所示。

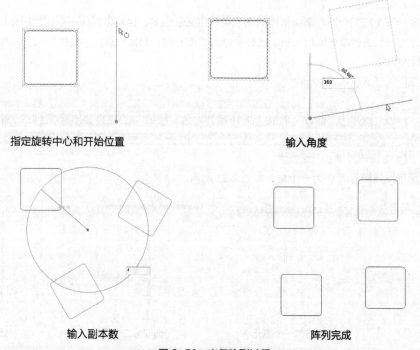

指定旋转中心和开始位置　　　　　　　输入角度

输入副本数　　　　　　　阵列完成

图 2-50　半径阵列过程

2.4.7　缩放图元

缩放工具适用于线、墙、图像、链接、DWG 和 DXF 导入、参照平面以及尺寸标注的位置。可以通过图形方式或输入比例系数以调整图元的尺寸和比例。

缩放图元大小时，需要考虑以下事项。

（1）无法调整已锁定的图元。需要先解锁图元，然后才能调整其尺寸。

（2）调整图元尺寸时，需要定义一个原点，图元将相对于该固定点均匀地改变大小。

（3）所有选定图元都必须位于平行平面中。选择集中的所有墙必须都具有相同的底部标高。

（4）调整墙的尺寸时，插入对象（如门和窗）与墙的中点保持固定的距离。

（5）调整大小会改变尺寸标注的位置，但不改变尺寸标注的值。如果被调整的图元是尺寸标注的参照图元，则尺寸标注值会随之改变。

（6）链接符号和导入符号具有名为"实例比例"的只读实例参数。它表明实例大小与基准符号的差异程度。可以调整链接符号或导入符号来更改实例比例。

具体步骤如下。

（1）单击"修改"选项卡"修改"面板"缩放"按钮 ，选择要缩放的图元，打开选项栏，如图 2-51 所示。

● 图形方式：选择此选项，Revit 通过确定两个矢量长度的比率来计算比例系数。

● 数值方式：选择此选项，在比例文本框中直接输入缩放比例系数，图元将按定义的比例系数调整大小。

○ 图形方式　○ 数值方式　比例：2

图 2-51　旋转选项栏

（2）在图形中单击以确定原点。

（3）如果选择"图形方式"选项，则移动光标定义第一个矢量，单击设置长度，然后再次移动光标定义第二个矢量，系统根据定义的两个矢量确定缩放比例。

（4）如果选择"数值方式"选项，则输入比例系数，缩放图形。

2.4.8　修剪/延伸图元

以修剪或延伸一个或多个图元至由相同的图元类型定义的边界。也可以延伸不平行的图元以形成角，或者在它们相交时对它们进行修剪以形成角。选择要修剪的图元时，光标位置指示要保留的图元部分。

1. 修剪/延伸为角

将两个所选图元修剪或延伸成一个角。

具体步骤如下。

（1）单击"修改"选项卡"修改"面板"修剪/延伸为角"按钮 ，选择要修剪/延伸的一个线或墙，单击要保留的部分。

（2）选择要修剪/延伸的第二个线或墙。

（3）根据所选图元修剪/延伸为一个角，如图 2-52 所示。

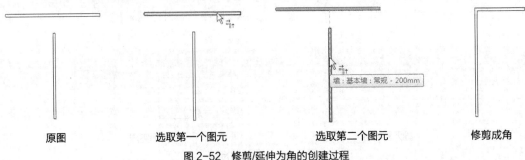

原图　　　　选取第一个图元　　　　选取第二个图元　　　　修剪成角

图 2-52　修剪/延伸为角的创建过程

2. 修剪/延伸单一图元

将一个图元修剪或延伸到其他图元定义的边界。

（1）单击"修改"选项卡"修改"面板"修剪/延伸单个图元"按钮 ，选择要用作边界的参照。

（2）选择要修剪/延伸的图元。

（3）如果此图元与边界（或投影）交叉，则保留所单击的部分，而修剪边界另一侧的部分，如图 2-53 所示。

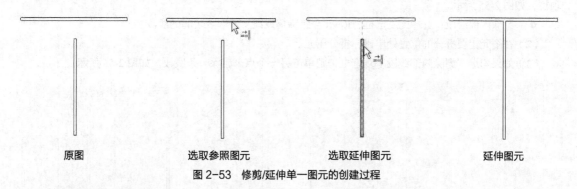

原图　　　　　　选取参照图元　　　　　　选取延伸图元　　　　　　延伸图元

图 2-53　修剪/延伸单一图元的创建过程

3. 修剪/延伸多个图元

将多个图元修剪或延伸到其他图元定义的边界。

（1）单击"修改"选项卡"修改"面板"修剪/延伸单个图元"按钮 ，选择要用作边界的参照。

（2）单击以选择要修剪或延伸的每个图元，或者框选所有要修剪/延伸的图元。

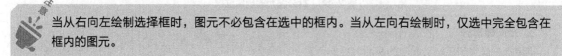

当从右向左绘制选择框时，图元不必包含在选中的框内。当从左向右绘制时，仅选中完全包含在框内的图元。

（3）如果此图元与边界（或投影）交叉，则保留所单击的部分，而修剪边界另一侧的部分，如图 2-54 所示。

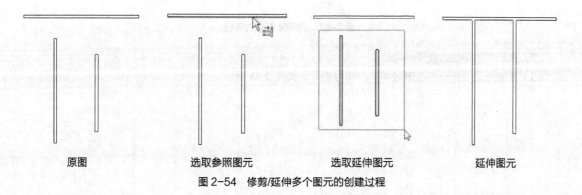

原图　　　　　　选取参照图元　　　　　　选取延伸图元　　　　　　延伸图元

图 2-54　修剪/延伸多个图元的创建过程

2.4.9　拆分图元

通过"拆分"工具，可将图元拆分为两个单独的部分，可删除两个点之间的线段，也可在两面墙之间创建定义的间隙。

拆分工具有两种使用方法：拆分图元和用间隙拆分。

拆分工具可以拆分墙、线、栏杆护手（仅拆分图元）、柱（仅拆分图元）、梁（仅拆分图元）、支撑（仅拆分图元）等图元。

1. 拆分图元

在选定点剪切图元（例如墙或管道），或删除两点之间的线段。

具体步骤如下。

（1）单击"修改"选项卡"修改"面板"拆分图元"按钮 ◫ᵷᵤ，打开选项栏，如图 2-55 所示。

图 2-55　拆分图元选项栏

● 删除内部线段：选择此复选框，Revit 会删除墙或线上所选点之间的线段。

（2）在图元上要拆分的位置处单击，拆分图元。

（3）如果勾选"删除内部线段"复选框，则单击另一个点来删除一条线段，如图 2-56 所示。

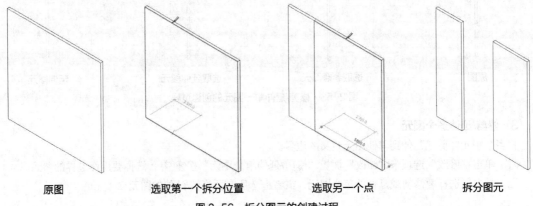

原图　　　　选取第一个拆分位置　　　　选取另一个点　　　　拆分图元

图 2-56　拆分图元的创建过程

2. 用间隙拆分

将墙拆分成之间已定义间隙的两面单独的墙。

具体步骤如下。

（1）单击"修改"选项卡"修改"面板"用间隙拆分"按钮 ◫ᵢᵤ，打开选项栏，如图 2-57 所示。

连接间隙：100.0

图 2-57　用间隙拆分选项栏

（2）在选项栏中输入连接间隙值。

（3）在图元上要拆分的位置处单击，拆分图元，如图 2-58 所示。

原图　　　　　　选取拆分位置　　　　　　拆分图元

图 2-58　用间隙拆分的创建过程

第3章

创建族

族是 Revit 软件中一个非常重要的构成要素，在 Revit 中不管是模型还是注释均是由族构成的，所以掌握族的概念和用法至关重要。

■ 族概述

■ 二维族

■ 三维模型族

3.1 族概述

族是一个包含通用属性（称作参数）集和相关图形表示的图元组。属于一个族的不同图元的部分或全部参数可能有不同的值，但是参数（其名称与含义）的集合是相同的。

通过使用预定义的族和在 Revit Architecture 中创建新族，可以将标准图元和自定义图元添加到建筑模型中。通过族，还可以对用法和行为类似的图元进行某种级别的控制，以便用户轻松修改设计和高效管理项目。

项目中所有正在使用或可用的族都显示在项目浏览器"族"下，并按图元类别分组，如图 3-1 所示。

Revit 提供了 3 种类型的族：系统族、可载入族和内建族。

1. 系统族

系统族可以创建要在建筑现场装配的基本图元，如墙、屋顶、楼板、风管、管道等。系统族还包含项目和系统设置，而这些设置会影响项目环境，如标高、轴网、图纸和视口等。

系统族是在 Revit 中预定义的。不能将其从外部文件中载入到项目中，也不能将其保存到项目之外的位置。Revit 不允许用户创建、复制、修改或删除系统族，但可以复制和修改系统族中的类型，以便创建自定义的系统族类型。系统族中可以只保留一个系统族类型，除此以外的其他系统族类型都可以删除，因为每个族至少需要一个类型才能创建新系统族类型。

图 3-1 项目浏览器"族"

2. 可载入族

可载入族是在外部 RFA 文件中创建的，并可导入或载入到项目中。

可载入族是用于创建下列构件的族，如窗、门、橱柜、装置、家具、植物以及锅炉、热水器等以及一些常规自定义的主视图元。由于载入族具有高度可自定义的特征，因此可载入的族是在 Revit 中最经常创建和修改的族。对于包含许多类型的可载入族，可以创建和使用类型目录，以便仅载入项目所需的类型。

可以在项目中创建多个内建族，并且可以将同一内建族的多个副本放置在项目中。但是，与系统族和可载入族不同，用户不能通过复制内建族类型来创建多种类型。

3. 内建族

内建族是用户需要创建当前项目专有的独特构件时所创建的独特图元。用户可以创建内建几何图形，以便它可参照其他项目几何图形，使其在所参照的几何图形发生变化时进行相应大小调整和其他调整。创建内建族时，Revit 将为内建族创建一个族，该族包含单个族类型。

3.2 二维族

二维族包括注释型族、标题栏族、轮廓族、详图构件族等。不同类型的族由不同的族样板文件来创建。

3.2.1 创建标记族

标记主要用于标注各种类别构件的不同属性，如窗标记、门标记等，而符号族则一般在项目中用于"装配"各种系统族标记，如立面标记、高程点标高等。

与另一种二维构件族"详图构件"不同，注释族拥有"注释比例"的特性，即注释族的大小会根据视图比例的不同而变化，以保证出图时注释族保持同样的出图大小。

3.2.2 实例——创建窗标记族

（1）在开始界面中单击"族"→"新建"或者单击"文件"程序菜单→"新建"→"族"命令，打开"新族-选择样板文件"对话框，选择"注释"文件夹中的"公制窗标记.rft"为样板族，如图3-2所示，单击"打开"按钮进入族编辑器，如图 3-3 所示。该族样板中默认提供两个正交参照平面，参照平面点位置表示标签的定位位置。

图 3-2 "新族-选择样板文件"对话框

（2）单击"创建"选项卡"文字"面板中的"标签"按钮，在视图中位置中心单击确定标签位置，打开"编辑标签"对话框，在"类别参数"栏中选择类型标记，双击后添加到标签参数栏，或者单击"将参数添加标签"按钮，将其添加到标签参数栏，更改样例值为"C2100"，如图3-4所示。

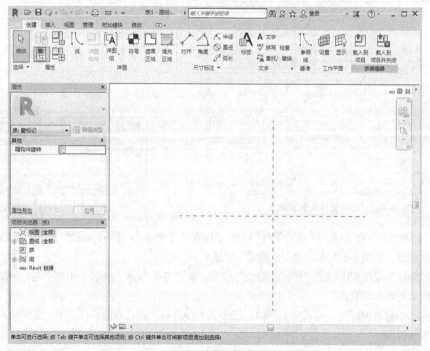

图 3-3 族编辑器

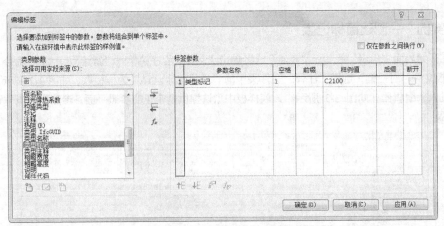

图 3-4 "编辑标签"对话框

（3）单击"确定"按钮，将标签添加到视图中，如图 3-5 所示。

（4）选中标签，单击"编辑类型"按钮，打开图 3-6 所示的"类型属性"对话框，单击"复制"按钮，打开"名称"对话框，输入名称为 3.5mm，如图 3-7 所示。单击"确定"按钮，返回到"类型属性"对话框。

图 3-5 添加标签

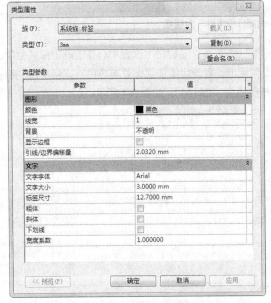

图 3-6 "类型属性"对话框

图 3-7 "名称"对话框

（5）在"类型属性"对话框中修改颜色为"红色"，设置文字字体为"仿宋_GB2312"，字体大小为 3.5mm，其他采用默认设置，如图 3-8 所示，单击"确定"按钮。

（6）在"属性"选项板中勾选"随构件旋转"选项，如图 3-9 所示，当项目中有不同方向的窗户时，窗标记会根据标记对象自动更改。

（7）在视图中选取窗标记，将其向上移动，使文字中心对齐，垂直方向参照平面，底部稍高于水平参照平面，如图 3-10 所示。

（8）单击"快速访问"工具栏中的"保存"按钮，打开"另存为"对话框，输入名称为"窗标记"，如图 3-11 所示。单击"保存"按钮，保存族文件。

图 3-8 设置参数

图 3-9 "属性"选项板

C2100

图 3-10 移动窗标记

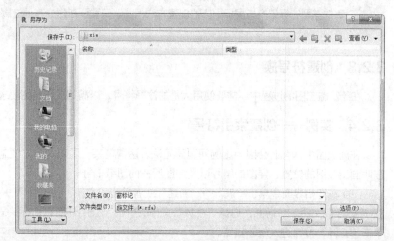

图 3-11 "另存为"对话框

窗标记已经创建完成，下面开始进行验证窗标记是否可用。

（9）在开始界面中单击"项目"→"新建"命令，打开"新建项目"对话框，在样板文件下拉列表中
选择"建筑样板"样板文件，如图 3-12 所示，单击"确定"按钮，新建项目文件。也可以直接打开已有项
目文件。

（10）单击"建筑"选项卡"构建"面板中的"墙"按钮，在视图中任意绘制一段墙体，如图 3-13
所示。

（11）打开窗标记族文件，单击"创建"选项卡"族编辑器"面板中的"载入到项目"按钮，返回到项
目文件中。

（12）单击"建筑"选项卡"构建"面板中的"窗"按钮 ，打开"修改|放置窗"选项卡，单击"在放置时进行标记"按钮 ，将窗放置到墙体中，如图 3-14 所示。

图 3-12　"新建项目"对话框

图 3-13　绘制墙体

（13）放置完窗后，显示窗标记，结果如图 3-15 所示。

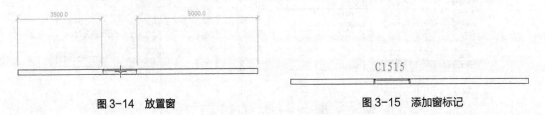

图 3-14　放置窗

C1515

图 3-15　添加窗标记

其他类型的标记族与窗标记族的创建方法相同。只需要在建立其他注释族的时候选择相应的样板。

3.2.3　创建符号族

在绘制施工图的过程中，需要使用大量的注释符号，以满足二维出图要求，例如指北针、高程点等符号。

3.2.4　实例——创建索引符号

在施工图中，有时会因为比例问题而无法表达清楚某一局部，为方便施工需另画详图。一般用索引符号注明画出详图的位置、详图的编号以及详图所在的图纸编号。

（1）在开始界面中单击"族"→"新建"或者单击"文件"程序菜单→"新建"→"族"命令，打开"新族-选择样板文件"对话框，选择"注释"文件夹中的"公制详图索引标头.rft"为样板族，如图 3-16 所示，单击"打开"按钮进入族编辑器。

图 3-16　"新族-选择样板文件"对话框

（2）删除样板中显示的文字。

（3）单击"创建"选项卡"详图"面板"线"按钮 ⎰，在视图中心位置绘制半径为 5mm 的圆，并在最大直径处绘制水平直线，如图 3-17 所示。完成索引符号外形的绘制。

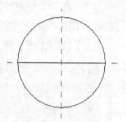

图 3-17　绘制图形

（4）单击"创建"选项卡"文字"面板中的"标签"按钮 ⒜，在视图中位置中心单击确定标签位置，打开"编辑标签"对话框，在"类别参数"栏中分别选择详图编号和图纸编号，单击"将参数添加标签"按钮 ⮜，将其添加到标签参数栏，并更改样例值，勾选"断开"复选框，如图 3-18 所示。

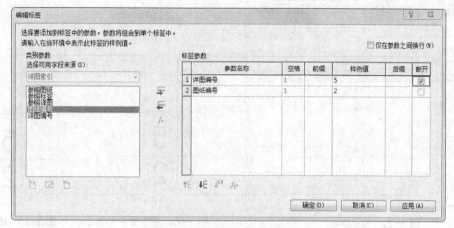

图 3-18　"编辑标签"对话框

（5）单击"确定"按钮，将标签添加到图形中，如图 3-19 所示。从图中可以看出索引符号不符合标准，下面进行修改。

（6）选中标签，单击"编辑类型"按钮 ⯐，打开图 3-20 所示的"类型属性"对话框，单击"复制"按钮，打开"名称"对话框，输入名称为 2.5mm，单击"确定"按钮，返回到"类型属性"对话框。

图 3-19　添加标签

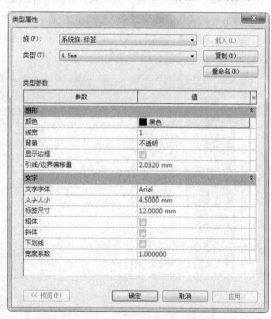

图 3-20　"类型属性"对话框

（7）在"类型属性"对话框中选择背景为透明，设置字体大小为 2.5mm，其他采用默认设置，如图 3-21 所示。单击"确定"按钮，更改后的索引符号如图 3-22 所示。

（8）选中文字，将其移动到适当位置，如图 3-23 所示。

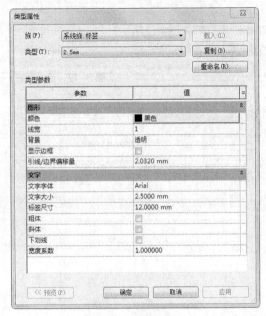

图 3-21　设置参数

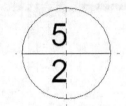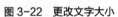

图 3-22　更改文字大小

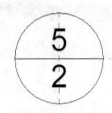

图 3-23　移动文字

（9）单击"快速访问"工具栏中的"保存"按钮 🖫，打开"另存为"对话框，输入名称为"索引符号"，单击"保存"按钮，保存族文件。

3.2.5　标题栏族

Revit 中的标题栏是一个图纸样板，通常包含页面边框以及有关设计公司的信息，例如公司名称、地址和徽标。标题栏还显示有关项目、客户和各个图纸的信息，包括发布日期和修订信息。

Revit 软件提供了 A0、A1、A2、A3 和修改通知单，共五种图纸模板，都包含在"标题栏"文件夹中，如图 3-24 所示。打开的 A2 公制标题栏族如图 3-25 所示。

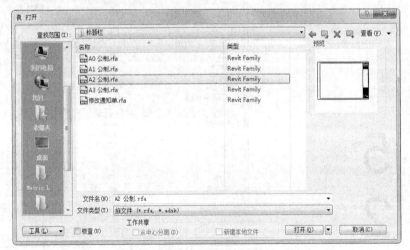

图 3-24　"打开"对话框

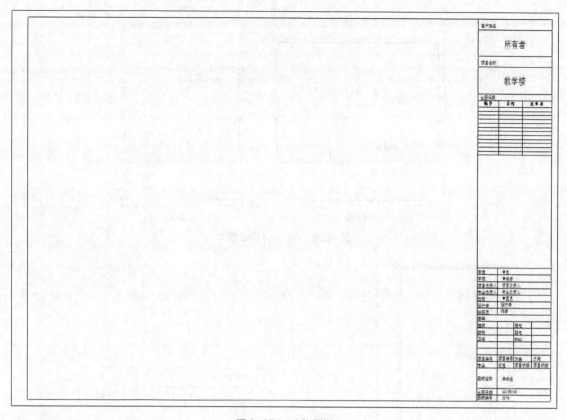

图 3-25　A2 标题栏

标准图纸的图幅、图框、标题栏以及会签栏都必须按照国家标准进行确定和绘制。

1. 图幅

根据国家规范的规定，按图面的长和宽确定图幅的等级。室内设计常用的图幅有 A0（也称 0 号图幅，其余类推）、A1、A2、A3 及 A4，每种图幅的长宽尺寸如表 3-1 所示，表中的尺寸代号意义如图 3-26 和图 3-27 所示。

表 3-1　图幅标准（单位：mm）

图幅代号 尺寸代号	A0	A1	A2	A3	A4
b×1	841×1189	594×841	420×594	297×420	210×297
c	10			5	
a	25				

2. 标题栏

标题栏包括设计单位名称、工程名称、签字区、图名区及图号区等内容。一般标题栏格式如图 3-28 所示，如今不少设计单位采用个性化的标题栏格式，但是仍必须包括这几项内容。

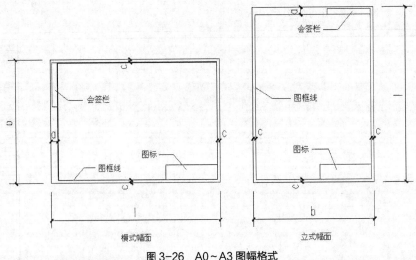

图 3-26　A0～A3 图幅格式

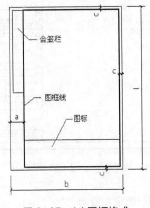
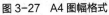

图 3-27　A4 图幅格式

图 3-28　标题栏格式

3. 会签栏

会签栏是为各工种负责人审核后签名用的表格，它包括专业、姓名、日期等内容，具体根据需要设置，图 3-29 所示的为其中一种格式。对于不需要会签的图样，可以不设此栏。

图 3-29　会签栏格式

4. 线型要求

建筑设计图主要由各种线条构成，不同的线型表示不同的对象和不同的部位，代表着不同的含义。为了使图面能够清晰、准确、美观地表达设计思想，工程实践中采用了一套常用的线型，并规定了它们的使用范围，如表 3-2 所示。

表 3-2　常用线型

名　　称		线　　型	线宽	适　用　范　围
实线	粗		b	建筑平面图、剖面图、构造详图的被剖切截面的轮廓线；建筑立面图外轮廓线；图框线
	中		0.5b	建筑设计图中被剖切的次要构件的轮廓线；建筑平面图、顶棚图、立面图、家具三视图中构配件的轮廓线等
	细		≤0.25b	尺寸线、图例线、索引符号、地面材料线及其他细部刻画用线
虚线	中		0.5b	主要用于构造详图中不可见的实物轮廓线
	细		≤0.25b	其他不可见的次要实物轮廓线
点画线	细		≤0.25b	轴线、构配件的中心线、对称线等
折断线	细		≤0.25b	画图样时的断开界限
波浪线	细		≤0.25b	构造层次的断开界线，有时也表示省略画出时的断开界限

 说明　标准实线宽度 b=0.4mm～0.8mm。

3.2.6　实例——创建 A3 标题栏族

具体步骤如下。

（1）在开始界面中单击"族"→"新建"或者单击"文件"程序菜单→"族"→"新建"命令，打开"新族-选择样板文件"对话框，选择"标题栏"文件夹中的"A3 公制.rft"为样板族，如图 3-30 所示，单击"打开"按钮进入族编辑器，视图中显示 A3 图幅的边界线。

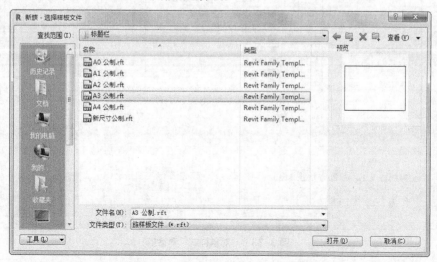

图 3-30　"新族-选择样板文件"对话框

（2）单击"创建"选项卡"详图"面板中的"线"按钮▮，打开"修改|放置线"选项卡，单击"修改"面板中的"偏移"按钮▦，将左侧竖直线向内偏移 25mm，将其他三条直线向内偏移 5mm，并利用"拆分图元"按钮▦，拆分图元后删除多余的线段，结果如图 3-31 所示。

（3）单击"管理"选项卡"设置"面板"其他设置"▱下拉菜单中的"线宽"按钮▤，打开"线宽"对话框，分别设置 1 号线线宽为 0.2mm，2 号线线宽为 0.4mm，3 号线线宽为 0.8mm，其他采用默认设置，如图 3-32 所示。单击"确定"按钮，完成线宽设置。

图 3-31　绘制图框

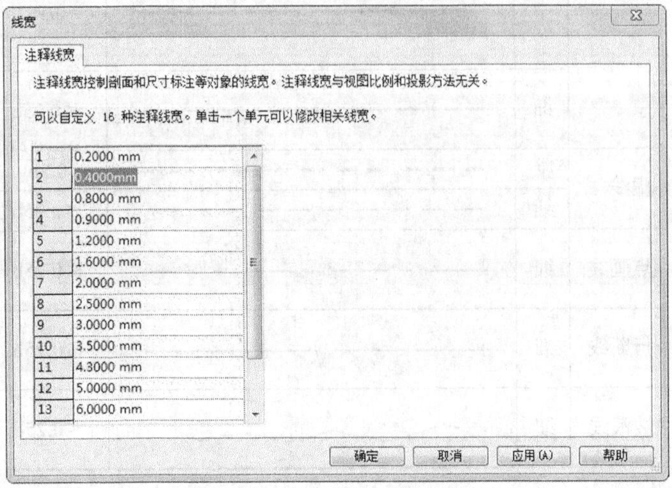

图 3-32　"线宽"对话框

（4）单击"管理"选项卡"设置"面板中的"对象样式"按钮▦，打开"对象样式"对话框，修改图框线宽为 3 号，中粗线为 2 号，细线为 1 号，如图 3-33 所示，单击"确定"按钮。选取最外面的图幅边界线，将其子类别设置为"细线"。完成图幅和图框线型的设置。

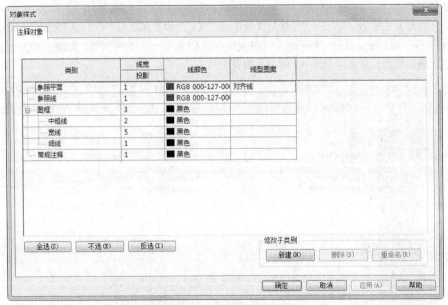

图 3-33　"对象样式"对话框

（5）如果放大视图也看不出线宽效果，则单击"视图"选项卡"图形"面板中的"细线"按钮▤，使其不是选中状态。

（6）单击"创建"选项卡"详图"面板中的"线"按钮，打开"修改|放置线"选项卡，单击"绘制"面板中的"矩形"按钮，绘制长为 100，宽为 20 的矩形。

（7）将子类别更改为"细线"，单击"绘制"面板中的"直线"按钮，绘制会签栏，如图 3-34 所示。

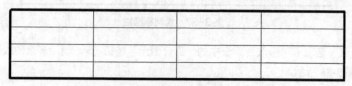

图 3-34 绘制会签栏

（8）单击"创建"选项卡"文字"面板中的"文字"按钮 **A**，单击"属性"选项板中的"编辑类型"按钮，打开"类型属性"对话框，设置字体为"仿宋_GB2312"，文字大小为 2.5mm，然后在会签栏中输入文字，如图 3-35 所示。

（9）单击"修改"选项卡"修改"面板中的"旋转"按钮，将会签栏逆时针旋转 90 度；单击"修改"选项卡"修改"面板中的"移动"按钮，将旋转后的会签栏移动到图框外的左上角，如图 3-36 所示。

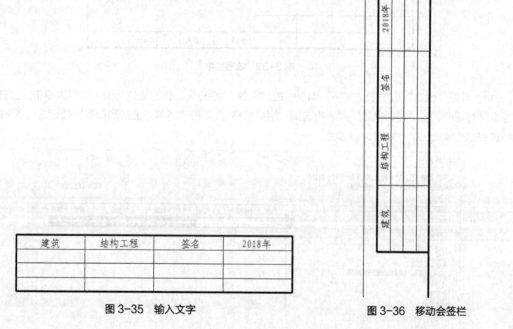

建筑	结构工程	签名	2018年

图 3-35 输入文字

图 3-36 移动会签栏

（10）单击"创建"选项卡"详图"面板中的"线"按钮，打开"修改|放置线"选项卡，将子类别更改为"线框"，单击"绘制"面板中的"矩形"按钮，以图框的右下角点为起点，绘制长为 140，宽为 35 的矩形。

（11）单击"修改"面板中的"偏移"按钮，将水平直线和竖直直线进行偏移，偏移尺寸如图 3-37 所示，然后将偏移后的直线子类别更改为"细线"，如图 3-37 所示。

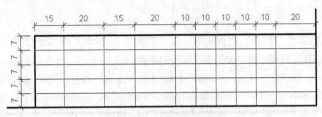

图 3-37　绘制标题栏

（12）单击"修改"选项卡"修改"面板中的"拆分图元"按钮 ⊂⊃，删除多余的线段，或拖动直线端点调整直线长度，如图 3-38 所示。

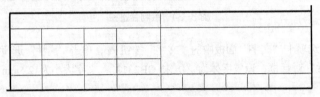

图 3-38　调整线段

（13）单击"创建"选项卡"文字"面板中的"文字"按钮 A，填写标题栏中的文字，如图 3-39 所示。

职责	签字	职责	签字					
				比例		日期		图号

图 3-39　填写文字

（14）单击"创建"选项卡"文字"面板中的"标签"按钮 A，在标题栏的最大区域内单击，打开"编辑标签"对话框，在"类别参数"列表中选择"图纸名称"，单击"将参数添加到标签"按钮 ⊑，将图纸名称添加到标签参数栏中，如图 3-40 所示。

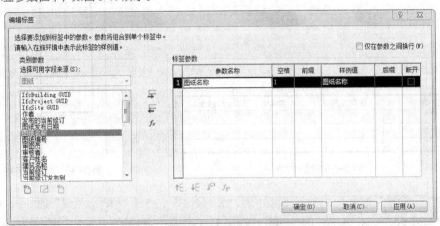

图 3-40　"编辑标签"对话框

（15）在"属性"选项板中单击"编辑类型"按钮 ⬚，打开"类型属性"对话框，设置背景为"透明"，更改字体为"仿宋 GB_2312"，其他采用默认设置，单击"确定"按钮，完成图纸名称标签的添加，如图 3-41 所示。

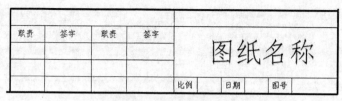

图 3-41　添加图纸名称标签

（16）采用相同的方法，添加其他标签，结果如图 3-42 所示。

设计单位				项目名称		
职责	签字	职责	签字	图纸名称		
				比例	日期	图号 A101

图 3-42　添加标签

（17）单击"快速访问"工具栏中的"保存"按钮 ▣，打开"另存为"对话框，输入名称为"A3 图纸"，单击"保存"按钮，保存族文件。

3.3　三维模型族

在"族编辑器"中可以创建实心几何图形和空心几何图形。基于二维截面轮廓进行扫掠得到实心几何图形，通过布尔运算进行剪切得到空心几何图形。

3.3.1　拉伸

在工作平面上绘制形状的二维轮廓，然后拉伸该轮廓使其与绘制它的平面垂直得到拉伸模型。

具体绘制步骤如下。

（1）在开始界面中单击"族"→"新建"或者单击"文件"程序菜单→"族"→"新建"命令，打开"新族-选择样板文件"对话框，选择"公制常规模型.rft"为样板族，如图 3-43 所示，单击"打开"按钮进入族编辑器，如图 3-44 所示。

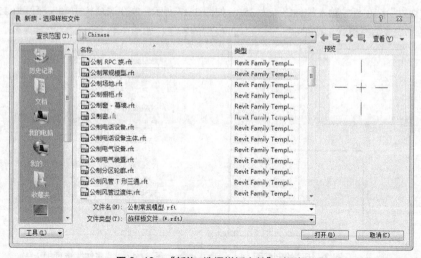

图 3-43　"新族-选择样板文件"对话框

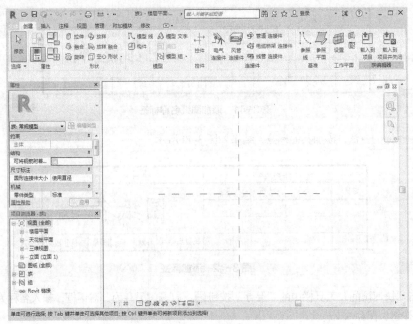

图 3-44　族编辑器

（2）单击"创建"选项卡"形状"面板中的"拉伸"按钮 📄，打开"修改|创建拉伸"选项卡，如图 3-45 所示。

图 3-45　"修改|创建拉伸"选项卡

（3）单击"修改|创建拉伸"选项卡"绘制"面板中的绘图工具绘制拉伸截面，这里单击"绘制"面板中的"矩形"按钮 ⬜，绘制图 3-46 所示的截面。

（4）在"属性"选项板中输入拉伸终点为 350，如图 3-47 所示，或在选项栏中输入深度为 350，单击"模式"面板中的"完成编辑模式"按钮 ✔，完成拉伸模型的创建，如图 3-48 所示。

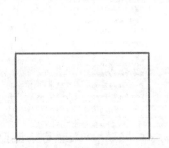

图 3-46　绘制截面

图 3-47　"属性"选项板

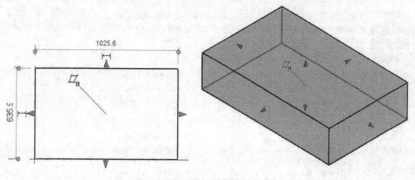

图 3-48　创建拉伸

- 要从默认起点 0.0 拉伸轮廓，则在"约束"组的"拉伸终点"文本框中输入一个正/负值作为拉伸深度。
- 要从不同的起点拉伸，则在"约束"组的"拉伸起点"文本框中输入值作为拉伸起点。
- 要设置实心拉伸的可见性，则在"图形"组中单击"可见性/图形替换"对应的"编辑"按钮 编辑... ，打开图 3-49 所示的"族图元可见性设置"对话框，然后进行可见性设置。
- 要按类别将材质应用于实心拉伸，则在"材质和装饰"组中单击"材质"字段，单击 按钮，打开"材质浏览器"，指定材质。
- 要将实心拉伸指定给子类别，则在"标识数据"组下选择"实心/空心"为"实心"。

（5）拖动模型上的控制点，调整图形的大小，如图 3-50 所示。

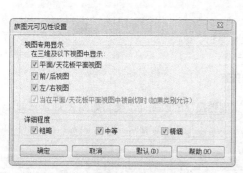

图 3-49　"族图元可见性设置"对话框

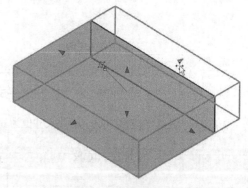

图 3-50　调整大小

3.3.2　实例——固定窗

　　固定窗，是用密封胶把玻璃安装在窗框上，只用于采光而不开启通风的窗户，有良好的水密性和气密性。

　　具体步骤如下。

　　（1）在开始界面中单击"族"→"新建"或者单击"文件"程序菜单→"新建"→"族"命令，打开"新族-选择样板文件"对话框，选择"公制窗.rft"为样板族，如图 3-51 所示，单击"打开"按钮进入族编辑器，如图 3-52 所示。

图 3-51　"新族-选择样板文件"对话框

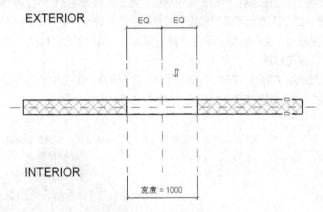

图 3-52　绘制窗界面

（2）双击视图中的宽度 1000，更改尺寸值为 600，窗的宽度随尺寸的改变而改变，如图 3-53 所示。

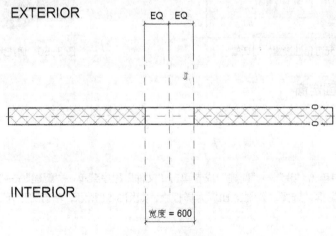

图 3-53　更改窗宽度

（3）单击"创建"选项卡"基准"面板中的"参照平面"按钮，打开"修改|放置 参照平面"选项卡，如图 3-54 所示。

图 3-54　"修改|放置 参照平面"选项卡

（4）系统自动激活"绘制"面板中的"线"按钮，在视图中绘制图 3-55 所示的参照平面。

（5）单击图 3-55 中的"单击以命名"字样，输入参照平面名称为"窗：参照平面"，如图 3-56 所示。

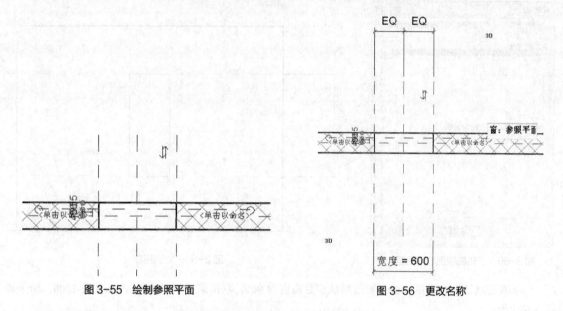

图 3-55　绘制参照平面　　　　　　　　　　　　　图 3-56　更改名称

（6）双击平面的临时尺寸，更改尺寸值为 50，如图 3-57 所示。

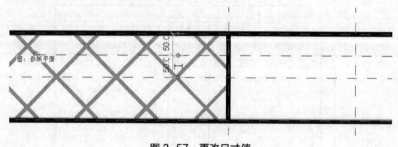

图 3-57　更改尺寸值

（7）单击"创建"选项卡"工作平面"面板"设置"按钮，打开"工作平面"对话框，选择"拾取一个平面"选项，如图 3-58 所示。单击"确定"按钮，在视图中拾取上一步创建的参照平面为工作平面，如图 3-59 所示。

（8）打开"转到视图"对话框，选择"立面：外部"，如图 3-60 所示，单击"打开视图"按钮，打开立面视图，如图 3-61 所示。

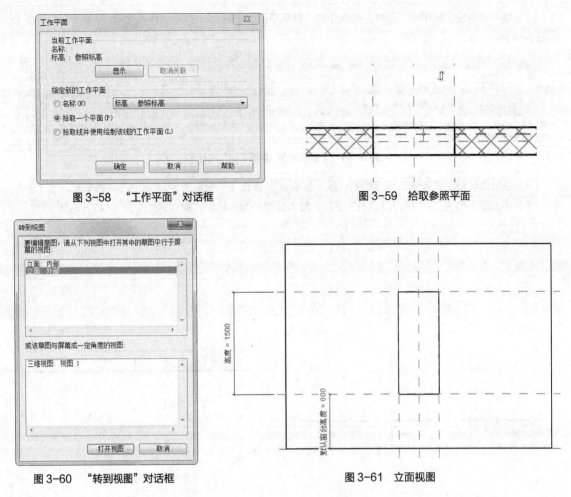

图 3-58　"工作平面"对话框　　　　图 3-59　拾取参照平面

图 3-60　"转到视图"对话框　　　　图 3-61　立面视图

（9）双击默认窗台高度=800，更改默认窗台高度为 900，双击高度=1500，更改高度为 1200，结果如图 3-62 所示。

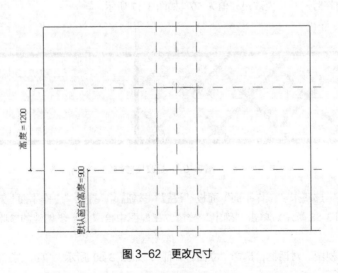

图 3-62　更改尺寸

（10）单击"创建"选项卡"形状"面板"拉伸"按钮，打开"修改|创建拉伸"选项卡和选项栏，如

图 3-63 所示。

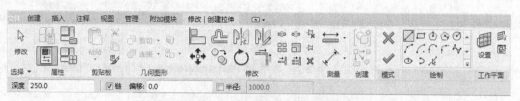

图 3-63 "修改|创建拉伸"选项卡

（11）单击"绘制"面板中的"矩形"按钮▢，以洞口轮廓及参照平面为参照，创建轮廓线，如图 3-64 所示。单击视图中的"创建或删除长度或对齐约束"图标🗝，将轮廓线与洞口进行锁定，如图 3-65 所示。

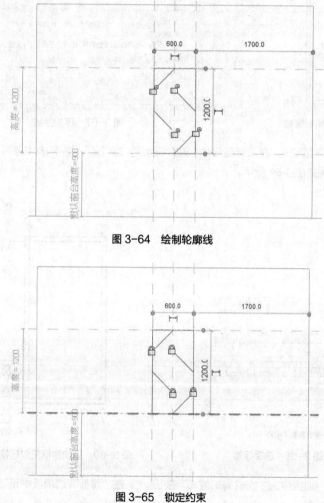

图 3-64 绘制轮廓线

图 3-65 锁定约束

（12）继续绘制窗框，单击"测量"面板中的"对齐尺寸"按钮↗，标注尺寸，如图 3-66 所示。

（13）选中窗框中的任意一个尺寸，打开"修改|尺寸标注"选项卡，单击"标签尺寸标注"面板中的"创建参数"按钮🖻，打开"参数属性"对话框，选择参数类型为"族参数"，输入名称为"窗框宽度"，设置参数分组方式为"尺寸标注"，如图 3-67 所示，单击"确定"按钮，完成窗框宽度参数的添加。

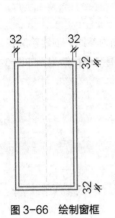

图 3-66 绘制窗框

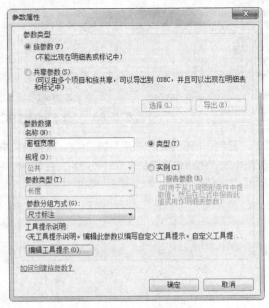

图 3-67 添加参数

（14）选中其余的窗框尺寸，在"标签尺寸标注"面板的"标签"下拉列表中选择"窗框宽度"标签，如图 3-68 所示。最终结果如图 3-69 所示。

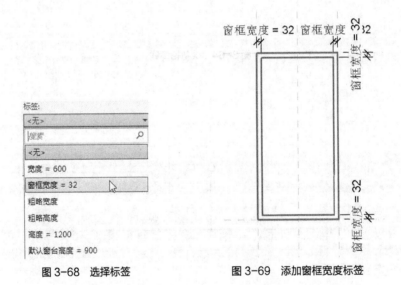

图 3-68 选择标签　　　　图 3-69 添加窗框宽度标签

（15）单击"模式"面板中的"完成编辑模式"按钮✔，在"属性"选项板中设置拉伸终点为 0，拉伸起点为−150，如图 3-70 所示。

（16）单击"材质"栏中的"按类别"选项，打开"材质浏览器"对话框，在材质库中选择"木材"材质，单击"将材质添加到文档"按钮⬆，将木材材质添加到项目材质列表中，更改名称为"窗框"，勾选"使用渲染外观"复选框，如图 3-71 所示，单击"确定"按钮，完成材质的创建。

（17）重复前面的步骤，绘制窗框，拉伸终点为 50，拉伸起点为 0，并更改材质为上一步创建的窗框材质。

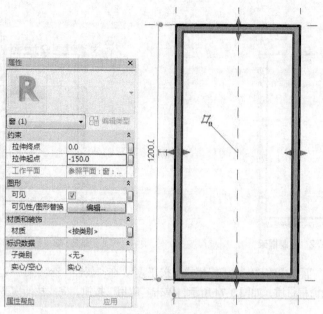

图 3-70　设置拉伸参数

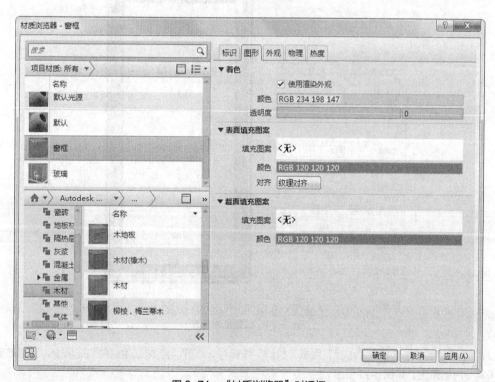

图 3-71　"材质浏览器"对话框

（18）单击"创建"选项卡"形状"面板"拉伸"按钮，打开"修改|创建拉伸"选项卡，单击"绘制"面板中的"矩形"按钮，绘制框架，如图 3-72 所示。

（19）单击"测量"面板中的"对齐尺寸"按钮，标注尺寸，如图 3-73 所示。

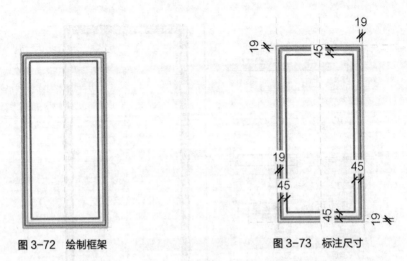

图 3-72　绘制框架　　　　　　　　　图 3-73　标注尺寸

（20）单击"模式"面板中的"完成编辑模式"按钮，在"属性"选项板中设置拉伸终点为44，拉伸起点为0，更改材质为窗框材质，如图3-74所示，单击"应用"按钮，完成拉伸模型的创建。

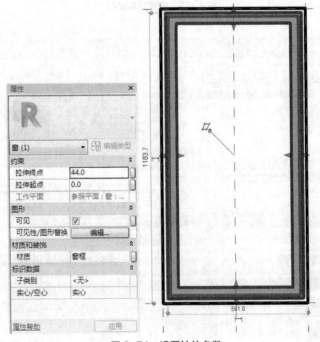

图 3-74　设置拉伸参数

（21）单击"创建"选项卡"形状"面板"拉伸"按钮，打开"修改|创建拉伸"选项卡，绘制玻璃轮廓线并将其与内框锁定，如图3-75所示。

（22）单击"模式"面板中的"完成编辑模式"按钮，在图3-76所示的"属性"选项板中输入拉伸终点为28，拉伸起点为16，单击"材质"栏中的"按类别"选项，打开"材质浏览器"对话框，选择"玻璃"材质，如图3-77所示，单击"确定"按钮，完成玻璃的创建。

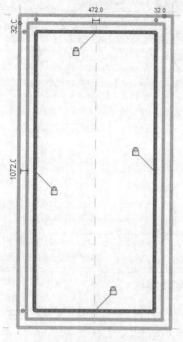

图 3-75　创建玻璃轮廓线

图 3-76　属性选项板

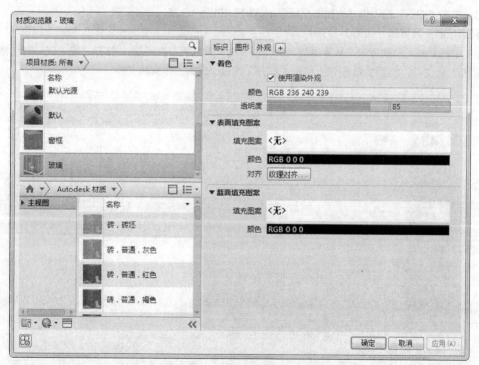

图 3-77　"材质浏览器"对话框

（23）固定窗族绘制完成，单击"快速访问"工具栏中的"保存"按钮，打开图 3-78 所示的"另存为"对话框，设置保存路径，输入名称为"固定窗"，单击"保存"按钮，保存族文件。

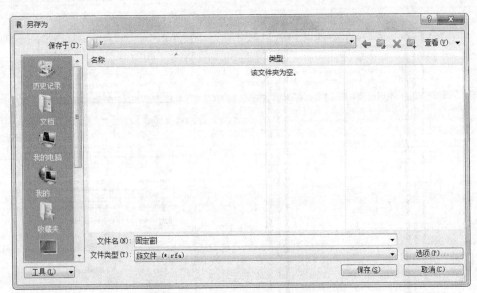

图 3-78　"另存为"对话框

（24）单击"文件"程序菜单→"新建"→"项目"命令，打开"新建项目"对话框，在样板文件下拉列表中选择"建筑样板"，单击"确定"按钮，新建项目文件。也可以直接打开已有项目文件。

（25）单击"建筑"选项卡"构建"面板中的"墙"按钮，在视图中任意绘制一段墙体，如图 3-79 所示。

图 3-79　绘制墙体

（26）单击"插入"选项卡"从库中载入"面板中的"载入族"按钮，打开"载入族"对话框，选择"固定窗.rfa"族文件，如图 3-80 所示。单击"打开"按钮，载入固定窗族文件。

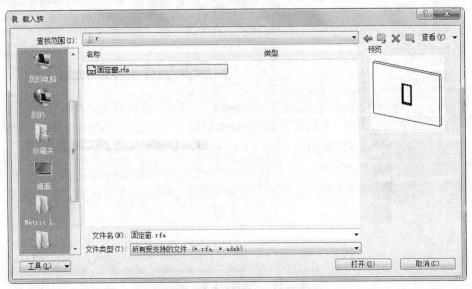

图 3-80　"载入族"对话框

（27）在项目浏览器中，选择"窗"→"固定窗"节点下"固定窗"族文件，将其拖曳到墙体中放置，如图 3-81 所示。在项目浏览器中选择三维视图，观察图形，如图 3-82 所示。

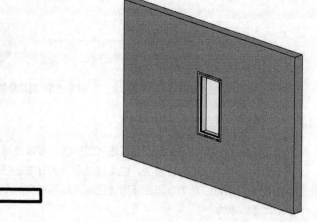

图 3-81　放置平开窗

图 3-82　效果图

3.3.3　旋转

旋转是指围绕轴旋转某个形状而创建的形状。

如果轴与旋转造型接触，则产生一个实心几何图形。如果远离轴旋转几何图形，则旋转体中将有个孔。

具体绘制步骤如下。

（1）在开始界面中单击"族"→"新建"或者单击"文件"程序菜单→"族"→"新建"命令，打开"新族-选择样板文件"对话框，选择"公制常规模型.rft"为样板族，单击"打开"按钮进入族编辑器。

（2）单击"创建"选项卡"形状"面板中的"旋转"按钮，打开"修改|创建旋转"选项卡，如图 3-83 所示。

图 3-83　"修改|创建旋转"选项卡

（3）单击"修改|创建旋转"选项卡"绘制"面板中的"椭圆"按钮，绘制旋转截面，单击"修改|创建旋转"选项卡"绘制"面板中的"轴线"按钮，系统默认激活"线"按钮，绘制竖直轴线，如图 3-84 所示，也可以直接拾取已存在的轴线。

（4）系统默认起始角度为 0，结束角度为 360，可以在"属性"选项板中更改起始角度和结束角度，单击"模式"面板中的"完成编辑模式"按钮，完成旋转模型的创建，如图 3-85 所示。

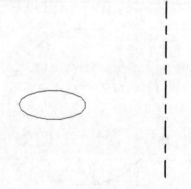

图 3-84　绘制旋转截面

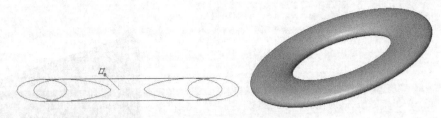

图 3-85　完成旋转

3.3.4　放样

通过沿路径放样二维轮廓，可以创建三维形状。可以使用放样方式创建饰条、栏杆扶手或简单的管道。

路径既可以是单一的闭合路径，也可以是单一的开放路径。但不能有多条路径。路径可以是直线和曲线的组合。轮廓草图可以是单个闭合环形，也可以是不相交的多个闭合环形。

具体绘制步骤如下。

（1）在开始界面中单击"族"→"新建"或者单击"文件"程序菜单→"族"→"新建"命令，打开"新族-选择样板文件"对话框，选择"公制常规模型.rft"为样板族，单击"打开"按钮进入族编辑器。

（2）单击"创建"选项卡"形状"面板中的"放样"按钮🗗，打开"修改|放样"选项卡，如图 3-86 所示。

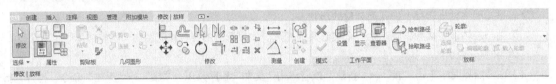

图 3-86　"修改|放样"选项卡

（3）单击"放样"面板中"绘制路径"按钮✐，打开"修改|放样>绘制路径"选项卡，单击"绘制"面板中的"圆形"按钮◯，绘制图 3-87 所示的放样路径。单击"模式"面板中的"完成编辑模式"按钮✔，完成路径绘制。如果选择现有的路径，则单击"拾取路径"按钮🗗，拾取现有绘制线作为路径。

（4）单击"放样"面板中"编辑轮廓"按钮🗗，打开图 3-88 所示"转到视图"对话框，选择"立面：右"视图绘制轮廓，如果在平面视图中绘制路径，应选择立面视图来绘制轮廓。单击"打开视图"按钮，将视图切换至右立面图。

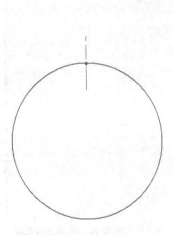

图 3-87　绘制路径

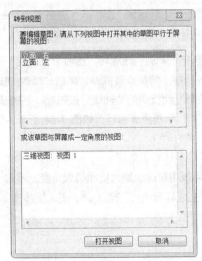

图 3-88　"转到视图"对话框

绘制的轮廓必须是闭合环，可以是单个闭合环形，也可以是不相交的多个闭合环形。还可以单击"载入截面"按钮，载入已经绘制好的轮廓。

（5）单击"绘制"面板中"圆形"按钮，在靠近轮廓平面和路径的交点附近绘制轮廓，如图 3-89 所示。单击"模式"面板中的"完成编辑模式"按钮，结果如图 3-90 所示。

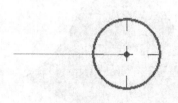

图 3-89　绘制截面

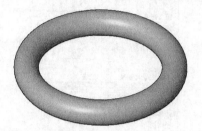

图 3-90　放样

3.3.5　融合

融合工具可将两个轮廓（边界）融合在一起。

具体绘制步骤如下。

（1）在开始界面中单击"族"→"新建"或者单击"文件"程序菜单→"族"→"新建"命令，打开"新族-选择样板文件"对话框，选择"公制常规模型.rft"为样板族，单击"打开"按钮进入族编辑器。

（2）单击"创建"选项卡"形状"面板中的"融合"按钮，打开"修改|创建融合底部边界"选项卡，如图 3-91 所示。

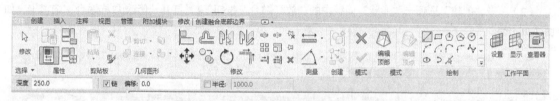

图 3-91　"修改|创建融合底部边界"选项卡

（3）单击"绘制"面板中"矩形"按钮，绘制边长为 1000 的正方形，如图 3-92 所示。

（4）单击"模式"面板中"编辑顶部"按钮，单击"绘制"面板中"圆形"按钮，绘制半径为 340 的圆，如图 3-93 所示。

图 3-92　绘制底部边界

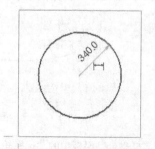

图 3-93　绘制顶部边界

（5）在"属性"选项板中的第二端点中输入 500，如图 3-94 所示，或在选项栏中输入深度为 500，单击"模式"面板中的"完成编辑模式"按钮✓，结果如图 3-95 所示。

图 3-94　"属性"选项板

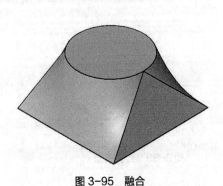

图 3-95　融合

3.3.6　放样融合

通过放样融合工具可以创建一个具有两个不同轮廓的融合体，然后沿某个路径对其进行放样。放样融合的造型由绘制或拾取的二维路径以及绘制或载入的两个轮廓确定。

具体绘制步骤如下。

（1）在开始界面中单击"族"→"新建"或者单击"文件"程序菜单→"族"→"新建"命令，打开"新族-选择样板文件"对话框，选择"公制常规模型.rft"为样板族，单击"打开"按钮进入族编辑器。

（2）单击"创建"选项卡"形状"面板中的"放样融合"按钮🗔，打开"修改|放样融合"选项卡，如图 3-96 所示。

图 3-96　"修改|放样融合"选项卡

（3）单击"放样"面板中"绘制路径"按钮✐，打开"修改|放样融合>绘制路径"选项卡，单击"绘制"面板中的"样条曲线"按钮Ⅳ，绘制图 3-97 所示的放样路径。单击"模式"面板中的"完成编辑模式"按钮✓，完成路径绘制。如果选择现有的路径，则单击"拾取路径"按钮🗔，拾取现有绘制线作为路径。

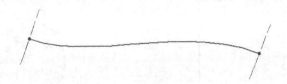

图 3-97　绘制路径

（4）单击"放样融合"面板中的"选择轮廓 1"按钮🗔，然后单击"绘制截面"按钮🗔，打开图 3-98 所示"转到视图"对话框，选择"立面：前"视图绘制轮廓，如果在平面视图中绘制路径，应选择立面视图来绘制轮廓。单击"打开视图"按钮。绘制图3-99所示的截面轮廓1。单击"模式"面板中的"完成编辑模式"按钮✓。

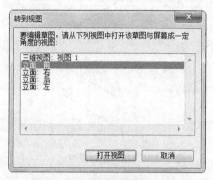

图3-98 "转到视图"对话框

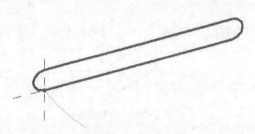

图3-99 绘制截面1

（5）单击"放样融合"面板中的"选择轮廓2"按钮，然后单击"绘制截面"按钮，利用圆弧绘制图3-100所示的截面轮廓2。单击"模式"面板中的"完成编辑模式"按钮✓。

（6）单击"模式"面板中的"完成编辑模式"按钮✓，完成放样融合模型的绘制，结果如图3-101所示。

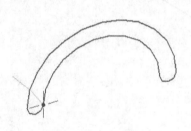

图3-100 绘制截面2

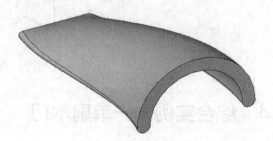

图3-101 放样融合

3.3.7 空心模型

具体步骤如下。

（1）单击"创建"选项卡"形状"面板中的"空心形状"下拉列表中的"空心拉伸"按钮，打开"修改|创建空心拉伸"选项卡和选项栏，如图3-102所示。

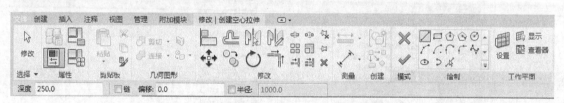

图3-102 "修改|创建空心拉伸"选项卡和选项栏

（2）单击"修改|空心拉伸"选项卡"绘制"面板中的绘图工具绘制拉伸截面，这里单击"绘制"面板中的"矩形"按钮，绘制图3-103所示的截面。

（3）在"属性"选项板中输入拉伸终点为250，或在选项栏中输入深度为250，单击"模式"面板中的"完成编辑模式"按钮✓，完成空心拉伸模型的创建，如图3-104所示。

（4）如果空心拉伸模型与实体拉伸模型重合，将会在实体模型中减去空心模型。这里将拉伸终点设为

−250，结果如图 3-105 所示。

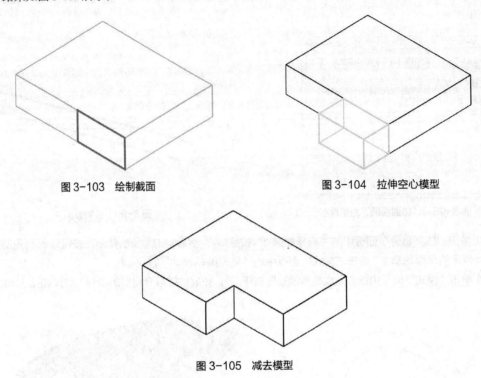

图 3-103　绘制截面　　　　　　　　图 3-104　拉伸空心模型

图 3-105　减去模型

3.4　综合实例——单扇木门

具体步骤如下。

（1）在开始界面中单击"族"→"新建"或者单击"文件"程序菜单→"族"→"新建"命令，打开"新族-选择样板文件"对话框，选择"公制门.rft"为样板族，如图 3-106 所示，单击"打开"按钮进入族编辑器，如图 3-107 所示。

图 3-106　"新族-选择样板文件"对话框

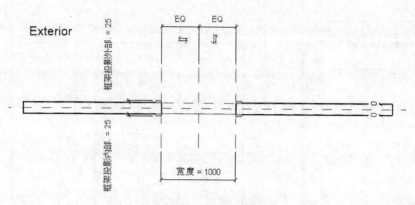

图 3-107　绘制门界面

（2）单击"创建"选项卡"工作平面"面板"设置"按钮，打开"工作平面"对话框，选择"拾取一个平面"选项，如图 3-108 所示。单击"确定"按钮，在视图中拾取墙体中心位置的参照平面为工作平面，如图 3-109 所示。

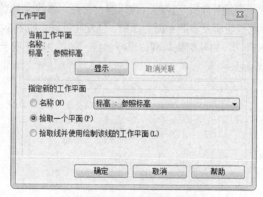

图 3-108　"工作平面"对话框

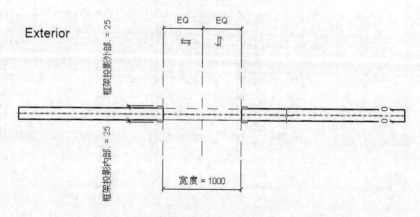

图 3-109　拾取参照平面

（3）打开"转到视图"对话框，选择"立面：外部"，如图 3-110 所示，单击"打开视图"按钮，打开立面视图，如图 3-111 所示。

图 3-110 "转到视图"对话框

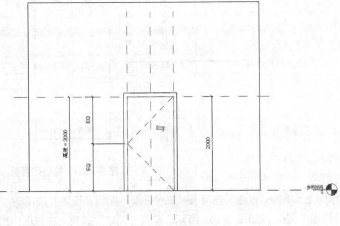

图 3-111 立面视图

（4）单击"创建"选项卡"形状"面板"拉伸"按钮，打开"修改|创建拉伸"选项卡，单击"绘制"面板中的"矩形"按钮，以洞口轮廓及参照平面为参照，创建轮廓线，如图 3-112 所示。单击视图中的"创建或删除长度或对齐约束"图标，将轮廓线与洞口进行锁定，如图 3-113 所示。

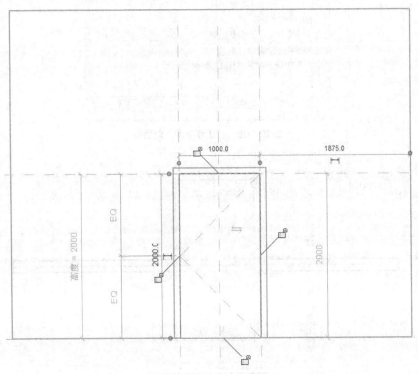

图 3-112 绘制轮廓线

（5）在"属性"选项板中设置拉伸起点为-25，拉伸终点为 25，如图 3-114 所示，单击"应用"按钮，单击"模式"面板中的"完成编辑模式"按钮，完成拉伸模型的创建。

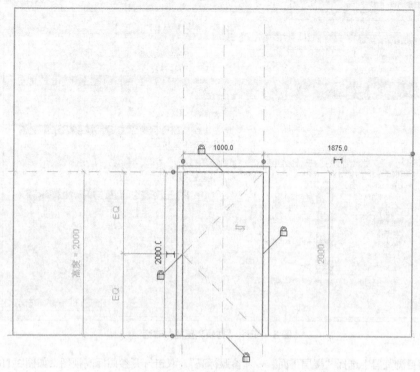

图 3-113　锁定约束

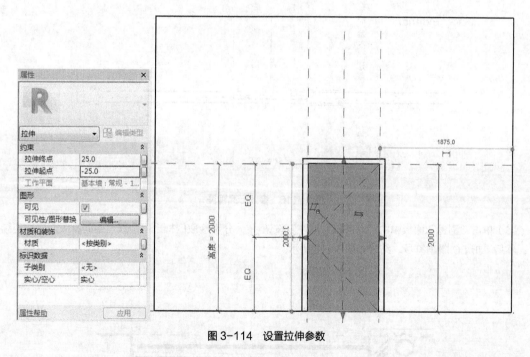

图 3-114　设置拉伸参数

（6）单击"材质"栏中的"按类别"选项，打开"材质浏览器"对话框，选择"木材"材质，单击"确定"按钮，完成木材的创建，如图 3-115 所示。

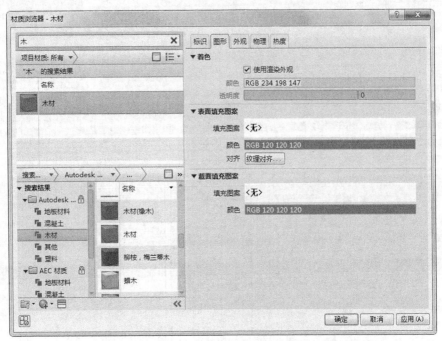

图 3-115 "材质浏览器"对话框

（7）在项目浏览器中选择"楼层平面"→"参照标高"，双击打开参照标高视图，如图 3-116 所示。

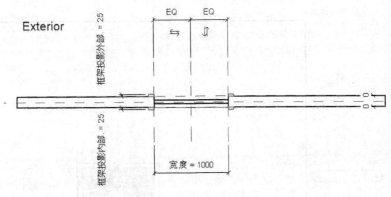

图 3-116 参照标高视图

（8）单击"测量"面板中的"对齐尺寸标注"按钮 ，分别拾取门框上下边线、中间参照面标注连续尺寸，然后单击 EQ 限制符号，结果如图 3-117 所示。

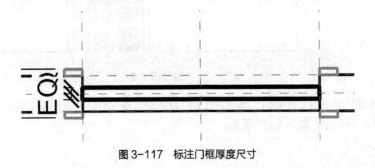

图 3-117 标注门框厚度尺寸

（9）单击"注释"选项卡"详图"面板中的"符号线"按钮，然后单击"绘制"面板中的"矩形"按钮，在"属性"选项板中设置子类别为"门[截面]"，如图 3-118 所示。在平面视图门洞左侧绘制长度为1000，宽度为 30 的矩形，如图 3-119 所示。

图 3-118 设置子类别

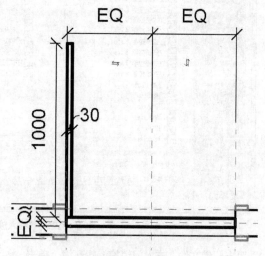

图 3-119 绘制矩形

（10）单击"注释"选项卡"详图"面板中的"符号线"按钮，然后单击"绘制"面板中的"圆心-端点弧"按钮，在"属性"选项板中设置子类别为"平面打开方向[截面]"，如图 3-120 所示。绘制门开启线并更改角度为 90°，如图 3-121 所示。

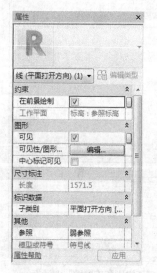

图 3-120 设置子类别

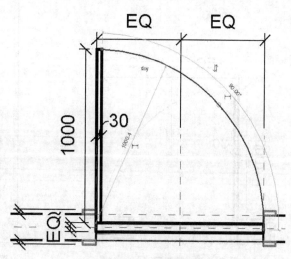

图 3-121 绘制圆弧

（11）单击"插入"选项卡"从库中载入"面板中的"载入族"按钮，打开"载入族"对话框，选择"China"→"建筑"→"门"→"门构件"→"拉手"文件夹中的"门锁 1.rfa"族文件，如图 3-122 所示。

（12）单击"创建"选项卡"模型"面板中的"构件"按钮，将载入的"门锁 1"放置在视图中适当位置，如图 3-123 所示。

图 3-122　"载入族"对话框

（13）双击门锁文件，进入门锁族编辑环境。单击"创建"选项卡"属性"面板中的"族类别和族参数"按钮，打开"族类别和族参数"对话框，勾选"共享"复选框，如图 3-124 所示。其他采用默认设置，单击"确定"按钮。

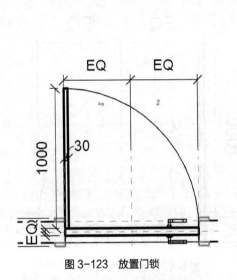

图 3-123　放置门锁

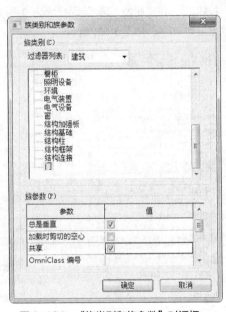

图 3-124　"族类别和族参数"对话框

（14）单击"创建"选项卡"族编辑器"面板中的"载入到项目"按钮，打开图 3-125 所示的"族已存在"提示对话框，单击"覆盖现有版本"选项。

（15）在视图中选择门锁，然后单击"属性"选项板中的"编辑类型"按钮，打开"类型属性"对话框，更改嵌板厚度为 50，如图 3-126 所示，其他采用默认设置，单击"确定"按钮。

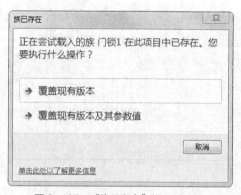

图 3-125　"族已存在"提示对话框

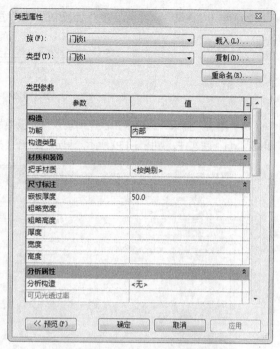

图 3-126　"类型属性"对话框

（16）选取门锁，单击"修改"选项卡"修改"面板中的"镜像-绘制轴"按钮 ，在门锁的左侧位置绘制一条竖直线作为镜像轴，然后将原门锁删除，修改门锁的临时位置尺寸，如图 3-127 所示。

（17）将视图切换至内部视图，然后移动门锁的位置，单击"测量"面板中的"对齐尺寸"按钮 ，标注并修改尺寸，如图 3-128 所示。

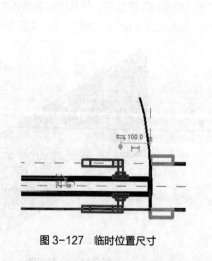

图 3-127　临时位置尺寸

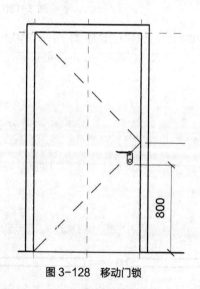

图 3-128　移动门锁

（18）单扇门族绘制完成，单击"快速访问"工具栏中的"保存"按钮 ，打开"另存为"对话框，输入名称为"单扇门"，单击"保存"按钮，保存族文件。

（19）在开始界面中单击"项目"→"新建"命令，打开"新建项目"对话框，在样板文件下拉列表中选择"建筑样板"，单击"确定"按钮，新建项目文件。也可以直接打开已有项目文件。

（20）单击"建筑"选项卡"构建"面板中的"墙"按钮 🗂，在视图中任意绘制一段墙体，如图 3-129 所示。

图 3-129　绘制墙体

（21）单击"插入"选项卡"从库中载入"面板中的"载入族"按钮 🗂，打开"载入族"对话框，选择"单扇门.rfa"族文件，如图 3-130 所示。单击"打开"按钮，载入单扇门族文件。

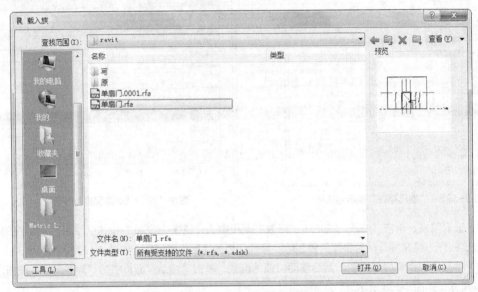

图 3-130　"载入族"对话框

（22）在项目浏览器中，选择"门"→"单扇门"节点下"单扇门"族文件，将其拖曳到墙体中放置，如图 3-131 所示。在项目浏览器中双击三维视图节点下的三维，切换到三维视图，观察图形，如图 3-132 所示。

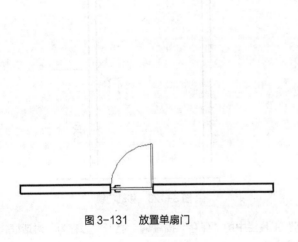

图 3-131　放置单扇门

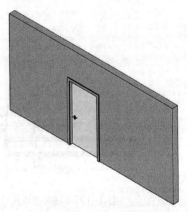

图 3-132　效果图

第4章

绘图准备

通过定义标高、轴网等，开始模型的设计。通过创建标高和轴网来为项目建立上下关系和准则。

- 标高
- 轴网
- 柱
- 梁

4.1 标高

标高是无限水平平面，用作屋顶、楼板和天花板等以层为主体的图元的参照，标高大多用于定义建筑内的垂直高度或楼层。用户可以为每个已知楼层或建筑的其他必需参照创建标高。要放置标高必须处于剖面或立面视图中，当标高修改后，这些建筑构件会随着标高的改变而发生高度上的变化。

4.1.1 创建标高

使用"标高"工具，可定义垂直高度或建筑内的楼层标高。可为每个已知楼层或其他必需的建筑参照（例如，第二层、墙顶或基础底端）创建标高。要添加标高，必须处于剖面视图或立面视图中。添加标高时，可以创建一个关联的平面视图。

可以调整标高的范围大小，使其不显示在某些视图中。

具体绘制步骤如下。

（1）新建一项目文件，并将视图切换到东立面视图，或者打开要添加标高的剖面视图或立面视图。

（2）东立面视图中显示预设的标高，如图 4-1 所示。在 Revit 中使用默认样板开始创建新项目时，将会显示两个标高：标高 1 和标高 2。

图 4-1　预设标高

（3）单击"建筑"选项卡"基准"面板中的"标高"按钮 ，打开"修改|放置 标高"选项卡和选项栏，如图 4-2 所示。

图 4-2　"修改|放置 标高"选项卡和选项栏

- 创建平面视图：默认勾选此复选框，所创建的每个标高都是一个楼层，并且拥有关联楼层平面视图和天花板投影平面视图。如果取消此复选框的勾选，则认为标高是非楼层的标高或参照标高，并且不创建关联的平面视图。墙及其他以标高为主体的图元可以将参照标高用作自己的墙顶定位标高或墙底定位标高。

- 平面视图类型：单击此选项，打开图 4-3 所示的"平面视图类型"对话框，指定视图类型。

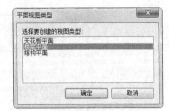

图 4-3　"平面视图类型"对话框

（4）当放置光标以创建标高时，如果光标与现有标高线对齐，则光标和该标高线之间会显示一个临时的垂直尺寸标注，如图 4-4 所示。单击确定标高的起点。

图 4-4　对齐标头

（5）通过水平移动光标绘制标高线，直到捕捉到另一侧标头时，单击确定标高线的终点。

（6）选择与其他标高线对齐的标高线时，将会出现一个锁以显示对齐，如图 4-5 所示。如果水平移动标高线，则全部对齐的标高线会随之移动。

图 4-5　锁定对齐

（7）如果想要生成多条标高，还可以利用"复制" 和"阵列" 创建多个标高，不过利用这两种工具只能单纯地创建标高符号而不会生成相应的视图，所以需要手动创建平面视图。

4.1.2　编辑标高

当标高创建完成后，还可以修改标高的标头样式，标高线型，调整标高标头位置。

具体操作步骤如下。

（1）选中视图中标高的临时尺寸值，可以更改标高的高度，如图 4-6 所示。

图 4-6　更改标高高度

（2）单击标高的名称，可以改变其名称，如图4-7所示。在空白位置单击，打开图4-8所示的"Revit"提示对话框，单击"是"按钮，则相关的楼层平面和天花板投影平面的名称也将随之更新。如果输入的名称已存在，则会打开图4-9所示的"Autodesk Revit 2018"错误提示对话框，单击"取消"按钮，重新输入名称。

图4-7　输入标高名称

图4-8　"Revit"提示对话框

图4-9　"Autodesk Revit 2018"错误提示对话框

在绘制标高时，要注意鼠标的位置，如果鼠标在现有标高的上方，则会在当前标高上方生成标高；如果鼠标在现有标高的下方位置，则会在当前标高的下方生成标高。在拾取时，视图中会以虚线表示即将生成的标高位置，可以根据此预览来判断标高位置是否正确。

（3）选取要修改的标高，在"属性"选项板中更改类型，如图4-10所示。

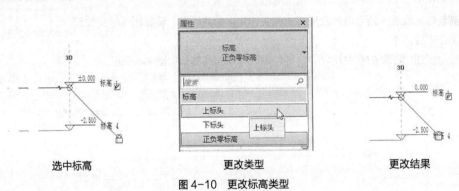

选中标高　　　　　　　　　更改类型　　　　　　　　　更改结果

图4-10　更改标高类型

（4）当相邻两个标高靠得很近时，有时会出现标头文字重叠现象，可以单击"添加弯头"按钮 ，拖动控制柄到适当的位置，如图4-11所示。

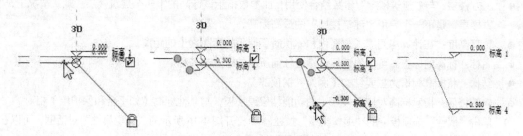

图 4-11　调整位置

当编号移动偏离标高线时，其效果仅在本视图中显示，而不影响其他视图。通过拖曳编号所创建的
线段为实线，不能改变这个样式。

（5）选取标高线，拖动标高线两端的操纵柄，向左或向右移动鼠标，调整标高线的长度，如图 4-12 所示。

（6）选取一条标高线，在标高编号的附近会显示"隐藏或显示标头"复选框，取消此复选框的勾选，隐
藏标头，勾选此复选框，显示标头，如图 4-13 所示。

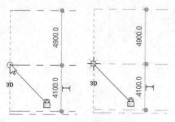

图 4-12　调整标高线长度

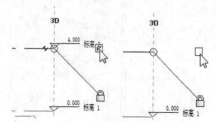

图 4-13　隐藏或显示标头

（7）选取标高后，单击"3D"字样，将标高切换到 2D 属性，如图 4-14 所示。这时拖曳标头延长标高线
后，其他标高线不会受到影响。

（8）可以在"属性"选项板中通过修改实例属性来指定标高的高程、计算高度和名称，如图 4-15 所示。
对实例属性的修改只会影响当前所选中的图元。

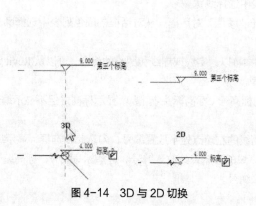

图 4-14　3D 与 2D 切换

属性		×
标高 上标头		
标高 (1)	▼	编辑类型
约束		≫
立面	4000.0	
上方楼层	默认	
尺寸标注		≫
计算高度	0.0	
范围		≫
范围框	无	
标识数据		≫
名称	标高 2	
结构	☐	
建筑楼层	☑	

图 4-15　"属性"选项板

- 立面：标高的垂直高度。
- 上方楼层：与"建筑楼层"参数结合使用，此参数指示该标高的下一个建筑楼层。默认情况下，"上方楼层"是下一个启用"建筑楼层"的最高标高。
- 计算高度：在计算房间周长、面积和体积时要使用的标高之上的距离。
- 名称：标高的标签。可以为该属性指定任何所需的标签或名称。
- 结构：将标高标识为主要结构（例如，钢顶部）。
- 建筑楼层：指示标高对应于模型中的功能楼层或楼板，与其他标高（如平台和保护墙）相对。

（9）单击"属性"选项板中的"编辑类型"按钮，打开图 4-16 所示的"类型属性"对话框，可以在该对话框中修改标高类型"基面""线宽""颜色"等属性。

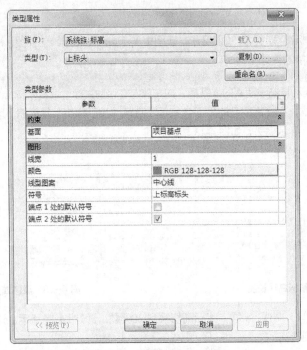

图 4-16　"类型属性"对话框

- 基面：包括项目基点和测量点。如果选择项目基点，则在某一标高上报告的高程基于项目原点。如果选择测量点，则报告的高程基于固定测量点。
- 线宽：设置标高类型的线宽。可以从值列表中选择线宽型号。
- 颜色：设置标高线的颜色。单击颜色，打开"颜色"对话框，从对话框的颜色列表中选择颜色或自定义颜色。
- 线型图案：设置标高线的线型图案。线型图案可以为实线或虚线和圆点的组合。可以从 Revit 定义的值列表中选择线型图案，或自定义线型图案。
- 符号：确定标高线的标头是否显示编号中的标高号（标高标头-圆圈）、显示标高号但不显示编号（标高标头-无编号）或不显示标高号（<无>）。
- 端点 1 处的默认符号：默认情况下，在标高线的左端点处不放置编号，勾选此复选框，显示编号。
- 端点 2 处的默认符号：默认情况下，在标高线的右端点处放置编号。选择标高线时，标高编号旁边将显示复选框，取消此复选框的勾选，隐藏编号。

4.1.3 实例——创建乡村别墅标高

具体绘制步骤如下。

（1）在开始界面中单击"项目"→"建筑样板"新建一项目文件，系统自动切换视图到楼层平面：标高 1。

（2）在项目浏览器中双击立面节点下的东，将视图切换到东立面视图，显示预设的标高，如图 4-17 所示。

图 4-17　预设标高

（3）单击"建筑"选项卡"基础"面板中的"标高"按钮，打开"修改|放置 标高"上下文选项卡和选项栏，绘制标高线，如图 4-18 所示。

图 4-18　绘制标高线

（4）双击标高上的临时尺寸值，修改尺寸，如图 4-19 所示。

图 4-19　修改标高线尺寸

（5）双击标高线上的名字"标高 3"，更改为"室外地坪"，系统打开图 4-20 所示的"Revit"提示对话框，单击"是"按钮，更改相应的视图名称；采用相同的方法，更改其他标高线的名称，结果如图 4-21 所示。

图 4-20　提示对话框

图 4-21　更改名称

（6）选取室外地坪标高线，在"属性"选项板中选取"下标头"，如图 4-22 所示。更改后的结果如图 4-23 所示。

图 4-22　"属性"选项板

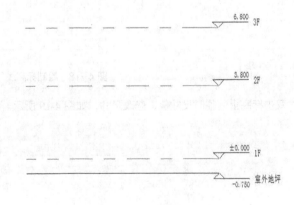

图 4-23　更改标头

4.2　轴网

轴网用于为构件定位，在 Revit 中轴网确定了一个不可见的工作平面。软件目前可以绘制弧形和直线轴网，不支持折线轴网。

4.2.1 添加轴网

使用"轴网"工具,可以在建筑设计中放置柱轴网线。轴网可以是直线、圆弧或多段。

轴线是有限平面。可以在立面视图中拖曳其范围,使其不与标高线相交。这样,便可以确定轴线是否出现在为项目创建的每个新平面视图中。

具体操作步骤如下。

(1)新建一项目文件,在默认的标高平面上绘制轴网。

(2)单击"建筑"选项卡"基准"面板"轴网"按钮⊞,打开"修改|放置 轴网"选项卡和选项栏,如图 4-24 所示。

图 4-24　"修改|放置 轴网"选项卡和选项栏

(3)单击确定轴线的起点,拖动鼠标向下移动,如图 4-25 所示,到适当位置单击确定轴线的终点,完成一条竖直直线的绘制,结果如图 4-26 所示。Revit 会自动为每个轴网编号。要修改轴网编号,单击编号,输入新值,然后按 Enter 键。可以使用字母作为轴线的值。如果将第一个轴网编号修改为字母,则所有后续的轴线将进行相应更新。

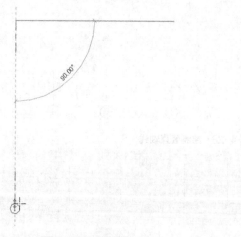

图 4-25　确定起点　　　　　　　　　　　　　　　　　图 4-26　绘制轴线

(4)继续绘制其他轴线,也可以单击"修改"面板中的"复制"按钮,框选上一步绘制的轴线,然后按 Enter 键,指定起点,移动鼠标到适当位置,单击确定终点,如图 4-27 所示。也可以直接输入尺寸值确定两轴线之间的间距。

(5)继续绘制其他竖轴线,如图 4-28 所示。复制的轴线编号是自动排序的。当绘制轴线时,可以让各轴线的头部和尾部相互对齐。如果轴线是对齐的,则选择线时会出现一个锁以指明对齐。如果移动轴网范围,则所有对齐的轴线都会随之移动。

(6)继续指定轴线的起点,水平移动鼠标到适当位置单击确定终点,绘制一条水平轴线,继续绘制其他水平轴线,如图 4-29 所示。

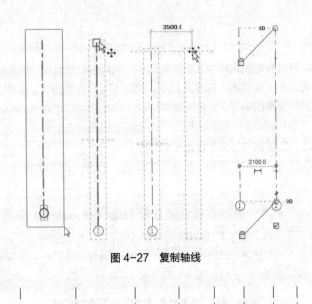

图 4-27　复制轴线

图 4-28　绘制竖直轴线

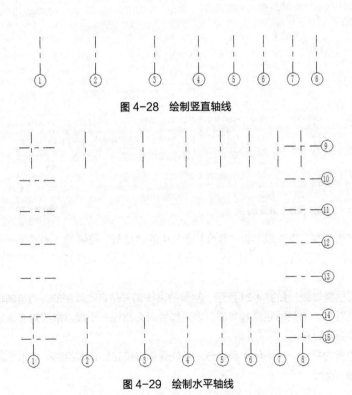

图 4-29　绘制水平轴线

可以利用"阵列"命令创建轴线，在选项栏中采用"最后一个"选项阵列出来的轴线编号不是按顺序编号的，但是采用"第二个"选项阵列出来的轴线编号是按顺序编号的。

4.2.2 编辑轴网

绘制完轴网后会发现轴网中有的地方不符合，需要进行修改。

具体操作步骤如下。

（1）选取所有轴线，然后在"属性"选项板中选择"6.5mm 编号"类型，如图 4-30 所示，更改后的结果如图 4-31 所示。

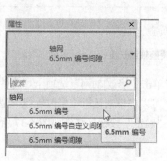

图 4-30　选择类型

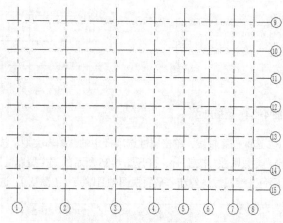

图 4-31　更改轴线类型

（2）一般情况横向轴线的编号是按从左到右的顺序编写的，纵向轴线的编号则用大写的拉丁字母从下到上编写，不能用字母 I 和 O。选择最下端水平轴线，双击"15"数字，更改为"A"，如图 4-32 所示，按 Enter 键确认。

（3）采用相同方法更改其他纵向轴线的编号，结果如图 4-33 所示。

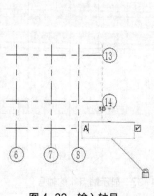

图 4-32　输入轴号

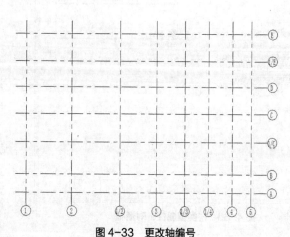

图 4-33　更改轴编号

（4）选中临时尺寸，可以编辑此轴与相邻两轴之间的尺寸，如图 4-34 所示。采用相同的方法，更改轴之间的所有尺寸，也可以直接拖到轴线调整轴线之间的间距。

（5）选取轴线，拖曳轴线端点 ⌀ 调整轴线的长度，如图 4-35 所示。

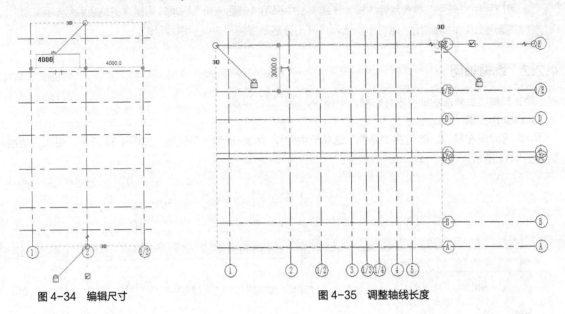

图 4-34　编辑尺寸　　　　　　　　　　　　　　　图 4-35　调整轴线长度

（6）选取任意轴线，单击属性选项板中的"编辑类型"按钮🔲或者单击"修改|轴网"选项卡"属性"面板中的"类型属性"按钮🔲，打开图 4-36 所示的"类型属性"对话框，可以在该对话框中修改轴线类型"符号""颜色"等属性。勾选"平面视图轴号端点 1（默认）"选项，单击"确定"按钮，结果如图 4-37 所示。

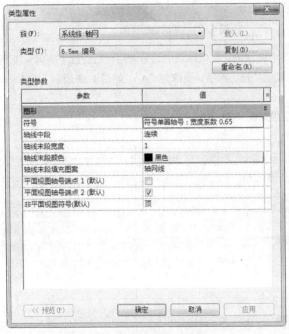

图 4-36　"类型属性"对话框

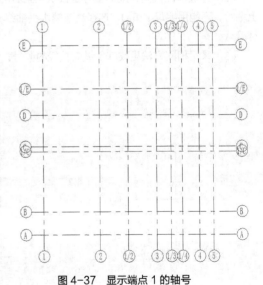

图 4-37　显示端点 1 的轴号

- 符号：用于轴线端点的符号。
- 轴线中段：在轴线中显示的轴线中段的类型。包括"无""连续"或"自定义"，如图 4-38 所示。
- 轴线末端宽度：表示连续轴线的线宽，或者在"轴线中段"为"无"或"自定义"的情况下表示轴线末段的线宽，如图 4-39 所示。

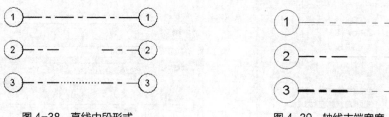

图 4-38　直线中段形式　　　　　　　　图 4-39　轴线末端宽度

- 轴线末段颜色：表示连续轴线的线颜色，或者在"轴线中段"为"无"或"自定义"的情况下表示轴线末段的线颜色，如图 4-40 所示。
- 轴线末段填充图案：表示连续轴线的线样式，或者在"轴线中段"为"无"或"自定义"的情况下表示轴线末段的线样式，如图 4-41 所示。

图 4-40　轴线末段颜色　　　　　　　　图 4-41　轴线末段填充图案

- 平面视图轴号端点 1（默认）：在平面视图中，在轴线的起点处显示编号的默认设置。也就是说，在绘制轴线时，编号在其起点处显示。
- 平面视图轴号端点 2（默认）：在平面视图中，在轴线的终点处显示编号的默认设置。也就是说，在绘制轴线时，编号在其终点处显示。
- 非平面视图符号（默认）：在非平面视图的项目视图（例如立面视图和剖面视图）中，轴线上显示编号的默认位置："顶""底""两者"（顶和底）或"无"。如果需要，可以显示或隐藏视图中各轴网线的编号。

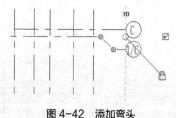

图 4-42　添加弯头

（7）从图 4-37 中可以看出 C 和 1/C 两条轴线之间相距太近，可以选取 1/C 轴线，单击"添加弯头"按钮 ，添加弯头后如图 4-42 所示。然后将控制柄拖曳到正确的位置，从而将轴号从轴线中移开。

（8）选择任意轴线，勾选或取消勾选轴线外侧的方框 ，打开或关闭轴号显示。

4.2.3　实例——绘制乡村别墅轴网

具体绘制步骤如下。

（1）接上一个实例，在项目浏览器中双击楼层平面节点下的 1F，或者在项目浏览器的楼层平面节点下右击 1F，打开图 4-43 所示的快捷菜单，选择"打开"选项，将视图切换到 1F 楼层平面视图。

（2）单击"建筑"选项卡"基准"面板"轴网"按钮 ，打开"修改|放置 轴网"上下文选项卡和选项栏。

（3）在"属性"选项板中选择"轴网 6.5mm 编号"类型，单击"编辑类型"按钮 ，打开"类型属性"对话框，单击轴线末端颜色栏的颜色块，打开"颜色"对话框，选择红色，单击"确定"按钮，返回到"类型属性"对话框,勾选"平面视图轴号端点1(默认)",其他采用默认设置,如图4-44所示,单击"确定"按钮。

图 4-43　快捷菜单

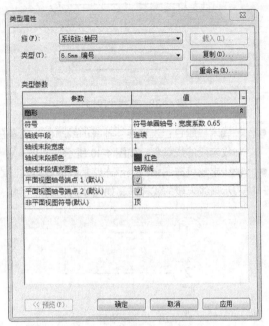

图 4-44　"类型属性"对话框

（4）在视图中适当位置单击确定轴线的起点,移动鼠标在适当位置单击确定轴线的终点,重复绘制水平和垂直轴线,结果如图4-45所示。

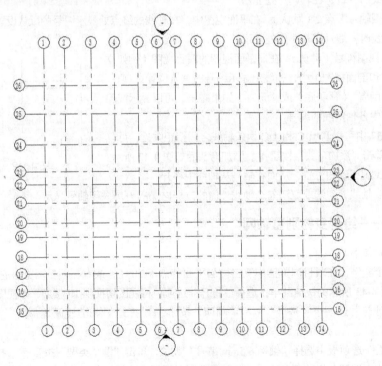

图 4-45　轴网

（5）双击轴号，输入新的轴编号，竖直方向更改为字母，从 A 开始，结果如图 4-46 所示。

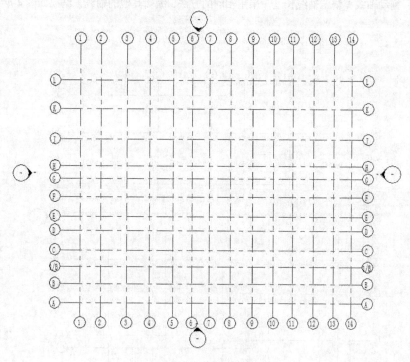

图 4-46　更改轴编号

（6）选取轴线 2，双击轴线 1 与轴线 2 之间的临时尺寸，输入新尺寸为 300，如图 4-47 所示，按回车键完成尺寸的修改；采用相同的方法，更改轴线之间的距离，具体尺寸如图 4-48 所示。

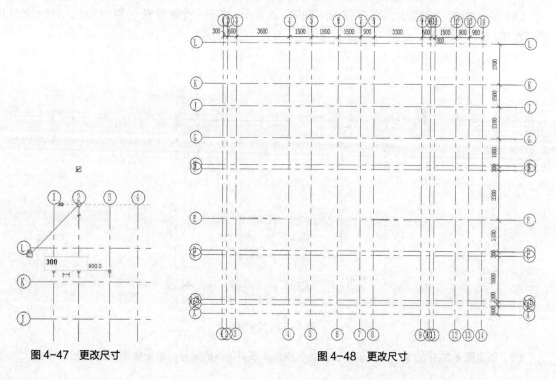

图 4-47　更改尺寸　　　　　　　　　　　图 4-48　更改尺寸

（7）选择轴线1，取消轴线上端"隐藏编号" ☑ 的勾选，隐藏轴线上端的轴号，然后单击 🔒 图标变成 🔓 ，删除对齐约束，拖动轴线1调整轴线长度，采用相同的方法，编辑其他的轴线，结果如图4-49所示。

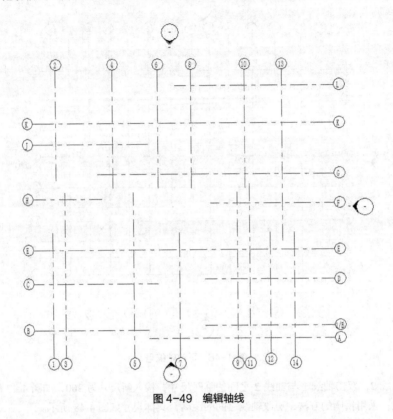

图4-49　编辑轴线

（8）单击"建筑"选项卡"基准"面板"轴网"按钮 🔢 ，打开"修改|放置 轴网"选项卡，绘制轴线并修改尺寸，如图4-50所示。

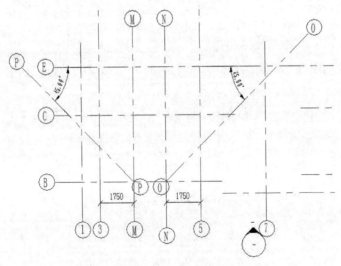

图4-50　绘制轴线

（9）删除图4-50中的M、N两条轴线，然后隐藏两条斜轴线的编号，结果如图4-51所示。

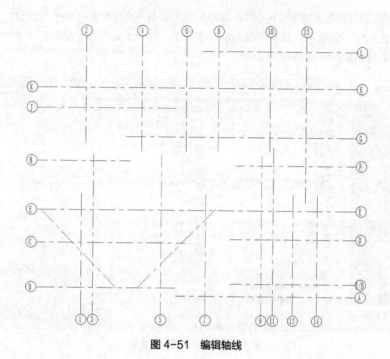

图 4-51　编辑轴线

4.3　柱

在 Revit 中包括两种柱，分别是结构柱和建筑柱，结构柱是用于承重的，而建筑柱是用来装饰和围护的。

4.3.1　建筑柱

可以使用建筑柱围绕结构柱创建柱框外围模型，并将其用于装饰应用，墙的复合层包络建筑柱。这并不适用于结构柱。

具体绘制过程如下。

（1）新建项目文件。

（2）单击"建筑"选项卡"构建"面板"柱"🗐下拉列表中的"柱：建筑"按钮🗐，打开"修改|放置 柱"选项卡和选项栏，如图 4-52 所示。

图 4-52　"修改|放置 柱"选项卡和选项栏

- 放置后旋转：选择此选项可以在放置柱后立即将其旋转。
- 深度：此设置从柱的底部向下绘制。要从柱的底部向上绘制，则选择"高度"。
- 标高/未连接：选择柱的顶部标高；或者选择"未连接"，然后指定柱的高度。
- 房间边界：选择此选项可以在放置柱之前将其指定为房间边界。

（3）在选项栏设置结构柱的参数。

（4）在"属性"选项板的类型下拉列表中选择结构柱的类型，系统默认的只有"矩形柱"，可以单击"模式"面板中的"载入族"按钮 ，打开"载入族"对话框，在"China"→"建筑"→"柱"文件夹中选择需要的柱，如图4-53所示。

图4-53　"载入族"对话框

（5）单击"打开"按钮，加载所选取的柱，将其放置在合适的位置。

4.3.2　实例——创建乡村别墅大门的柱

具体绘制步骤如下。

（1）接上一个实例，单击"建筑"选项卡"构建"面板"柱"下拉列表中的"柱：建筑"按钮 ，打开"修改|放置 柱"选项卡和选项栏。

（2）单击"插入"选项卡"从库中载入"面板中的"载入族"按钮 ，打开"载入族"对话框，在"China"→"建筑"→"柱"中选择"柱 2.rfa"族文件，如图4-54所示。单击"打开"按钮，打开族文件。

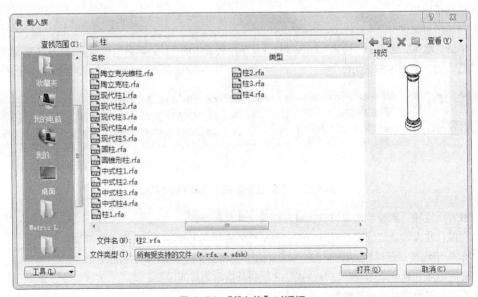

图4-54　"载入族"对话框

（3）在绘图区中轴线 K 和轴线 2 交点处单击，放置建筑柱，如图 4-55 所示。

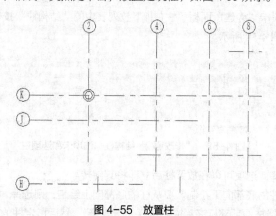

图 4-55　放置柱

（4）选中上一步放置的柱，在"属性"选项板中设置底部标高为室外地坪，底部偏移 0，顶部标高为 2F，顶部偏移为–650，其他采用默认设置，如图 4-56 所示。

（5）单击"编辑类型"按钮，打开"类型属性"对话框，新建"柱 240"类型，修改宽度为 240，其他采用默认设置，如图 4-57 所示，单击"确定"按钮，完成建筑柱的创建。

图 4-56　设置参数

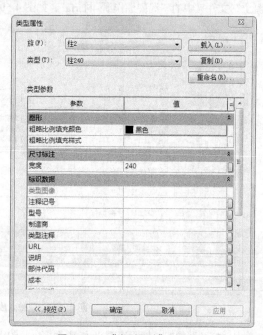

图 4-57　"类型属性"对话框

4.3.3　结构柱

结构柱用于对建筑中的垂直承重图元建模，尽管结构柱与建筑柱共享许多属性，但结构柱还具有许多由它自己的配置和行业标准定义的其他属性。在行为方面，结构柱也与建筑柱不同。

结构图元（如梁、支撑和独立基础）与结构柱连接，它们不与建筑柱连接。另外，结构柱具有一个可用于数据交换的分析模型。

使用结构柱工具将垂直承重图元添加到建筑模型中。

具体绘制步骤如下。

（1）单击"建筑"选项卡"构建"面板"柱" 下拉列表中的"结构柱"按钮，打开"修改|放置 结构柱"选项卡和选项栏，如图 4-58 所示。

图 4-58　"修改|放置 结构柱"选项卡和选项栏

- 放置后旋转：选择此选项可以在放置柱后立即将其旋转。
- 深度：此设置从柱的底部向下绘制。要从柱的底部向上绘制，则选择"高度"。
- 标高/未连接：选择柱的顶部标高；或者选择"未连接"，然后指定柱的高度。

（2）在选项栏设置结构柱的参数，比如放置后是否旋转，结构柱的深度等。

（3）在"属性"选项板的类型下拉列表中选择结构柱的类型，系统默认的只有"UC-普通柱-柱"，需要载入其他结构柱类型。

① 单击"模式"面板中的"载入族"按钮，打开"载入族"对话框，选择"China"→"结构"→"柱"→"混凝土"文件夹中的"混凝土-矩形-柱.rfa"，如图 4-59 所示。

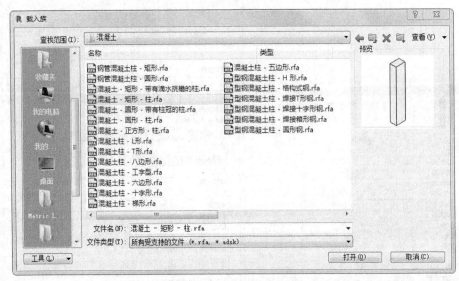

图 4-59　"载入族"对话框

② 单击"打开"按钮，加载混凝土-矩形-柱.rfa，此时"属性"选项板如图 4-60 所示。

- 随轴网移动：将垂直柱限制条件改为轴网。
- 房间边界：将柱限制条件改为房间边界条件。
- 启用分析模型：显示分析模型，并将它包含在分析计算中。默认情况下处于选中状态。
- 钢筋保护层 - 顶面：只适用于混凝土柱。设置与柱顶面间的钢筋保护层距离。
- 钢筋保护层 - 底面：只适用于混凝土柱。设置与柱底面间的钢筋保护层距离。
- 钢筋保护层 - 其他面：只适用于混凝土柱。设置从柱到其他图元面间的钢筋保护层距离。

③ 单击"属性"选项板中的"编辑属性"按钮，打开"类型属性"对话框，单击"复制"按钮，打开"名称"对话框，输入名称为 240×240mm，单击"确定"按钮，返回到"类型属性"对话框中，更改 b

和 h 的值为 240，如图 4-61 所示。

图 4-60　属性选项板

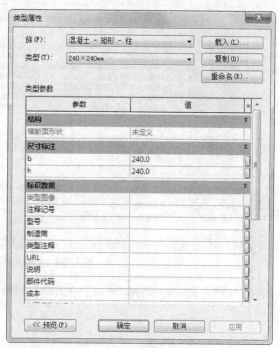

图 4-61　"类型属性"对话框

（4）在选项栏中设置高度为标高 2，如图 4-62 所示。

（5）柱放置在轴网交点时，两组网格线将亮显，如图 4-63 所示。单击放置柱，在其他轴网交点处放置柱。

图 4-62　选项栏设置

图 4-63　捕捉轴网交点

放置柱时，使用空格键更改柱的方向。每次按空格键时，柱将发生旋转，以便与选定位置的相交轴网对齐。在不存在任何轴网的情况下，按空格键会使柱旋转 90 度。

4.3.4　实例——创建乡村别墅的结构柱

具体绘制步骤如下。

（1）接上一个实例，单击"建筑"选项卡"构建"面板"柱"下拉列表中的"结构柱"按钮，打开"修改|放置 结构柱"选项卡和选项栏。

（2）单击"模式"面板中的"载入族"按钮，打开"载入族"对话框，选择"China"→"结构"→"柱"→"混凝土"文件夹中的"混凝土-正方形-柱.rfa"，如图 4-64 所示。

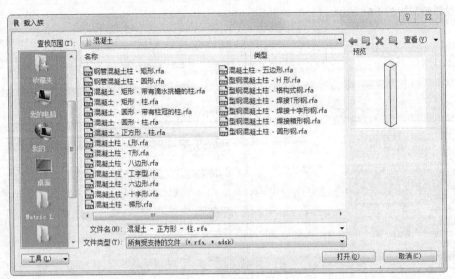

图 4-64 "载入族"对话框

（3）在"属性"选项板中选择"混凝土-正方形-柱 300×300mm"，在选项栏中设置为"高度"和"3F"，如图 4-65 所示。

图 4-65 选项栏

（4）在轴网的交点处单击放置柱，如图 4-66 所示。

（5）选中上一步放置的柱，在"属性"选项板中设置底部标高为室外地坪，底部偏移为 0，顶部标高为 3F，顶部偏移为 0，其他采用默认设置，如图 4-67 所示。

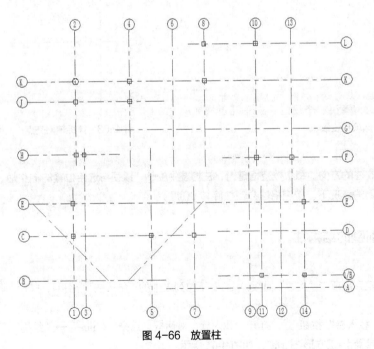

图 4-66 放置柱　　　　　　　　　　图 4-67 设置参数

4.4　梁

梁由支座支承，承受的外力以横向力和剪力为主，以弯曲为主要变形的构件称为梁。

将梁添加到平面视图中时，必须将底剪裁平面设置为低于当前标高；否则，梁在该视图中不可见。但是如果使用结构样板，视图范围和可见性设置会相应地显示梁。每个梁的图元是通过特定梁族的类型属性定义的。此外，还可以修改各种实例属性来定义梁的功能。

可以使用以下任一方法，将梁附着到项目中的任何结构图元。

● 绘制单个梁。

● 创建梁链。

● 选择位于结构图元之间的轴线。

● 创建梁系统。

4.4.1　创建单个梁

梁及其结构属性还具有以下特性。

● 可以使用"属性"选项板修改默认的"结构用途"设置。

● 可以将梁附着到任何其他结构图元（包括结构墙）上，但是它们不会连接到非承重墙。

● 结构用途参数可以包括在结构框架明细表中，这样便可以计算大梁、托梁、檩条和水平支撑的数量。

● 结构用途参数值可确定粗略比例视图中梁的线样式。可使用"对象样式"对话框修改结构用途的默认样式。

● 梁的另一结构用途是作为结构桁架的弦杆。

具体绘制过程如下。

（1）打开结构柱文件，如图 4-68 所示。

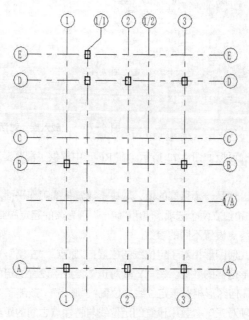

图 4-68　结构柱

（2）单击"结构"选项卡"结构"面板"梁"按钮，打开"修改|放置 梁"选项卡和选项栏，如图 4-69 所示。

图 4-69　"修改|放置 梁"选项卡和选项栏

- 放置平面：在列表中可以选择梁的放置平面。
- 结构用途：指定梁的结构用途，包括大梁、水平支撑、托梁、檩条以及其他。
- 三维捕捉：勾选此选项来捕捉任何视图中的其他结构图元，不论高程如何，屋顶梁都将捕捉到柱的顶部。
- 链：勾选此选项后依次连续放置梁。在放置梁时的第二次单击将作为下一个梁的起点。按 Esc 键完成链式放置梁。

（3）在"属性"选项板中只有热轧 H 型钢类型的梁，如图 4-70 所示。

（4）单击"模式"面板中的"载入族"按钮，打开"载入族"对话框，选择"China"→"结构"→"框架"→"混凝土"文件夹中的"混凝土-矩形梁.rfa"，如图 4-71 所示。

图 4-70　属性选项板

图 4-71　"载入族"对话框

（5）混凝土梁的"属性"选项板如图 4-72 所示。在 Revit 中提供了混凝土和钢梁两种不同属性的梁，其属性参数也稍有不同。

- 参照标高：标高限制。这是一个只读的值，取决于放置梁的工作平面。
- YZ 轴对正：包括统一和独立两个选项。使用"统一"可为梁的起点和终点设置相同的参数。使用"独立"可为梁的起点和终点设置不同的参数。
- Y 轴对正：指定物理几何图形相对于定位线的位置："原点""左侧""中心"或"右侧"。
- Y 轴偏移值：几何图形偏移的数值。在"Y 轴对正"参数中设置的定位线与特性点之间的距离。
- Z 轴对正：指定物理几何图形相对于定位线的位置："原点""顶部""中心"或"底部"。
- Z 轴偏移值：在"Z 轴对正"参数中设置的定位线与特性点之间的距离。

（6）在选项栏中设置放置平面为"标高 2"，其他采用默认设置。

（7）在绘图区域中单击柱的中点作为梁的起点，如图 4-73 所示。

图 4-72　混凝土梁的属性选项板

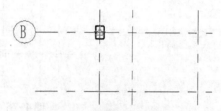

图 4-73　指定梁的起点

（8）移动鼠标，光标将捕捉到其他结构图元（例如柱的质心或墙的中心线），状态栏将显示光标的捕捉位置，这里捕捉另一柱的中心，如图 4-74 所示。若要在绘制时指定梁的精确长度，在起点处单击，然后按其延伸的方向移动光标。开始键入所需长度，然后按 Enter 键以放置梁。

（9）将视图切换到三维视图，观察图形，如图 4-75 所示。

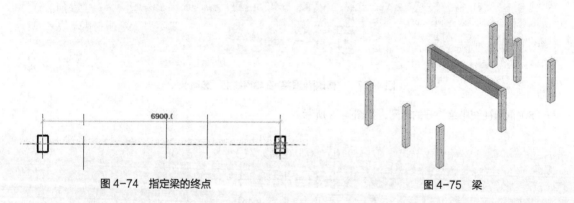

图 4-74　指定梁的终点

图 4-75　梁

4.4.2　创建轴网梁

Revit 沿轴线放置梁时，它将使用下列条件。

- 将扫描所有与轴线相交的可能支座，例如柱、墙或梁。
- 如果墙位于轴线上，则不会在该墙上放置梁。墙的各端用作支座。
- 如果梁与轴线相交并穿过轴线，则此梁被认为是中间支座，因为此梁支座在轴线上创建的新梁。
- 如果梁与轴线相交但不穿过轴线，则此梁由在轴线上创建的新梁支撑。

具体绘制过程如下。

（1）打开结构柱文件，如图 4-76 所示。

（2）单击"结构"选项卡"结构"面板"梁"按钮，打开"修改|放置 梁"选项卡和选项栏，选择"标高 2"为放置平面。

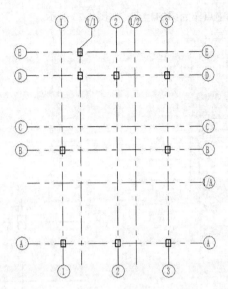

图4-76　结构柱

（3）单击"模式"面板中的"载入族"按钮，打开"载入族"对话框，选择"China"→"结构"→"框架"→"混凝土"文件夹中的"混凝土-矩形梁.rfa"。

（4）单击"多个"面板上的"在轴网上"按钮，打开"修改|放置梁>在轴网线上"选项卡，如图 4-77 所示。

图4-77　"修改|放置梁>在轴网线上"选项卡

（5）框选视图中绘制好的轴网，如图 4-78 所示。

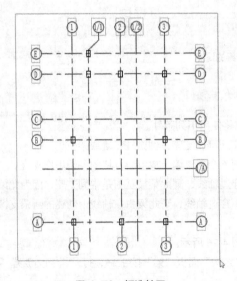

图4-78　框选轴网

（6）单击"多个"面板中的"完成"按钮 ✔，生成梁如图 4-79 所示。

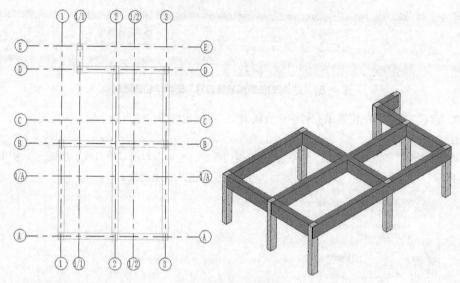

图 4-79　创建轴网梁

4.4.3　创建梁系统

梁系统参数随设计中的改变而调整。如果重新定位了一个柱，梁系统参数将自动随其位置的改变而调整。

创建梁系统时，如果两个面积的形状和支座不相同，则粘贴的梁系统面积可能不会如期望的那样附着到支座。在这种情况下，可能需要修改梁系统。

具体绘制过程如下。

（1）打开结构柱文件，如图 4-80 所示。

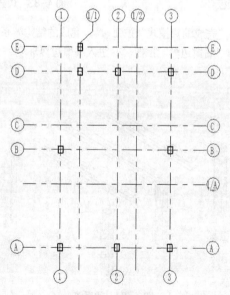

图 4-80　结构柱

（2）单击"结构"选项卡"结构"面板"梁系统"按钮 ▥，打开"修改|创建梁系统边界"选项卡和选项

栏，如图 4-81 所示。

图 4-81 "修改|创建梁系统边界"选项卡和选项栏

（3）在"属性"选项板的图案填充栏中设置梁类型，在固定间距中输入两个梁之间的间距值，如图 4-82 所示。

（4）单击"绘制"面板中的"线"按钮，绘制边界线；也可以单击"拾取线"按钮，提取边界线，如图 4-83 所示。将边界线锁定，梁系统参数将自动随其位置的改变而调整。

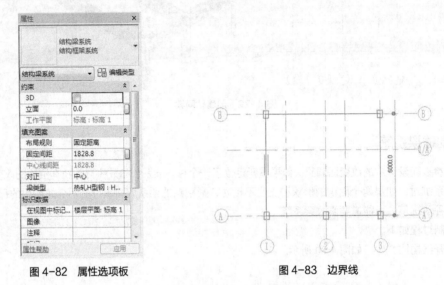

图 4-82 属性选项板　　　　　　　　　　图 4-83 边界线

（5）单击"模式"面板中的"完成编辑模式"按钮，完成的结构梁系统的三维视图，如图 4-84 所示。

（6）选取梁系统，然后单击"编辑边界"按钮，进入编辑边界环境。

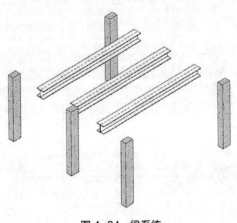

图 4-84 梁系统

（7）单击"绘制"面板中的"梁方向"按钮，拾取图 4-85 所示的直线为梁方向，单击"模式"面板中的"完成编辑模式"按钮 ✓，绘制另一个方向上的梁系统，结果如图 4-86 所示。

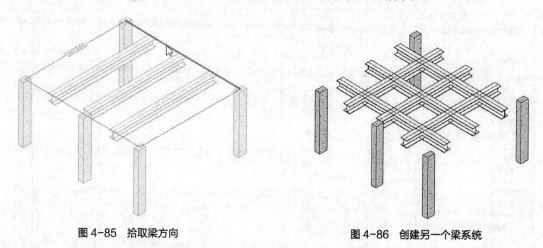

图 4-85　拾取梁方向　　　　　　　　　　　图 4-86　创建另一个梁系统

4.4.4　实例——绘制入口雨棚结构

雨棚是设在建筑物出入口或顶部阳台上方用来挡雨、挡风、防高空落物砸伤的一种建筑装配。

（1）打开培训大楼文件，将视图切换至 1F 楼层平面。单击"建筑"选项卡"构建"面板"柱" 🗌 下拉列表中的"结构柱"按钮 🗌，打开"修改|放置 结构柱"选项卡和选项栏。

（2）在"属性"选项板中选择"混凝土-圆形-柱 450mm"类型，在视图中放置结构柱，如图 4-87 所示。

（3）选取结构柱，在"属性"选项板中更改底部标高和顶部标高为 1F，底部偏移为-1220，顶部偏移为610，如图 4-88 所示。

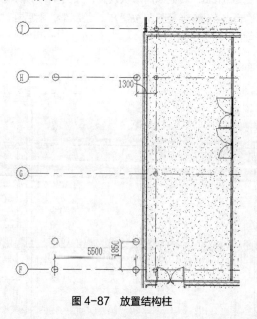

图 4-87　放置结构柱

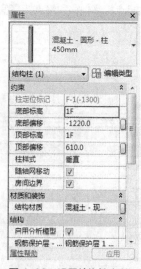

图 4-88　设置结构柱参数

（4）在"属性"选项板中选择"UC-普通柱-柱 UC305×305×97"类型，单击"编辑类型"按钮 🗗，打开"类型属性"对话框，更改宽度为 20cm，高度为 25cm，法兰和腹杆厚度为 1cm，其他采用默认设置，如图 4-89 所示。

（5）在圆形结构柱上放置 UC 结构柱，在"属性"选项板中更改底部偏移为 610，顶部标高为 2F，顶部偏移为 230，结果如图 4-90 所示。

图 4-89　"类型属性"对话框

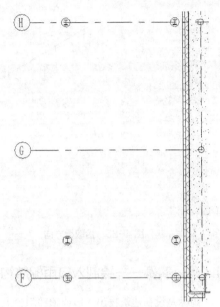

图 4-90　放置 UC 柱

（6）将视图切换至 2F 楼层平面。单击"结构"选项卡"结构"面板"梁"按钮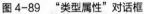，打开"修改|放置 梁"选项卡和选项栏。

（7）在"属性"选项板中选择"热轧 H 型钢 HW400×400×13×21"类型，单击"编辑类型"按钮，打开"类型属性"对话框，更改宽度为 12cm，高度为 31cm，其他采用默认设置，如图 4-91 所示。

（8）单击"绘制"面板中的"线"按钮和"起点-终点-半径弧"按钮，绘制梁，然后在"属性"选项板中更改起点标高偏移和终点标高偏移为 230，如图 4-92 所示。

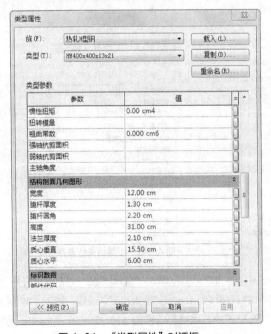

图 4-91　"类型属性"对话框

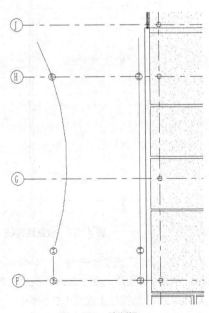

图 4-92　绘制梁

（9）单击"结构"选项卡"结构"面板"梁系统"按钮▥，打开"修改|创建梁系统边界"选项卡和选项栏。

（10）在"属性"选项板中输入立面为 230，布局规则为固定距离，固定间距为 610，对正为中心，如图 4-93 所示。

（11）单击"绘制"面板中的"线"按钮▱和"起点-终点-半径弧"按钮，绘制梁系统的边界线，如图 4-94 所示。

图 4-93 属性选项板

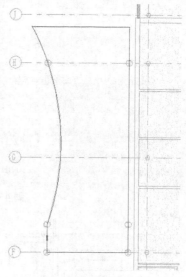

图 4-94 边界线

（12）单击"模式"面板中的"完成编辑模式"按钮✔，完成的结构梁系统如图 4-95 所示。

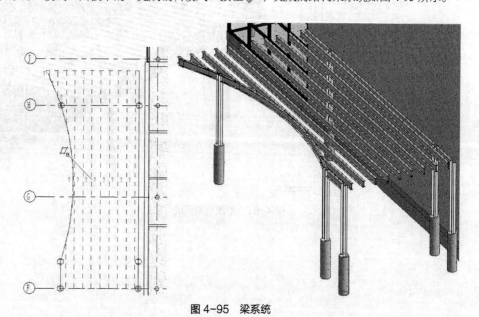

图 4-95 梁系统

（13）选取梁系统，然后单击"编辑边界"按钮，进入编辑边界环境。

（14）单击"绘制"面板中的"梁方向"按钮，拾取水平方向的直线为梁方向，如图 4-96 所示，单击

"模式"面板中的"完成编辑模式"按钮 ✅ ，更改后梁系统，结果如图 4-97 所示。

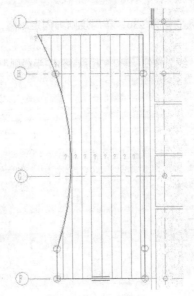

图 4-96　更改梁方向

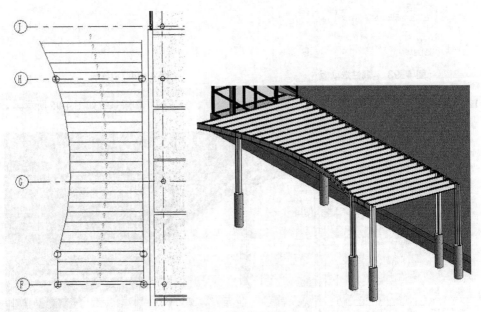

图 4-97　更改后梁系统

第5章

墙设计

墙体是建筑物重要的组成部分，起着承重、围护和分隔空间的作用，同时还具有保温、隔热、隔声等功能。墙体的材料和构造方法的选择，将直接影响房屋的质量和造价，因此合理地选择墙体材料和构造方法十分重要。

本章主要介绍墙、墙饰条、幕墙设计。

- 墙体
- 墙饰条
- 幕墙设计

5.1 墙体

与建筑模型中的其他基本图元类似，墙也是预定义系统族类型的实例，表示墙功能、组合和厚度的标准变化形式。通过修改墙的类型属性来添加或删除层、将层分割为多个区域，以及修改层的厚度或指定的材质，可以自定义这些特性。

5.1.1 一般墙体

通过单击"墙"工具，选择所需的墙类型，并将该类型的实例放置在平面视图或三维视图中，可以将墙添加到建筑模型中。

可以在功能区中选择一个绘制工具，在绘图区域中绘制墙的线性范围，或者通过拾取现有线、边或面来定义墙的线性范围。墙相对于所绘制路径或所选现有图元的位置由墙的某个实例属性的值来确定，即"定位线"。

具体绘制步骤如下。

（1）单击"建筑"选项卡"构建"面板中的"墙"按钮 ，打开"修改放置墙"选项卡和选项栏，如图 5-1 所示。

图 5-1　"修改|放置墙"选项卡和选项栏

- 高度：为墙的墙顶定位标高选择标高，或者默认设置"未连接"，然后输入高度值。
- 定位线：指定使用墙的哪一个垂直平面相对于所绘制的路径或在绘图区域中指定的路径来定位墙，包括墙中心线（默认）、核心层中心线、面层面：外部、面层面：内部、核心面：外部、核心面：内部；在简单的砖墙中，"墙中心线"和"核心层中心线"平面将会重合，然而它们在复合墙中可能会不同，从左到右绘制墙时，其外部面（面层面：外部）默认情况下位于顶部。
- 链：勾选此复选框，以绘制一系列在端点处连接的墙分段。
- 偏移：输入一个距离，以指定墙的定位线与光标位置或选定的线或面之间的偏移。
- 连接状态：选择"允许"选项以在墙相交位置自动创建对接（默认）。选择"不允许"选项以防止各墙在相交时连接。每次打开软件时默认选择"允许"选项，但上一选定选项在当前会话期间保持不变。

（2）从"属性"选项板的类型下拉列表中选择墙类型，如图 5-2 所示。

（3）在视图中单击鼠标指定起点，移动鼠标到适当位置确定墙体的终点，如图 5-3 所示，继续绘制墙体，完成墙的绘制，如图 5-4 所示。

图 5-2　墙类型

图 5-3 指定终点　　　　　图 5-4 绘制墙体

可以使用 3 种方法来放置墙。

- 绘制墙：使用默认的"线"工具，通过在图形中指定起点和终点来放置直墙分段。或者，可以指定起点，沿所需方向移动光标，然后输入墙长度值。
- 沿着现有的线放置墙：使用"拾取线"工具，沿着在图形中选择的线来放置墙分段。线可以是模型线、参照平面或图元（如屋顶、幕墙嵌板和其他墙）边缘。
- 将墙放置在现有面上：使用"拾取面"工具，将墙放置于在图形中选择的体量面或常规模型面上。

（4）使用空格键或在视图中单击翻转控制柄 ⬍ 来切换墙的内部/外部方向。

（5）在属性选项板中可以更改墙实例属性来修改其定位线、底部限制条件和顶部限制条件、高度及其他属性，如图 5-5 所示。

图 5-5 属性选项板

- 定位线：墙在指定平面上的定位线。即使类型发生变化，墙的定位线也会保持相同。
- 底部约束：墙的底部标高。例如：标高 1。
- 已附着底部：指示墙底部是否附着到另一个模型构件。
- 底部延伸距离：墙层底部移动的距离。
- 顶部约束：墙高度延伸到指定标高，如果选择"无连接"选项，则墙高度延伸至无连接高度中指定的值。
- 无连接高度：绘制墙的高度时，从底部向上测量。
- 顶部偏移：墙距顶部标高的偏移。
- 已附着顶部：指示墙顶部是否附着到另一个模型构件。
- 顶部延伸距离：墙层顶部移动的距离。
- 房间边界：如果勾选此复选框，则墙将成为房间边界的一部分。如果取消此复选框的勾选，则墙不是房间边界的一部分。此属性在创建墙之前为只读。在绘制墙之后，可以选择并随后修改此属性。
- 与体量相关：指示此图元是从体量图元创建的。

5.1.2 复合墙

复合墙板是用几种材料制成的多层板。复合板的面层有石棉水泥板、石膏板铝板、树脂板、硬质纤维板、压型钢板等。夹心材料可用矿棉、木质纤维、泡沫塑料和蜂窝状材料等。复合板充分利用材料的性能，大多具有强度高、耐久性、防水性及隔声性好的优点，且安装、拆卸简便，有利于建筑工业化。

使用层或区域可以修改墙类型以定义垂直复合墙的结构，如图 5-6 所示。具体绘制步骤如下。

（1）单击"建筑"选项卡"构建"面板中的"墙"按钮 ⬚，打开"修改|放置墙"选项卡和选项栏。

（2）在"属性"选项板中选择"常规-200mm"类型墙体，单击"编辑类型"按钮 ⬚，打开图 5-7 所示的"类型属性"对话框，单击"复制"按钮，打

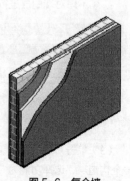

图 5-6 复合墙

开"名称"对话框，输入名称为"复合墙"，如图 5-8 所示，单击"确定"按钮，新建复合墙并返回到"类型属性"对话框。

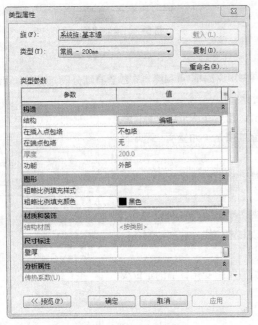

图 5-7　"类型属性"对话框　　　　图 5-8　"名称"对话框

- 结构：单击"编辑"按钮，打开"编辑部件"对话框创建复合墙。
- 在插入点包络：设置位于插入点墙的层包络，包括不包络、外部、内部和两者。"在插入点包络"的位置由插入族中定义为"墙闭合"的参照平面控制，如图 5-9 所示。

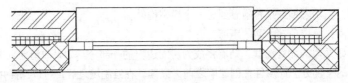

图 5-9　插入窗对象的包络

- 在端点包络：墙的端点条件可设定为"内部"或"外部"，以控制材质将包络到墙的哪一侧。 如果不想对墙的层进行包络，则将端点条件设定为"无"，如图 5-10 所示。

无端点包络　　　　　　　　外包络　　　　　　　　内包络
图 5-10　在端点包络

（3）单击"编辑"按钮，打开图 5-11 所示的"编辑部件"对话框，单击"插入"按钮 ，插入一个构造层，选择功能为"面层 1[4]"，如图 5-12 所示，单击材质中的浏览器按钮 ，打开"材质浏览器"对话框，选择"涂料-棕色"材质，其他采用默认设置，如图 5-13 所示，单击"确定"按钮，返回到"编辑部

件"对话框。

图 5-11　"编辑部件"对话框

图 5-12　设置功能

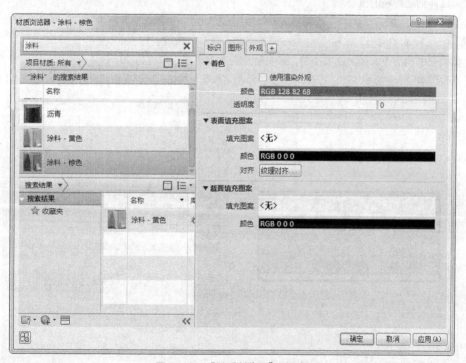

图 5-13　"材质浏览器"对话框

 说明

Revit 软件提供了 6 种层，分别为结构[1]、衬底[2]、保温层/空气层[3]、涂膜层、面层 1[4]、面层 2[5]。

- 结构[1]：支撑其余墙、楼板或屋顶的层。

- 衬底[2]：作为其他材质基础的材质（例如胶合板或石膏板）。

- 保温层/空气层[3]：隔绝并防止空气渗透。

- 涂膜层：通常用于防止水蒸气渗透的薄膜。涂膜层的厚度应该为零。

- 面层 1[4]：面层 1 通常是外层。

- 面层 2[5]：面层 2 通常是内层。

层的功能具有优先顺序，其规则如下。

- 结构层具有最高优先级（优先级 1）。

- "面层 2"具有最低优先级（优先级 5）。

- Revit 首先连接优先级高的层，然后连接优先级最低的层。

例如，假设连接两个复合墙，第一面墙中优先级 1 的层会连接到第二面墙中优先级 1 的层上。优先级 1 的层可穿过其他优先级较低的层与另一个优先级 1 的层相连接。优先级低的层不能穿过优先级相同或优先级较高的层进行连接。

- 当层连接时，如果两个层都具有相同的材质，则接缝会被清除。如果两个不同材质的层进行连接，则连接处会出现一条线。

- 对 Revit 来说，每一层都必须带有指定的功能，以使其准确地进行层匹配。

- 墙核心内的层可穿过连接墙核心外的优先级较高的层。即使核心层被设置为优先级 5，核心中的层也可延伸到连接墙的核心。

（4）单击"插入"按钮 [插入(I)]，新插入"保温层/空气层"，设置材质为纤维填充，厚度为 10，单击"向上"按钮 [向上(U)] 或"向下"按钮 [向下(O)] 调整当前层所在的位置。

（5）继续在结构层下方插入面层 2[5]，采用材质为水泥砂浆，厚度为 20。

（6）更改结构层的材质为"砖，普通，红色"，单击"预览"按钮，可以查看所设置的层，如图 5-14 所示。

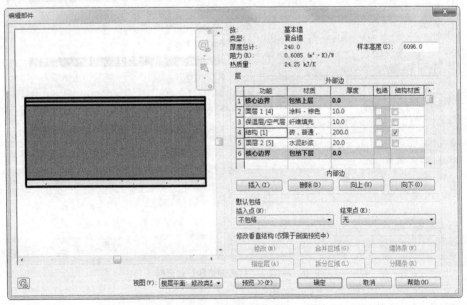

图 5-14　设置结构层

（7）连续单击"确定"按钮，在图形中绘制墙体，结果如图 5-15 所示。

（8）选取右侧墙，在"属性"选项板中单击"编辑类型"按钮 ，新建"加装饰条复合墙"类型，单击"编辑"按钮，在打开的"编辑部件"对话框中选择视图为"剖面：修改类型属性"，如图 5-16 所示。

- 修改：单击此按钮，在预览窗格中，高亮显示并选择示例墙的外边界或区域之间的边界。选择边界之后，可以改变厚度，设置层延伸，或约束区域距墙顶部和底部的距离。

图 5-15　复合墙

- 指定层：单击此按钮，将对话框中的行指定给图层或预览窗格中的区域。例如：可以将饰面层 1 拆分为若干个区域，然后将另一个面层行指定给其中某些区域，并创建交叉的图案。

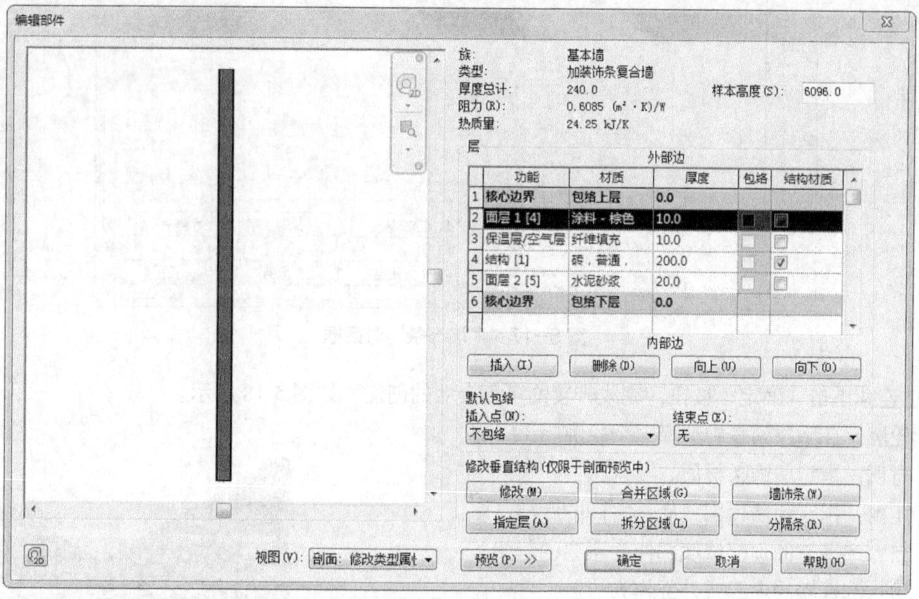

图 5-16　切换视图

指定墙层时，要遵循以下原则。

➢ 在预览窗格中，样本墙的各个行必须保持从左到右的顺序显示。要测试样本墙，按顺序选择行号，然后在预览窗格中观察选择内容。如果层不是按从左到右顺序高亮显示，Revit 就不能生成该墙。

➢ 同一行不能指定给多个层。

➢ 不能将同一行同时指定给核心层两侧的区域。

➢ 不能为涂膜层指定厚度。

➢ 非涂膜层的厚度不能小于 1/8"或 4 毫米。

➢ 核心层的厚度必须大于 0。不能将核心层指定为涂膜层。

➢ 外部和内部核心边界以及涂膜层不能上升或下降。

➢ 只能将厚度添加到从墙顶部直通到底部的层。不能将厚度添加到复合层。

➢ 不能水平拆分墙并随后不顾其他区域而移动区域的外边界。

➢ 层功能优先级不能按从核心边界到面层面升序排列。

- 拆分区域：在水平方向或垂直方向上，将一个墙层（或区域）分割成多个新区域。拆分区域时，新区域采用与原始区域相同的材质。

- 合并区域：在水平方向或垂直方向上将墙区域（或图层）合并成新区域。高亮显示区域之间的边界，单击以合并它们。合并区域时，高亮显示边界时光标所在的位置决定了合并后要使用的材质。
- 墙饰条：控制墙饰条的放置和显示。轮廓定义墙的形状时扫掠将材质添加到墙。
- 分隔条：控制墙分隔条的放置和显示。分隔条会在轮廓与墙层相交的地方删除材质。

（9）单击"墙饰条"按钮 <u>墙饰条(H)</u>，打开"墙饰条"对话框，单击"添加"按钮，添加墙饰条，设置材质为"石膏墙板"，距离底部 2000，其他采用默认设置，如图 5-17 所示。

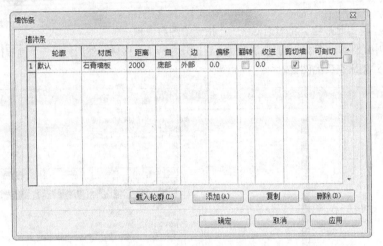

图 5-17 "墙饰条"对话框

（10）连续单击"确定"按钮，完成带装饰条复合墙的创建，如图 5-18 所示。

- 轮廓：在下拉列表中选择一个轮廓。
- 材质：指定墙饰条材质。
- 距离：指定到墙顶部或底部之间的距离。
- 自：选择墙的顶部或底部作为距离的起始。
- 边：选择墙的内部或外部作为边。
- 偏移：输入偏移值，负值会使墙饰条朝墙核心方向移动。
- 翻转：勾选此复选框，测量到墙饰条轮廓顶而不是墙饰条轮廓底的距离。
- 收进：指定到附属件的墙饰条收进距离。
- 剪切墙：勾选此复选框，当墙饰条偏移并内嵌墙中时，会从墙中剪切几何图形。
- 可剖切：勾选此复选框，墙饰条由插入对象进行剖切。

图 5-18 带装饰条的复合墙

5.1.3 实例——绘制女儿墙

具体绘制步骤如下。

（1）打开"女儿墙"文件，将视图切换至 4F 楼层平面，并调整轴线。

（2）单击"建筑"选项卡"构建"面板中的"墙"按钮，打开"修改|放置墙"选项卡和选项栏。

（3）在"属性"选项板的类型下拉列表中选择"基本墙 外部-砌块隔热墙"类型，设置定位线为"面层面：外部"，底部约束为"4F"，顶部约束为"直到标高：5F"，其他采用默认设置，如图 5-19 所示。

（4）在"属性"选项板中"编辑类型"按钮，打开"类型属性"对话框，新建"女儿墙"，单击结构栏中的"编辑"按钮 编辑...，打开"编辑部件"对话框，选取第 6 层和第 7 层，单击"删除"按钮，删除所选图层，然后更改结构层厚度为 190，如图 5-20 所示。

图 5-19　属性选项板

图 5-20　设置厚度

（5）单击"预览"按钮，预览墙体，如图 5-21 所示。

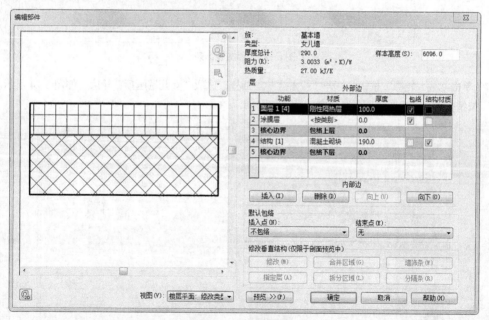

图 5-21　预览墙体

（6）在视图下拉列表中选择"剖面：修改类型属性"选项，然后单击"墙饰条"按钮，打开图 5-22 所示的"墙饰条"对话框，单击"添加"按钮，添加装饰条，如图 5-23 所示。

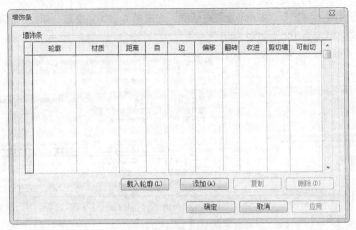

图 5-22 "墙饰条"对话框

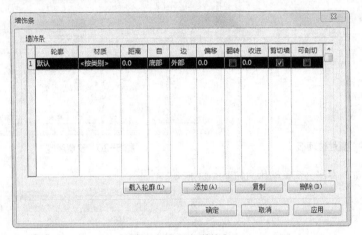

图 5-23 添加装饰条

（7）单击"载入轮廓"按钮，打开"载入族"对话框，选取"女儿墙压顶"轮廓，如图 5-24 所示。单击"打开"按钮，载入"女儿墙压顶"轮廓。

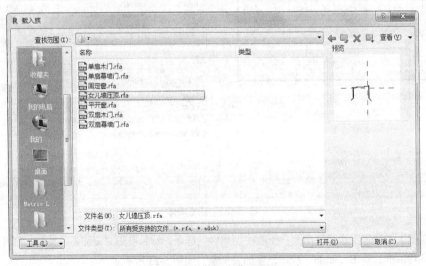

图 5-24 "载入族"对话框

（8）在"墙饰条"对话框的轮廓下拉列表中选择上一步载入的"女儿墙压顶"轮廓，单击"材质"栏中的按钮，打开"材质浏览器"对话框，选取"金属-铝-黑色"材质，单击"确定"按钮，返回到"墙饰条"对话框，设置自"顶"，其他采用默认设置，如图 5-25 所示，单击"确定"按钮。

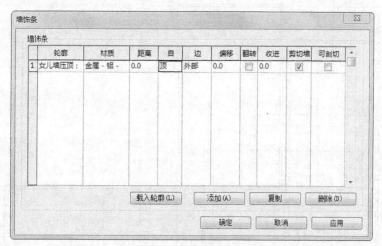

图 5-25　"墙饰条"对话框

（9）返回"编辑部件"对话框，预览添加的女儿墙压顶在女儿墙上的位置，如图 5-26 所示。如果女儿墙压顶轮廓不正确，可以将其进行修改后重新加载，单击"确定"按钮。

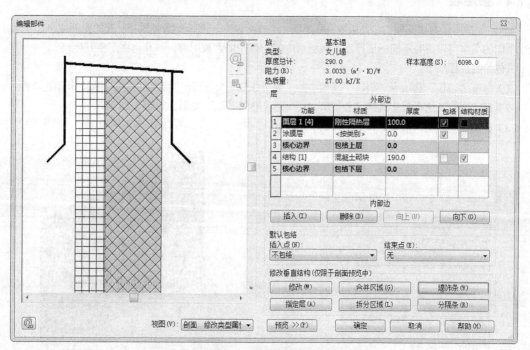

图 5-26　"编辑部件"对话框

（10）在视图中沿着外墙绘制女儿墙，使女儿墙与外墙的外侧重合，结果如图 5-27 所示。

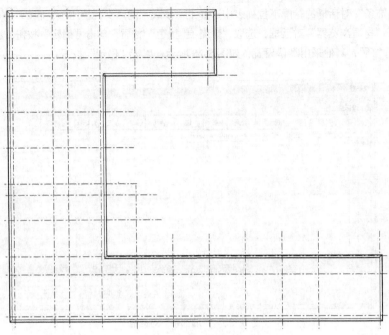

图 5-27　绘制女儿墙

5.1.4　叠层墙

Revit 包括用于为墙建模的"叠层墙"系统族，这些墙包含一面接一面叠放在一起的两面或多面子墙。子墙在不同的高度可以具有不同的墙厚度。叠层墙中的所有子墙都被附着，其几何图形相互连接。

具体绘制过程如下。

（1）单击"建筑"选项卡"构建"面板中的"墙"按钮🗔，打开"修改|放置墙"选项卡和选项栏。

（2）在"属性"选项板中选择"叠层墙 外部-砌块勒脚砖墙"类型，如图 5-28 所示。

（3）在视图中绘制一段墙体，如图 5-29 所示。

图 5-28　更改类型

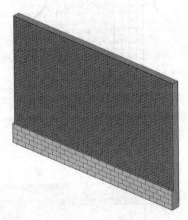

图 5-29　叠层墙

（4）单击"编辑类型"按钮🖼，打开"类型属性"对话框，如图 5-30 所示。单击"编辑"按钮，打开"编辑部件"对话框，单击"预览"按钮 ⌷ 预览 >>(P)，预览当前墙体的结构，如图 5-31 所示。

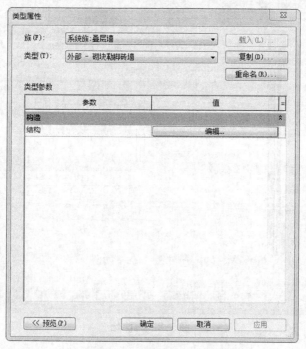

图 5-30   "类型属性"对话框

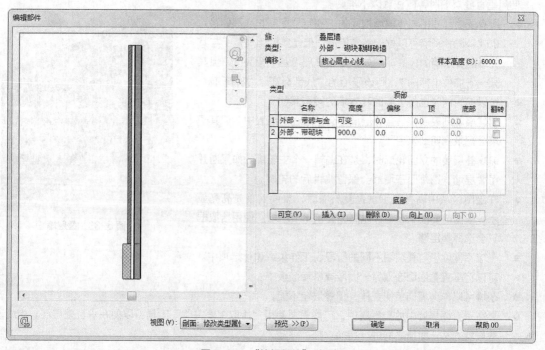

图 5-31   "编辑部件"对话框

（5）单击"插入"按钮 插入(I) ，插入"外部-带砌块与金属立筋龙骨复合墙"，单击"向上"或"向下"按钮，调整位置，如图 5-32 所示。

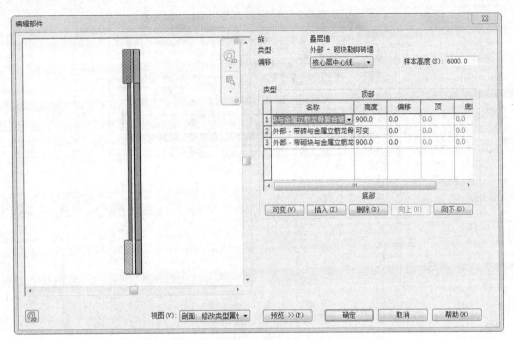

图 5-32　插入墙

（6）连续单击"确定"按钮，完成叠层墙的编辑，如图 5-33 所示。

使用垂直叠层墙时，应注意以下准则。

- 所有子墙都使用与叠层墙相同的墙底定位标高和底部偏移。
也就是说，子墙可以位于特定标高，但是实际上是基于与其
关联的叠层墙的标高。例如，如果叠层墙基于标高 1，但其
某一子墙位于标高 7，则该子墙的"底部标高"为标高 1。

- 可以编辑同时也是子墙的基本墙的类型属性。

- 创建墙明细表后，垂直叠层墙不会记录在明细表中，但其子
墙会记录在明细表中。

- 编辑叠层墙的立面轮廓时，是在编辑一个主轮廓。如果断开
了叠层墙，则每面子墙都会保留编辑后的轮廓。

- 在绘图区域中高亮显示垂直叠层墙时，整面墙首先高亮显
示。根据需要按 Tab 键，以高亮显示单个子墙。使用拾取框
只会选择叠层墙。

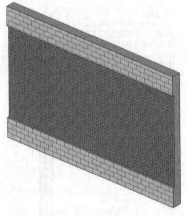

图 5-33　叠层墙

- 子墙不能位于与叠层墙不同的阶段、工作集或设计选项中。

- 可以将垂直叠层墙嵌入另一面墙或幕墙嵌板中。

- 子墙可以作为墙饰条的主体，但叠层墙不能。

- 要在垂直叠层墙中放置附属件，可能需要使用"拾取主要主体"工具，以便在垂直叠层墙与构成该
叠层墙的某一面墙之间进行切换。

5.1.5　实例——三层别墅墙体设计

1. 创建第一层墙

（1）新建 240 外墙

① 打开三层别墅文件，切换到 1F 楼层平面，单击"建筑"选项卡"构建"面板中的"墙"按钮 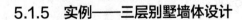，在

"属性"选项板中选择"基本墙 常规-200mm"类型,单击"编辑类型"按钮🔓,打开"类型属性"对话框,新建 240 外墙,单击结构栏中的"编辑"按钮。

② 打开"编辑部件"对话框,单击"插入"按钮,插入"面层 1[4]",单击材质栏中的浏览器按钮▢,打开"材质浏览器"对话框,选择水泥砂浆材质,然后单击"新建材质"按钮▣▾,新建材质并更改名称为"外墙黄色"。

③ 单击"外观"选项卡,在常规栏中单击"颜色",打开"颜色"对话框,设置颜色,如图 5-34 所示。连续单击"确定"按钮,返回到"编辑部件"对话框。

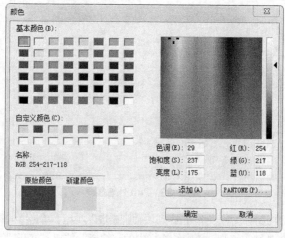

图 5-34 "颜色"对话框

④ 设置面层 1[4]的厚度为 20,单击"插入"按钮,在结构层的下面创建面层 1[4],设置材质如图 5-35 所示。然后设置厚度为 20,如图 5-36 所示。连续单击"确定"按钮,完成 240 外墙的创建。

图 5-35 设置材质

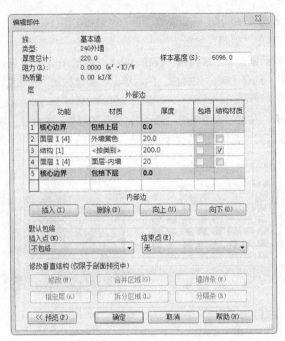

图 5-36　240 外墙参数

（2）在"属性"选项板中选择"叠层墙 外部-砌块勒脚砖墙"类型，单击"编辑类型"按钮，打开"类型属性"对话框，新建 240 外墙带墙脚，单击结构栏中的"编辑"按钮，打开"编辑部件"对话框，更改外部-带砌块与金属立筋龙骨复合墙的高度为 940，选择层 1 为 240 外墙，如图 5-37 所示。单击"确定"按钮，完成 240 外墙带墙脚的创建。

（3）在属性选项板中设置定位线为"核心层中心线"，底部约束为"1F"，底部偏移为"-470"，顶部约束为"直到标高：2F"，如图 5-38 所示。

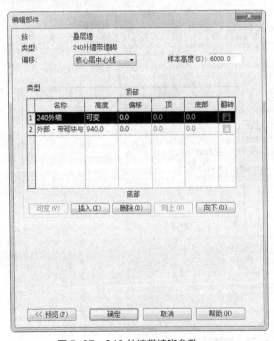

图 5-37　240 外墙带墙脚参数

图 5-38　属性选项板

（4）根据轴网和结构柱，绘制图 5-39 所示的外墙。

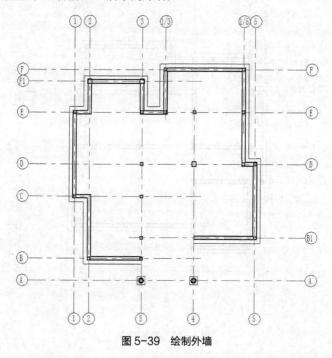

图 5-39　绘制外墙

（5）单击"建筑"选项卡"构建"面板中的"墙"按钮，在"属性"选项板中选择"基本墙 常规-200mm"类型，单击"编辑类型"按钮，打开"类型属性"对话框，新建 240 内墙，单击结构栏中的"编辑"按钮，打开"编辑部件"对话框，设置参数如图 5-40 所示。连续单击"确定"按钮。

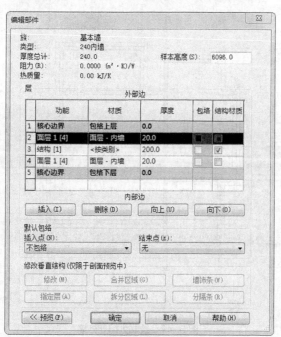

图 5-40　设置内墙参数

（6）根据轴网和结构柱，绘制图 5-41 所示的内墙。

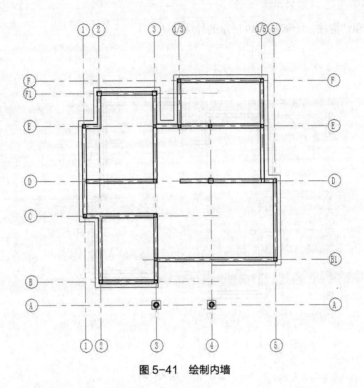

图 5-41　绘制内墙

（7）单击"建筑"选项卡"构建"面板中的"墙"按钮，在选项栏中设置连接状态为"允许"，在"属性"选项板中选择"240 外墙"类型，绘制大门处的外墙，如图 5-42 所示。

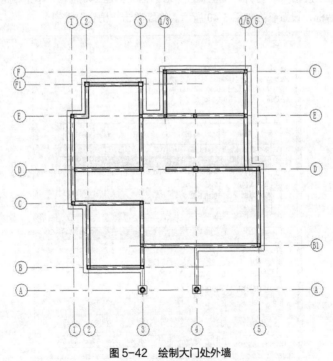

图 5-42　绘制大门处外墙

（8）在"属性"选项板中设置底部约束为 1F，底部偏移为-470，顶部约束为"直到标高：1F"，顶部偏移为 470，其他采用默认设置，如图 5-43 所示。

（9）单击"建筑"选项卡"构建"面板中的"墙"按钮，在属性选项板中选择"基本墙 120 内墙"类型，单击"编辑类型"按钮，打开"类型属性"对话框，新建 120 内墙，单击结构栏中的"编辑"按钮，打开"编辑部件"对话框，设置参数如图 5-44 所示。连续单击"确定"按钮。

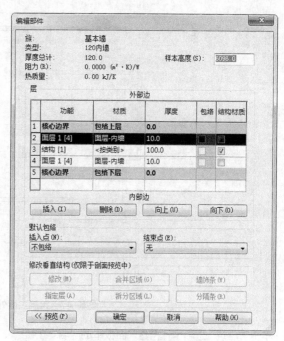

图 5-43　属性选项板

图 5-44　设置内墙参数

（10）在图中绘制隔断墙，选取隔断墙，双击临时尺寸修改尺寸值，如图 5-45 所示。

2．创建第二层墙

（1）将视图切换到 2F 楼层平面。

（2）单击"建筑"选项卡"构建"面板中的"墙"按钮，在属性选项板中选择"基本墙 240 外墙"，设置定位线为"核心层中心线"，底部约束为 2F，底部偏移为 0，顶部约束为"直到标高：3F"，如图 5-46 所示。

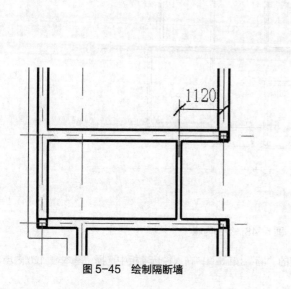

图 5-45　绘制隔断墙

图 5-46　设置参数

（3）在选项栏中设置连接状态为"允许"，根据轴网和结构柱绘制二层的外墙，如图 5-47 所示。

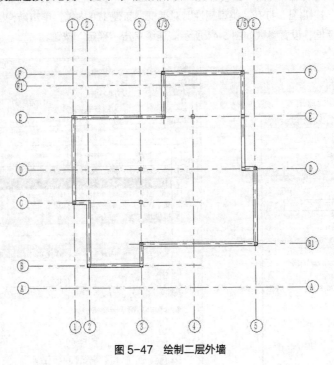

图 5-47　绘制二层外墙

（4）单击"建筑"选项卡"构建"面板中的"墙"按钮，在"属性"选项板中选择"基本墙 240 内墙"，其他采用默认设置，根据轴网和结构柱绘制内墙，如图 5-48 所示。

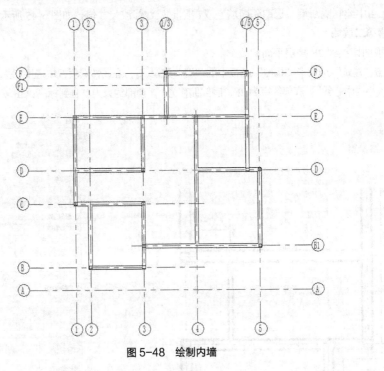

图 5-48　绘制内墙

（5）单击"建筑"选项卡"构建"面板中的"墙"按钮，在属性选项板中选择"基本墙 120 内墙"类型。

（6）在图中绘制隔断墙，选取隔断墙，双击临时尺寸修改尺寸值，如图 5-49 所示。

3. 创建第三层墙

（1）将视图切换到 3F 楼层平面，并调整 C 轴线的长度。

（2）单击"建筑"选项卡"构建"面板中的"墙"按钮 ，在属性选项板中选择"基本墙 240 外墙"，设置定位线为"核心层中心线"，底部约束为 3F，底部偏移为 0，顶部约束为"直到标高：4F"，如图 5-50 所示。

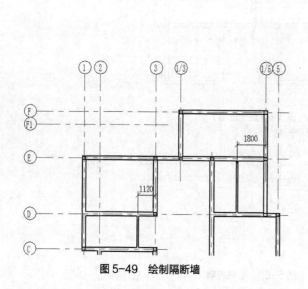

图 5-49　绘制隔断墙

图 5-50　设置参数

（3）在选项栏中设置连接状态为"允许"，根据轴网和结构柱绘制三层的外墙，如图 5-51 所示。

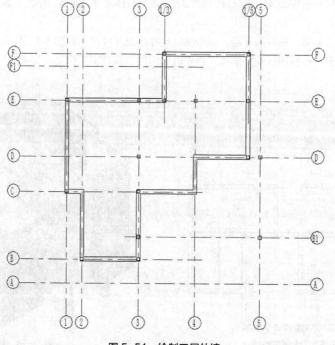

图 5-51　绘制三层外墙

（4）单击"建筑"选项卡"构建"面板中的"墙"按钮，在属性选项板中选择"基本墙 240 内墙"，其他采用默认设置，根据轴网和结构柱绘制内墙，如图 5-52 所示。按 Esc 键取消。

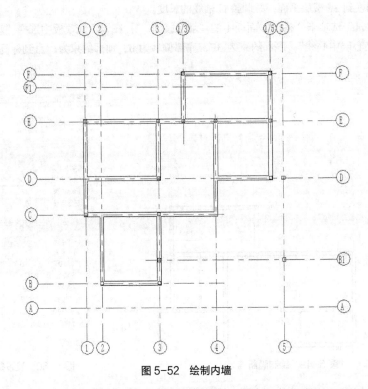

图 5-52　绘制内墙

（5）单击"建筑"选项卡"构建"面板中的"墙"按钮，在属性选项板中选择"基本墙 120 内墙"类型，设置定位线为"核心层中心线"，底部约束为 3F，底部偏移为 0，顶部约束为"直到标高：4F"，其他采用默认设置。

（6）在图中绘制隔断墙，选取隔断墙，双击临时尺寸修改尺寸值，如图 5-53 所示。

（7）将视图切换到三维视图，观察墙体，将靠近大门的结构柱顶部标高改为"3F"，如图 5-54 所示。

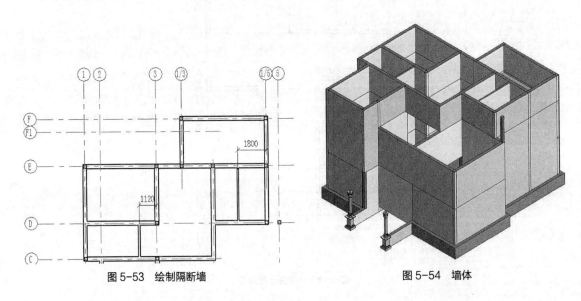

图 5-53　绘制隔断墙　　　　　　　　图 5-54　墙体

5.2 墙饰条

在图纸中放置墙后，可以添加墙饰条或分隔条编辑墙的轮廓，以及插入主体构件，如门和窗。

5.2.1 绘制墙饰条

使用"墙：饰条"工具向墙中添加踢脚板、冠顶饰或其他类型的装饰用水平或垂直投影。

具体绘制过程如下。

（1）打开 5.1.2 节绘制的带装饰条的复合墙文件。

（2）单击"建筑"选项卡"构建"面板"墙" ⬚ 列表下的"墙：饰条"按钮 ⬚，打开"修改|放置 墙饰条"选项卡，如图 5-55 所示。

图 5-55 "修改|放置 墙饰条"选项卡

（3）在"属性"选项板中选择墙饰条的类型，默认为檐口，单击"编辑类型"按钮 ⬚，打开图 5-56 所示的"类型属性"对话框，可以修改现有墙饰条的轮廓或即将放置的墙饰条的轮廓。

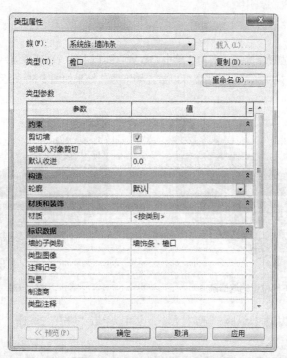

图 5-56 "类型属性"对话框

- 剪切墙：勾选此复选框，指定在几何图形和主体墙发生重叠时，墙饰条是否会从主体墙中剪切掉几何图形。

- 被插入对象剪切：勾选此复选框，指定门和窗等插入对象是否会从墙饰条中剪切掉几何图形。
- 默认收进：指定墙饰条从每个相交的墙附属件收进的距离。
- 轮廓：指定用于创建墙饰条的轮廓族。
- 材质：设置墙饰条的材质。
- 墙的子类别：默认情况下，墙饰条设置为墙的"墙饰条"子类别。在"对象样式"对话框中，可以创建新的墙子类别，并随后在此选择一种类别。

（4）在"修改|放置 墙饰条"选项卡选择装饰条的方向为水平或垂直。

（5）将光标放在墙上以高亮显示墙饰条位置，如图 5-57 所示，单击以放置墙饰条。

（6）继续为相邻墙添加墙饰条，Revit 会在各相邻墙体上预选墙饰条的位置，如图 5-58 所示。

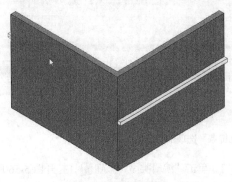

图 5-57　放置墙饰条

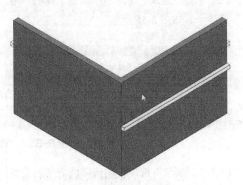

图 5-58　添加相邻墙饰条

5.2.2　编辑墙饰条

（1）要在不同的位置放置墙饰条，则需要单击"放置"面板中的"重新放置装饰条"按钮，将光标移到墙上所需的位置，如图 5-59 所示，单击鼠标以放置墙饰条，结果如图 5-60 所示。

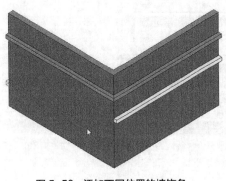

图 5-59　添加不同位置的墙饰条

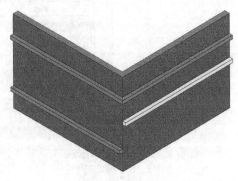

图 5-60　墙饰条

（2）选取墙饰条，可以拖拉操纵柄来调整其大小，也可以单击"翻转"按钮，调整位置，如图 5-61 所示。

如果在不同高度创建多个墙饰条，然后将这些墙饰条设置为同一高度，这些墙饰条将在连接处斜接。

图 5-61　调整墙饰条大小

5.2.3　实例——乡村别墅墙饰条设计

具体绘制步骤如下。

（1）打开"乡村别墅"文件，在项目浏览器中双击三维视图节点下的三维，将视图切换到三维视图。

（2）单击"建筑"选项卡"构建"面板"墙" 列表下的"墙：饰条"按钮，打开"修改|放置 墙饰条"选项卡，单击"放置"面板中的"水平"按钮。

（3）在"属性"选项板中单击"编辑类型"按钮，打开"类型属性"对话框，单击"材质"栏中的 按钮，打开"材质浏览器"对话框，在 Autodesk 材质栏中选择"水磨石"材质将其添加到项目材质列表中，在"图形"选项卡中勾选"使用渲染外观"复选框，如图 5-62 所示。连续单击"确定"按钮。

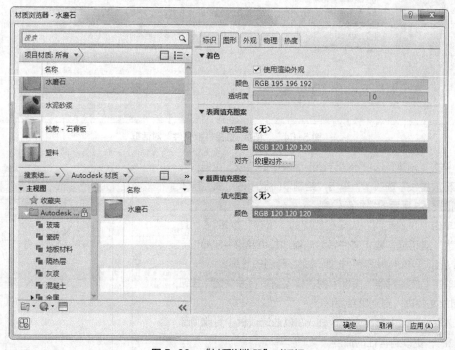

图 5-62　"材质浏览器"对话框

（4）在墙体上选取第二层墙体的下边线放置墙饰条，在属性选项板中更改相对标高的偏移为 4397，结果如图 5-63 所示。

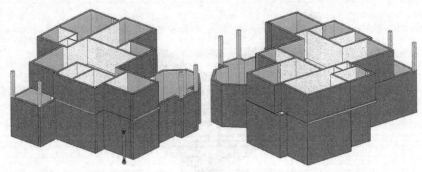

图 5-63　墙饰条

（5）单击"文件"→"新建"→"族"命令，打开图 5-64 所示"新族-选择样板文件"对话框，选择"公制轮廓"选项，单击"打开"按钮，进入轮廓族创建界面。

图 5-64　"新族-选择样板文件"对话框

（6）单击"创建"选项卡"详图"面板中的"线"按钮，打开"修改|放置线"选项卡，单击"绘制"面板中的"线"按钮，绘制图 5-65 所示的墙饰条轮廓。

（7）单击"快速访问"工具栏栏中的"保存"按钮，打开"另存为"对话框，输入文件名为"坡形外墙轮廓-450mm"，如图 5-66 所示，单击"保存"按钮，保存绘制的轮廓。

（8）单击"族编辑器"面板中的"载入到项目并关闭"按钮，关闭族文件进入到别墅绘图区。

（9）选取绘图区中露出来结构柱，在属性选项板中更改顶部标高为"2F"，更改结构柱的高度。

（10）单击"建筑"选项卡"构建"面板"墙"列表下的"墙：饰条"按钮，打开"修改|放置 墙饰条"选项卡，单击"放置"面板中的"水平"按钮。

（11）在属性选项板中单击"编辑类型"按钮，打开"类型属性"对话框，单击"复制"按钮，新建

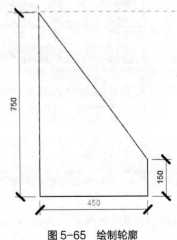

图 5-65　绘制轮廓

"墙饰条 450mm"，在轮廓下拉列表中选取"坡形外墙轮廓-450mm"，其他采用默认设置，如图 5-67 所示。单击"确定"按钮。

（12）选取墙体边线放置墙饰条 450，如图 5-68 所示。

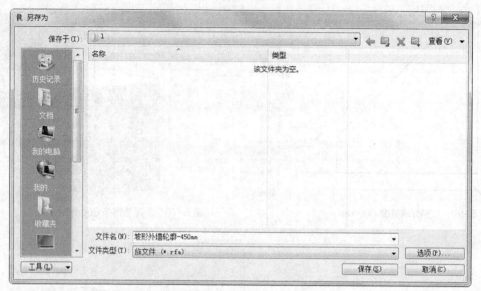

图 5-66　"另存为"对话框

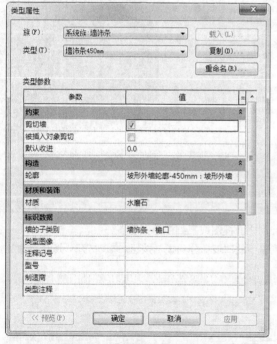

图 5-67　"类型属性"对话框

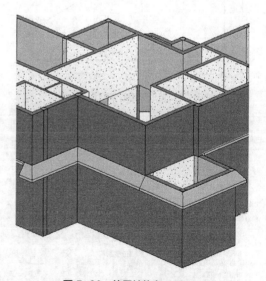

图 5-68　放置墙饰条 450

（13）重复步骤（2）～（7），绘制图 5-69 所示的坡形外墙轮廓-600mm，在墙体上添加图 5-70 所示的墙饰条 600mm。

（14）重复步骤（2）～（7），绘制图 5-71 所示的坡形外墙轮廓-1000mm，在墙体上添加图 5-72 所示的墙饰条 1000 mm。

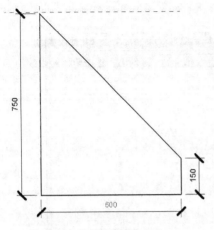

图 5-69　坡形外墙轮廓-600mm

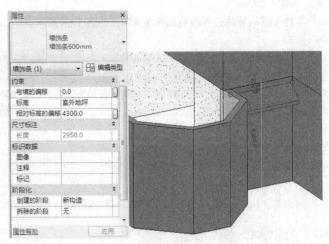

图 5-70　放置墙饰条 600mm

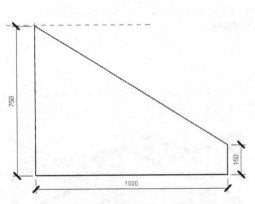

图 5-71　坡形外墙轮廓-1000mm

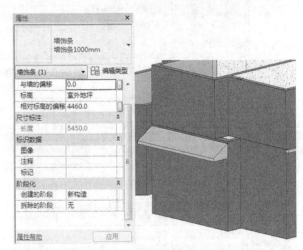

图 5-72　放置墙饰条 1000mm

5.2.4　分隔条

使用"分隔条"工具将装饰用水平或垂直剪切添加到立面视图或三维视图中的墙。

（1）单击"建筑"选项卡"构建"面板"墙" 列表下的"墙：分隔条"按钮 ，打开"修改|放置 分隔条"选项卡，如图 5-73 所示。

图 5-73　"修改|放置 分隔条"选项卡

（2）在属性选项板中选择分隔条的类型，默认为檐口。

（3）在"修改|放置 分隔条"选项卡选择装饰条的方向为水平或垂直。

（4）将光标放在墙上以高亮显示分隔条位置，如图 5-74 所示，单击以放置分隔条。

（5）单击"放置"面板中的"垂直"按钮▯▯，放置竖直分隔条，如图 5-75 所示。

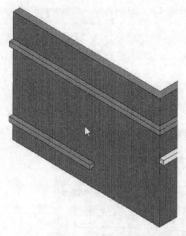

图 5-74 放置分隔条

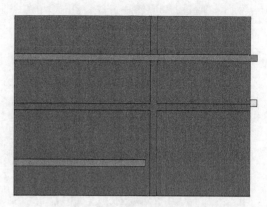

图 5-75 添加竖直分隔条

（6）要在不同的位置放置分隔条，则需要单击"放置"面板中的"重新放置分隔条"按钮▭，将光标移到墙上所需的位置，单击鼠标以放置分隔条。

5.3 幕墙设计

幕墙是建筑物的外墙围护，不承受主体结构载荷，像幕布一样挂上去，故又称为悬挂墙，是现代大型和高层建筑常用的带有装饰效果的轻质墙体。由结构框架与镶嵌板材组成的，不承担主体结构载荷与作用的建筑围护结构。

幕墙是利用各种强劲、轻盈、美观的建筑材料取代传统的砖石或窗墙结合的外墙工法，是包围在主结构的外围而使整栋建筑达到美观，使用功能健全而又安全的外墙工法，简言之，是将建筑穿上一件漂亮的外衣。

5.3.1 幕墙

在一般应用中，幕墙常常定义为薄的、通常带铝框的墙，包含填充的玻璃、金属嵌板或薄石。绘制幕墙时，单个嵌板可延伸墙的长度。如果所创建的幕墙具有自动幕墙网格，则该墙将被再分为几个嵌板。

在幕墙中，网格线定义放置竖梃的位置。竖梃是分割相邻窗单元的结构图元。可通过选择幕墙并单击鼠标右键访问关联菜单，来修改该幕墙。在关联菜单上有几个用于操作幕墙的选项，例如选择嵌板和竖梃。

具体绘制过程如下。

（1）单击"建筑"选项卡"构建"面板中的"墙"按钮▱，打开"修改|放置 墙"选项卡和选项栏。

（2）从属性选项板的类型下拉列表中选择"幕墙"类型，如图 5-76 所示。此时属性选项板如图 5-77 所示。

● 底部约束：设置幕墙的底部标高，例如：标高 1。

● 底部偏移：输入幕墙距墙底定位标高的高度。

● 已附着底部：勾选此选项，指示幕墙底部附着到另一个模型构件。

● 顶部约束：设置幕墙的顶部标高。

- 无连接标高：输入幕墙的高度值。
- 顶部偏移：输入距顶部标高的幕墙偏移量。
- 已附着顶部：勾选此选项，指示幕墙顶部附着到另一个模型构件，比如屋顶等。
- 房间边界：勾选此复选框，则幕墙将成为房间边界的组成部分。
- 与体量相关：勾选此选项，此图元是从体量图元创建的。

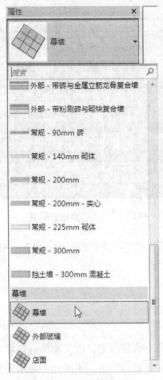

图 5-76　选择幕墙类型

图 5-77　属性选项板

- 编号：如果将"垂直/水平网格样式"下的"布局"设置为"固定数量"，则可以在这里输入幕墙上放置幕墙网格的数量，最多为 200。
- 对正：确定在网格间距无法平均分割幕墙图元面的长度时，Revit 如何沿幕墙图元面调整网格间距。
- 角度：将幕墙网格旋转到指定角度。
- 偏移：从起始点到开始放置幕墙网格位置的距离。

（3）默认情况下，系统自动选择"线"按钮 ，在选项栏或属性选项板中设置墙的参数。

（4）在绘图区域中单击确定幕墙的起点，移动鼠标在适当位置单击确定幕墙的终点，如图 5-78 所示。

（5）单击"属性"选项板中的"编辑类型"按钮 ，打开图 5-79 所示的"类型属性"对话框，修改类型属性来更改幕墙族的功能、连接条件、轴网样式和竖梃。

- 功能：指定墙的作用，包括外墙、内墙、挡土墙、基础墙、檐底板或核心竖井。
- 自动嵌入：指示幕墙是否自动嵌入墙中。
- 幕墙嵌板：设置幕墙图元的幕墙嵌板族类型。
- 连接条件：控制在某个幕墙图元类型中在交点处截断哪些竖梃。
- 布局：沿幕墙长度设置幕墙网格线的自动垂直/水平布局。
- 间距：当"布局"设置为"固定距离"或"最大间距"时启用。如果将布局设置为固定距离，则 Revit 将使用确切的"间距"值。如果将布局设置为最大间距，则 Revit 将使用不大于指定值的值对网格进行布局。

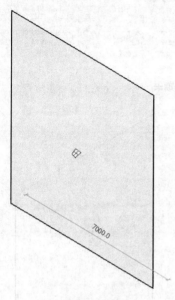

图 5-78　绘制幕墙

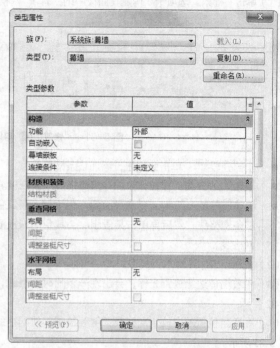

图 5-79　"类型属性"对话框

- 调整竖梃尺寸：调整类型从动网格线的位置，以确保幕墙嵌板的尺寸相等（如果可能）。有时，放置竖梃时，尤其放置在幕墙主体的边界处时，可能会导致嵌板的尺寸不相等；即使"布局"的设置为"固定距离"，也是如此。

（6）单击幕墙上的"配置网格布局"按钮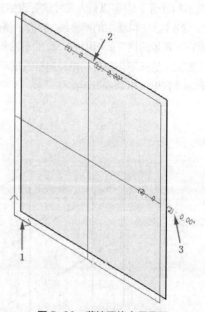，打开幕墙网格布局界面，可以同图形方式修改面的实例参数值，如图 5-80 所示。

- 1：对正原点。单击箭头可修改网格的对正方案。水平箭头用于修改垂直网格的对正；垂直箭头用于修改水平网格的对正。
- 2：原点和角度（垂直幕墙网格）。单击控制柄可修改相应的值。
- 3：原点和角度（水平幕墙网格）。单击控制柄可修改相应的值。

图 5-80　幕墙网格布局界面

5.3.2　幕墙网格

　　幕墙网格主要控制整个幕墙的划分，横梃、竖梃以及幕墙嵌板都要基于幕墙网格建立。如果绘制了不带自动网格的幕墙，可以手动添加网格。

　　将幕墙网格放置在墙、玻璃斜窗和幕墙系统上时，幕墙网格将捕捉到可见的标高、网格和参照平面。另外，在选择公共角边缘时，幕墙网格将捕捉到其他幕墙网格。

具体绘制步骤如下。

（1）单击"建筑"选项卡"构建"面板中的"幕墙 网格"按钮▦，打开"修改|放置 幕墙网格"选项卡，如图5-81所示。

图5-81　"修改|放置 幕墙网格"选项卡

- 全部分段▦：单击此按钮，添加整条网格线。
- 一段▦：单击此按钮，添加一段网格线细分嵌板。
- 除拾取外的全部▦：单击此按钮，先添加一条红色的整条网格线，然后再单击某段删除，其余的嵌板添加网格线。

（2）在选项卡中选择放置类型。

（3）沿着墙体边缘放置光标，会出现一条临时网格线，如图5-82所示。

（4）在适当位置单击放置网格线，继续绘制其他网格线，如图5-83所示。

（5）选中幕墙中的网格线，可以拖动网格线改变位置，如图5-84所示，也可以输入尺寸值更改距离，如图5-85所示。

（6）选中幕墙中的网格线，打开"修改|幕墙网格"选项卡，单击"幕墙网格"面板中的"添加/删除线段"按钮▦，然后在绘图区中选择不需要的网格，网格线被删除，如图5-86所示。删除线段时，相邻嵌板连接在一起。

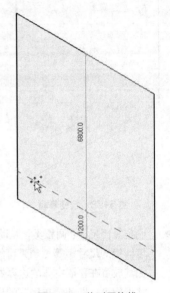

图5-82　临时网格线

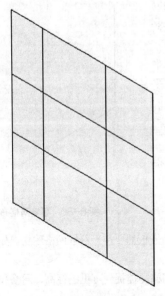

图5-83　绘制幕墙网格

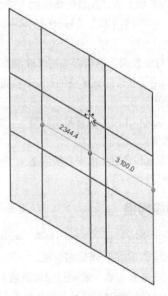

图5-84　拖动网格线

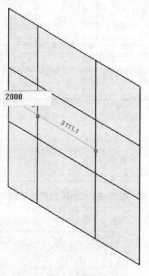

图 5-85　更改尺寸值

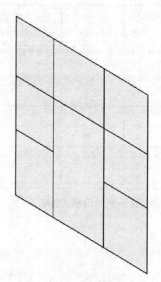

图 5-86　删除网格线

5.3.3　竖梃

幕墙竖梃是幕墙的龙骨，是根据幕墙网格来创建的，如图 5-87 所示。将竖梃添加到网格上时，竖梃将调整尺寸，以便与网格拟合。如果将竖梃添加到内部网格上，竖梃将位于网格的中心处。如果将竖梃添加到周长网格，竖梃会自动对齐，以防止跑到幕墙以外。

具体绘制步骤如下。

（1）单击"建筑"选项卡"构建"面板"竖梃"按钮 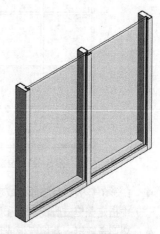，打开"修改|放置 竖梃"选项卡，如图 5-88 所示。

（2）在选项卡中选择竖梃的放置方式，包括网格线、单段网格线，全部网格线。这里单击"全部网格线"按钮，选择全部网格线放置方式。

- 网格线：创建当前选中的连续的水平或垂直的网格线，从头到尾创建，如图 5-89 所示。
- 单段网格线：创建当前网格中所选网格中的一段创建竖梃，如图 5-90 所示。

图 5-87　幕墙竖梃

图 5-88　"修改|放置 竖梃"选项卡

- 全部网格线：创建当前幕墙中所有网格线上的竖梃，如图 5-91 所示。

（3）在属性选项板的类型下拉列表中选择竖梃类型，这里选择矩形竖梃 30mm 正方形类型，如图 5-92 所示。

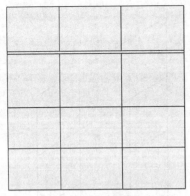

图 5-89　网格线竖梃

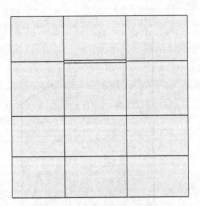

图 5-90　单段网格线竖梃

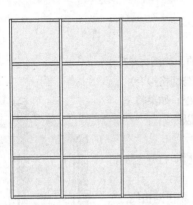

图 5-91　全部网格线竖梃

图 5-92　竖梃类型

- L形角竖梃：幕墙嵌板或玻璃斜窗与竖梃的支脚端部相交，如图 5-93 所示。可以在竖梃的类型属性中指定竖梃支脚的长度和厚度。
- V形角竖梃：幕墙嵌板或玻璃斜窗与竖梃的支脚侧边相交，如图 5-94 所示。可以在竖梃的类型属性中指定竖梃支脚的长度和厚度。
- 梯形角竖梃：幕墙嵌板或玻璃斜窗与竖梃的侧边相交，如图 5-95 所示。可以在竖梃的类型属性中指定沿着与嵌板相交的侧边的中心宽度和长度。

图 5-93　L形角竖梃

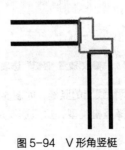

图 5-94　V形角竖梃

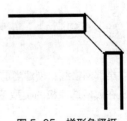

图 5-95　梯形角竖梃

- 四边形角竖梃：幕墙嵌板或玻璃斜窗与竖梃的支脚侧边相交。如果两个竖梃部分相等并且连接不是90 度角，则竖梃会呈现出风筝的形状，如图 5-96a 所示。如果连接角度为 90 度并且各部分不相等，则竖梃是矩形的，如图 5-96b 所示。如果两个部分相等并且连接处是 90 度角，则竖梃是方形的，如图 5-96c 所示。

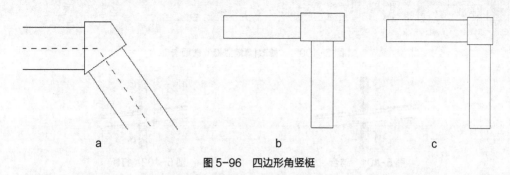

图 5-96　四边形角竖梃

- 矩形竖梃：常作为幕墙嵌板之间分隔或幕墙边界，可以通过定义角度、偏移、轮廓、位置和其他属性来创建矩形竖梃，如图 5-97 所示。
- 圆形竖梃：常作为幕墙嵌板之间分隔或幕墙边界，可以通过定义竖梃的半径以及距离幕墙嵌板的偏移来创建圆形竖梃，如图 5-98 所示。
- 梯形角竖梃：可以通过定义中心宽度、深度、偏移和厚度来创建梯形角竖梃。
- 四边形角竖梃：可以通过定义各个支架的长度、偏移和竖梃厚度来创建四边形角竖梃。

（4）单击"修改|放置 竖梃"选项卡"放置"面板中的"单段网格线"按钮 ⊞，在绘图中选取网格线添加竖梃，如图 5-99 所示。

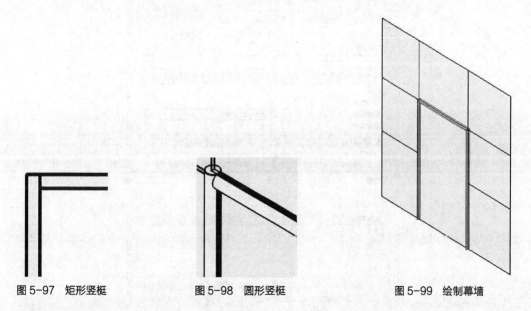

图 5-97　矩形竖梃　　　　图 5-98　圆形竖梃　　　　图 5-99　绘制幕墙

（5）可以更改竖梃在交点处的连接方式。在绘图区中选取竖梃，打开"修改|幕墙竖梃"选项卡，如图 5-100 所示。

- ⊥ 结合：使用此工具，可在连接处延伸竖梃的端点，以便使竖梃显示为一个连续的竖梃，如图 5-101 所示。

● ||⊢ 打断：使用此工具，可在连接处修剪竖梃的端点，以便将竖梃显示为单独的竖梃，如图 5-102 所示。

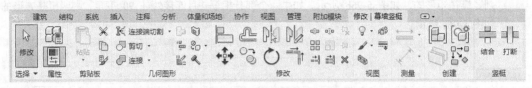

图 5-100 "修改|幕墙竖梃"选项卡

图 5-101 结合   图 5-102 打断

5.3.4 实例——三层别墅幕墙设计

（1）打开三层别墅文件，将视图切换至 2F 楼层平面图。

（2）单击"建筑"选项卡"构建"面板中的"墙"按钮⬜，在"属性"选项板中选择"幕墙"类型，单击"编辑类型"按钮🔡，打开"类型属性"对话框，勾选"自动嵌入"复选框，选择幕墙嵌板为"系统嵌板：玻璃"，其他采用默认设置，如图 5-103 所示。连续单击"确定"按钮。

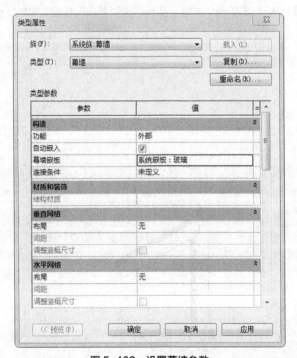

图 5-103 设置幕墙参数

（3）在"属性"选项板中设置底部约束为 2F，底部偏移为 80，顶部约束为"直到标高：2F"，顶部偏移为 2700，其他采用默认设置，如图 5-104 所示。

（4）在图 5-105 所示的位置绘制幕墙，并修改临时尺寸。

图 5-104　属性选项板

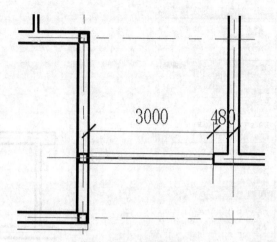

图 5-105　绘制幕墙

（5）将视图切换到南立面图，单击"建筑"选项卡"构建"面板中的"幕墙网格"按钮田，在幕墙上绘制网格线，如图 5-106 所示。

（6）单击"建筑"选项卡"构建"面板中的"竖梃"按钮田，在"属性"选项板中选择"矩形竖梃 50×150mm"类型，单击"全部网格线"按钮，选取上一步绘制的网格线绘制竖梃，如图 5-107 所示。

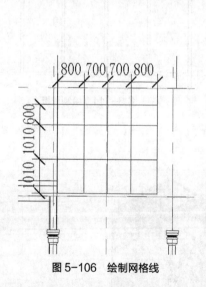

图 5-106　绘制网格线

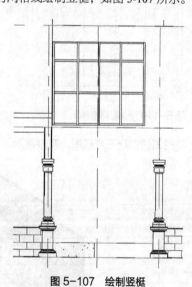

图 5-107　绘制竖梃

（7）将视图切换至 3F 楼层平面图。

（8）单击"建筑"选项卡"构建"面板中的"墙"按钮，在"属性"选项板中选择"幕墙"类型，设置底部约束为 3F，底部偏移为 0，顶部约束为"直到标高：3F"，顶部偏移为 1950，其他采用默认设置，如图 5-108 所示。

（9）在如图 5-109 所示的位置绘制幕墙，并修改临时尺寸。

（10）将视图切换到南立面图，单击"建筑"选项卡"构建"面板中的"幕墙网格"按钮田，在幕墙上绘制网格线，如图 5-110 所示。

（11）单击"建筑"选项卡"构建"面板中的"竖梃"按钮田，在"属性"选项板中选择"矩形竖梃 50

×150mm"类型，单击"全部网格线"按钮，选取上一步绘制的网格线绘制竖梃，如图 5-111 所示。

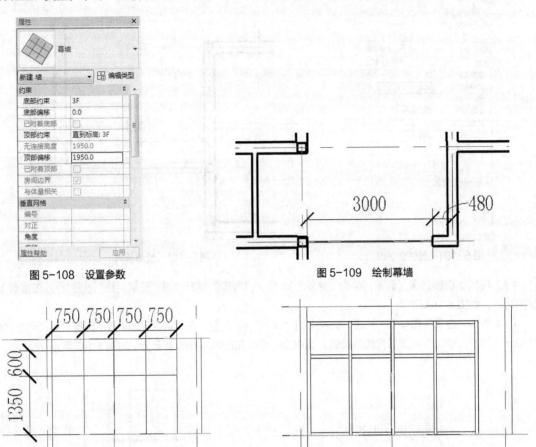

图 5-108　设置参数

图 5-109　绘制幕墙

图 5-110　绘制网格线

图 5-111　绘制竖梃

（12）将视图切换到三维视图，观察图形，如图 5-112 所示。

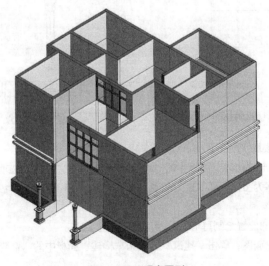

图 5-112　观察图形

第6章

楼板设计

楼板、楼板边、天花板是建筑的普遍构成要素。本章将介绍这几种要素创建工具的使用方法。

■ 建筑楼板

■ 楼板边

■ 天花板

6.1 建筑楼板

楼板是一种分隔承重构件。楼板层中的承重部分将房屋垂直方向分隔为若干层，并把人和家具等竖向荷载及楼板自重通过墙体、梁或柱传给基础。

建筑楼板是楼地面层中的面层，是室内装修中的地面装饰层，其构建方法与结构楼板相同，只是楼板的构造不同。

可通过拾取墙或使用绘制工具定义楼板的边界来创建楼板。通常，在平面视图中绘制楼板，尽管当三维视图的工作平面设置为平面视图的工作平面时，也可以使用该三维视图绘制楼板。楼板会沿绘制时所处的标高向下偏移。

6.1.1 结构楼板

选择支撑框架、墙或绘制楼板范围来创建结构楼板。

（1）打开"结构楼板"文件，将视图切换至标高 1F 楼层平面视图。

（2）单击"建筑"选项卡"构建"面板"楼板" 下拉列表中的"楼板：结构"按钮 ，打开"修改|创建楼层边界"选项卡和选项栏，如图 6-1 所示。

图 6-1 "修改|创建楼层边界"选项卡和选项栏

- 偏移：指定相对于楼板边缘的偏移值。
- 延伸到墙中（至核心层）：测量到墙核心层之间的偏移。

（3）在属性选项板中选择"楼板现场浇注混凝土 225mm"类型，如图 6-2 所示。

- 标高：将楼板约束到的标高。
- 自标高的高度偏移：指定楼板顶部相对于标高参数的高程。
- 房间边界：指定楼板是否作为房间边界图元。
- 与体量相关：指定此图元是从体量图元创建的。
- 结构：指定此图元有一个分析模型。
- 启用分析模型：显示分析模型，并将它包含在分析计算中。默认情况下处于选中状态。
- 钢筋保护层-顶面：指定与楼板顶面之间的钢筋保护层距离。
- 钢筋保护层-底面：指定与楼板底面之间的钢筋保护层距离。
- 钢筋保护层-其他面：指从楼板到邻近图元面之间的钢筋保护层距离。

图 6-2 属性选项板

- 坡度：将坡度定义线修改为指定值，而无需编辑草图。如果有一条坡度定义线，则此参数最初会显示一个值。如果没有坡度定义线，则此参数为空并被禁用。
- 周长：设置楼板的周长。

（4）单击"绘制"面板中的"边界线"按钮 和"拾取墙"按钮 （默认状态下，系统会激活这两个按钮），选择边界墙，如图 6-3 所示。

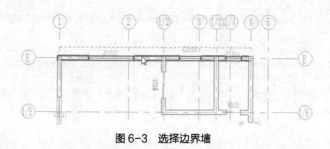

图 6-3　选择边界墙

（5）在选项栏中输入偏移为 500。根据所选边界墙生成图 6-4 所示的边界线，单击"翻转"按钮↓↑，调整边界线的位置。

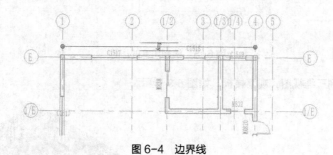

图 6-4　边界线

（6）采用相同的方法，提取其他边界线，结果如图 6-5 所示。

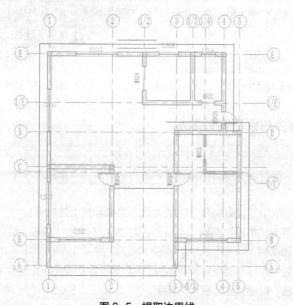

图 6-5　提取边界线

（7）选取边界线，拖曳边界线的端点，调整边界线的长度，形成闭合边界，如图 6-6 所示。

（8）单击"模式"面板中的"完成编辑模式"按钮✓，弹出图 6-7 所示的提示对话框，单击"否"按钮，完成楼板的添加。

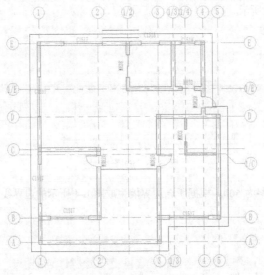

图 6-6　绘制闭合的边界

（9）将视图切换到三维视图，观察楼板，如图 6-8 所示。

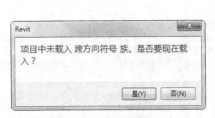

图 6-7　提示对话框

图 6-8　结构楼板

6.1.2　实例——创建乡村别墅室外散水

具体绘制过程如下。

（1）打开"乡村别墅"文件，在项目浏览器的楼层平面节点下双击室外地坪，将视图切换到室外地坪楼层平面视图。

（2）整理轴网，取消轴线上"隐藏编号" ☑ 的勾选，隐藏轴线上的轴号。

（3）单击"建筑"选项卡"构建"面板"楼板" 🗀 下拉列表中的"楼板：结构"按钮 ⌒，打开"修改|创建楼层边界"选项卡和选项栏。

（4）在"属性"选项板中选择"楼板常规-150mm"类型，单击"编辑类型"按钮 🔡，打开"类型属性"对话框，单击"复制"按钮，新建"室外散水"类型。

（5）单击"编辑"按钮 ⎓⎓⎓，打开"编辑部件"对话框，单击结构层材质中的"浏览"按钮 ⋯，打开"材质浏览器"对话框，选取"水泥砂浆"材质，如图 6-9 所示，单击"确定"按钮，返回到"编辑部件"对话框，更改结构层的厚度为 50，如图 6-10 所示。连续单击"确定"按钮。

（6）在"属性"选项板中设置标高为"室外地坪"，输入自标高的高度为 50，其他采用默认设置，如图 6-11 所示。

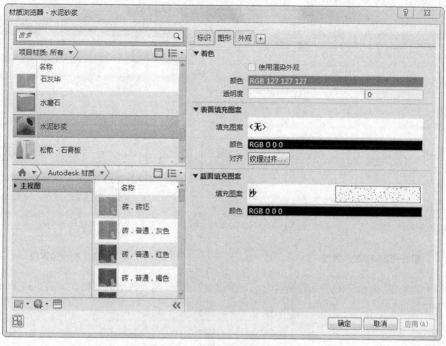

图6-9 "材质浏览器"对话框

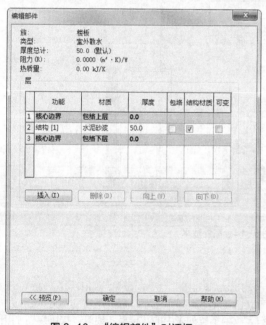

图6-10 "编辑部件"对话框

图6-11 属性选项板

（7）单击"绘制"面板中的"边界线"按钮 和"拾取墙"按钮 ，拾取墙体提取边界线，如图 6-12 所示。

（8）单击"修改"面板中的"偏移"按钮 ，在选项栏中输入偏移距离为900，勾选"复制"复选框，将提取的边界线向外偏移，拖动边界线的控制点调整边界线的长度；单击"绘制"面板中的"线"按钮 ，使边界线形成封闭的环，如图 6-13 所示。

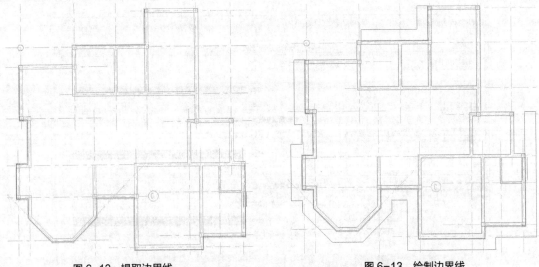

图 6-12　提取边界线　　　　　　　　　　图 6-13　绘制边界线

（9）单击"模式"面板中的"完成编辑模式"按钮✔，完成室外散水的创建，如图 6-14 所示。

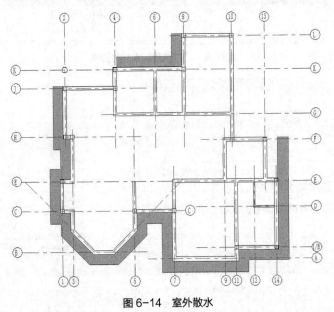

图 6-14　室外散水

6.1.3　绘制建筑楼板

具体绘制过程如下。

（1）单击"建筑"选项卡"构建"面板"楼板"⬚下拉列表中的"楼板：建筑"按钮⬚，打开"修改|创建楼层边界"选项卡和选项栏，如图 6-15 所示。

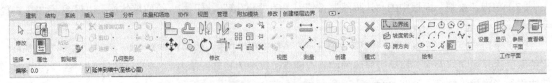

图 6-15　"修改|创建楼层边界"选项卡和选项栏

（2）在选项栏中输入偏移为0，在"属性"选项板中选择"楼板常规-150mm"类型，如图6-16所示。

- 标高：将楼板约束到的标高。
- 自标高的高度偏移：指定楼板顶部相对于标高参数的高程。
- 房间边界：表明楼板是房间边界图元。
- 与体量相关：指示此图元是从体量图元创建的。
- 结构：指示此图元有一个分析模型。选中此框表示楼板为结构型。
- 坡度：将坡度定义线修改为指定值，而无需编辑草图。
- 周长：指定楼板的周长。
- 面积：指定楼板的面积。
- 体积：指定楼板的体积。
- 顶部高程：指示用于对楼板顶部进行标记的高程。这是一个只读参数，它报告倾斜平面的变化。

（3）单击"编辑类型"按钮，打开"类型属性"对话框，单击"复制"按钮，打开"名称"对话框，输入名称为"瓷砖地板"，单击"确定"按钮，如图6-17所示。

图 6-16　属性选项板

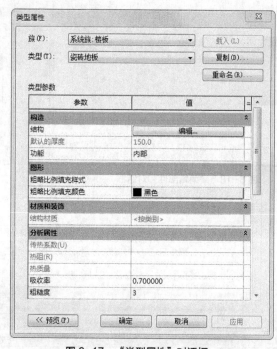

图 6-17　"类型属性"对话框

- 结构：创建复合楼板合成。
- 默认的厚度：指示楼板类型的厚度，通过累加楼板层的厚度得出。
- 功能：指示楼板是内部的还是外部的。
- 粗略比例填充样式：指定粗略比例视图中楼板的填充样式。
- 粗略比例填充颜色：为粗略比例视图中的楼板填充图案应用颜色。
- 结构材质：为图元结构指定材质。此信息可包含于明细表中。
- 传热系数（U）：用于计算热传导，通常通过流体和实体之间的对流和阶段变化。
- 热质量：对建筑图元蓄热能力进行测量的一个单位，是每个材质层质量和指定热容量的乘积。
- 吸收率：对建筑图元吸收辐射能力进行测量的一个单位，是吸收的辐射与事件总辐射的比率。
- 粗糙度：表示表面粗糙度的一个指标，其值从1到6（其中1表示粗糙，6表示平滑，3则是大多数建筑材质的典型粗糙度），用于确定许多常用热计算和模拟分析工具中的气垫阻力值。

（4）单击"编辑"按钮，打开"编辑部件"对话框，如图 6-18 所示。单击"插入"按钮 ，插入新的层并更改功能为面层 1[4]，单击材质中的"浏览"按钮，打开"材质浏览器"对话框，选择"瓷砖，机制"材质并添加到文档中，勾选"使用渲染外观"复选框，单击"填充图案"区域，打开"填充样式"对话框，选择"交叉线 5mm"，如图 6-19 所示。单击"确定"按钮。

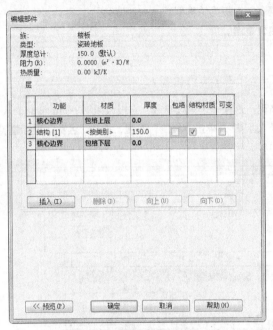

图 6-18　"编辑部件"对话框

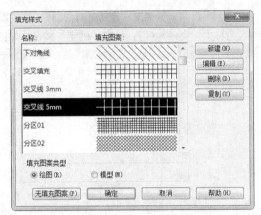

图 6-19　"填充样式"对话框

（5）返回到"材质浏览器"对话框，其他采用默认设置，如图 6-20 所示。单击"确定"按钮。

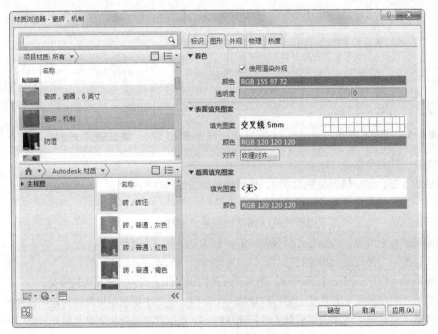

图 6-20　"材质浏览器"对话框

（6）返回到"编辑部件"对话框，设置结构层的厚度为100，面层1[4]厚度为50，并调整面层1[4]的位置，如图6-21所示，连续单击"确定"按钮。

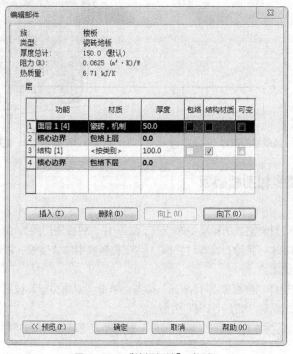

图6-21 "编辑部件"对话框

（7）单击"绘制"面板中的"边界线"按钮 和"拾取墙"按钮（默认状态下，系统会激活这两个按钮），选择边界墙，提取边界线，如图6-22所示。

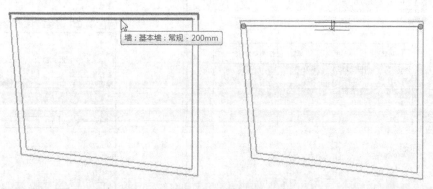

图6-22 提取边界线

（8）采用相同的方法，提取其他边界线，使边界线段形成封闭区域，如图6-23所示。

 楼层边界必须为闭合环（轮廓）。要在楼板上开洞，可以在需要开洞的位置绘制另一个闭合环。

（9）单击"模式"面板中的"完成编辑模式"按钮 ，完成楼板的创建，如图6-24所示。

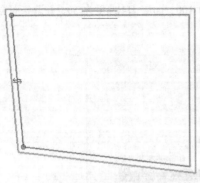

图 6-23　绘制楼板边界

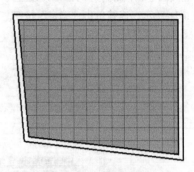

图 6-24　瓷砖地板

6.1.4　实例——创建乡村别墅楼板

1. 创建第一层地板

（1）接上一实例，在项目浏览器的楼层平面节点下双击 1F，将视图切换到 1F 楼层平面视图。

（2）单击"建筑"选项卡"构建"面板"楼板" 下拉列表中的"楼板：建筑"按钮 ，打开"修改| 创建楼层边界"选项卡和选项栏。

（3）在属性选项板中选择"楼板常规-150mm"类型，单击"编辑类型"按钮 ，打开"类型属性"对话框，单击"复制"按钮，新建"常规-室内"类型。

（4）单击"编辑"按钮 编辑... ，打开"编辑部件"对话框，更改结构层的厚度为 50，如图 6-25 所示。连续单击"确定"按钮。

（5）在属性选项板中设置标高为"1F"，输入自标高的高度为−5，其他采用默认设置，如图 6-26 所示。

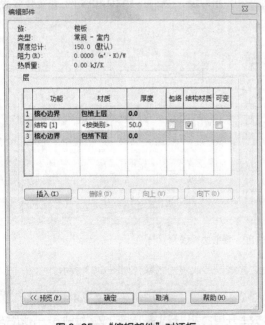

图 6-25　"编辑部件"对话框

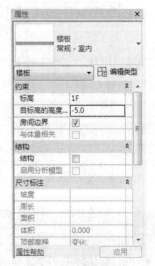

图 6-26　属性选项板

（6）单击"绘制"面板中的"边界线"按钮 和"拾取墙"按钮 ，拾取墙体提取边界线，如图 6-27 所示。

（7）从图 6-27 中可以看出边界线不是一个封闭的，选取边界线拖动调整长度，使楼板边界形成一个封闭环，如图 6-28 所示。

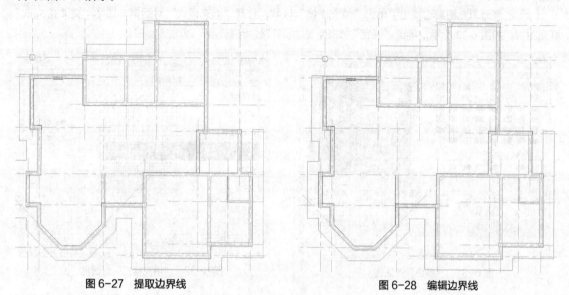

图 6-27　提取边界线　　　　　　　　　　　　　　　　图 6-28　编辑边界线

（8）单击"绘制"面板中的"矩形"按钮 ▭ 和"线"按钮 ╱，绘制其他房间边界线，如图 6-29 所示。

（9）单击"模式"面板中的"完成编辑模式"按钮 ✔，完成室内楼板的创建，如图 6-30 所示。

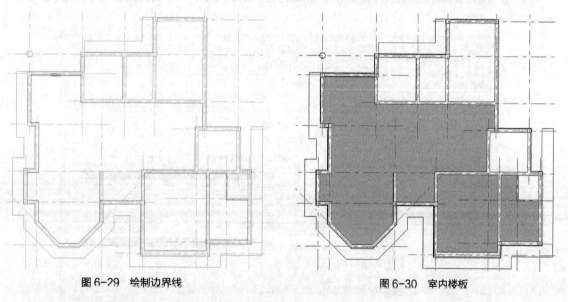

图 6-29　绘制边界线　　　　　　　　　　　　　　　　图 6-30　室内楼板

2. 创建卫生间地板

（1）单击"建筑"选项卡"构建"面板"楼板" 🔲 下拉列表中的"楼板：建筑"按钮 🔲，打开"修改|创建楼层边界"选项卡和选项栏。

（2）在属性选项板中选择"常规-室内"类型，单击"编辑类型"按钮 🔳，打开"类型属性"对话框，新建"卫生间"。

（3）返回到"类型属性"对话框，单击"编辑"按钮 编辑… ，打开"编辑部件"对话框，单击结构层材质中的"浏览"按钮 🔲，打开"材质浏览器"对话框，新建"面砖"材质，在"图形"选项卡的着色选项组中单击"颜色",打开"颜色"对话框,自定义颜色,如图 6-31 所示。单击"确定"按钮,返回到"材质浏览器"对话框。

(4)在表面填充图案选项组中单击"填充图案"区域,打开"填充样式"对话框,选择"交叉线 5mm"填充图案,如图 6-32 所示,单击"确定"按钮,返回到"材质浏览器"对话框。

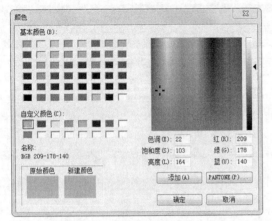

图 6-31 "颜色"对话框

图 6-32 "填充样式"对话框

(5)在截面填充图案选项组中单击"填充图案"区域,打开"填充样式"对话框,选择"松散-多孔材料"填充图案,单击"确定"按钮,返回到"材质浏览器"对话框。

(6)分别更改表面填充图案和截面填充图案的颜色为"RGB 0 0 0",其他采用默认设置,如图 6-33 所示。单击"确定"按钮。

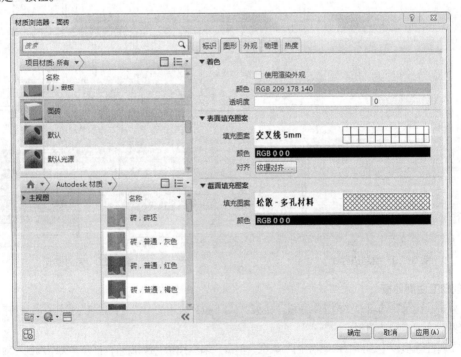

图 6-33 "材质浏览器"对话框

(7)返回到"编辑部件"对话框,设置结构层厚度为 100,如图 6-34 所示。连续单击"确定"按钮。

(8)单击"绘制"面板中的"边界线"按钮 和"矩形"按钮 ,绘制边界线,如图 6-35 所示。

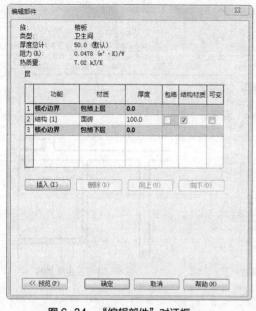

图 6-34　"编辑部件"对话框

图 6-35　绘制边界线

（9）在属性选项板中设置标高为"1F"，输入自标高的高度为-50，其他采用默认设置，如图 6-36 所示。

（10）单击"模式"面板中的"完成编辑模式"按钮 ，完成卫生间地板的创建，如图 6-37 所示。

图 6-36　属性选项板

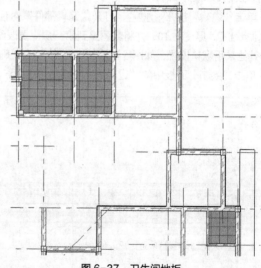

图 6-37　卫生间地板

卫生间地板中间部分要比周围低有利于排水，因需要对卫生间地板进行编辑。

（11）选取卫生间地板，打开"修改|楼板"选项卡，如图 6-38 所示。

（12）单击"形状编辑"面板中的"添加点"按钮 ，在卫生间的中间位置添加点，如图 6-39 所示。单击"形状编辑"面板中的"修改子图元"按钮 ，然后选取点显示高程为 0，更改高程值为 2，如图 6-40 所示。按 Enter 键确认。

图 6-38　"修改|楼板"选项卡

（13）按 Esc 键退出修改，修改后的卫生间地板如图 6-41 所示。

图 6-39　添加点　　　　　图 6-40　更改高程　　　　　图 6-41　卫生间地板

3. 创建车库地板

（1）单击"建筑"选项卡"构建"面板"楼板"下拉列表中的"楼板：建筑"按钮，打开"修改|创建楼层边界"选项卡和选项栏。

（2）在属性选项板中选择"常规-室内"类型，单击"编辑类型"按钮，打开"类型属性"对话框，单击"复制"按钮，新建"车库"类型。

（3）单击"编辑"按钮，打开"编辑部件"对话框，单击"插入"按钮，插入面层 2[5]，更改材质为"水泥砂浆"，厚度为 10，并将其调整到第一层。更改结构层的材质为"混凝土-现场浇注混凝土"，厚度为 100，其他采用默认设置，如图 6-42 所示。连续单击"确定"按钮。

（4）单击"绘制"面板中的"边界线"按钮和"线"按钮，绘制图 6-43 所示的车库边界线。

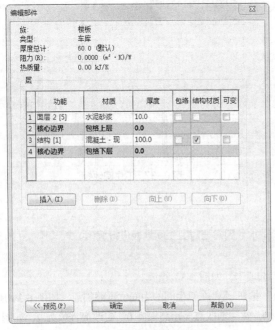

图 6-42　"编辑部件"对话框

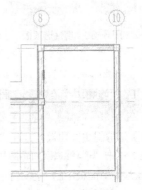

图 6-43　车库边界线

（5）在属性选项板中设置标高为"1F"，输入自标高的高度为-450，其他采用默认设置，如图6-44所示。

（6）单击"模式"面板中的"完成编辑模式"按钮 ✓，完成车库地板的创建，如图6-45所示。

图6-44　属性选项板

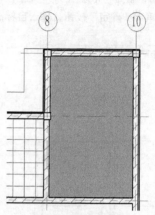

图6-45　车库地板

4．创建第二层地板

（1）在项目浏览器的楼层平面节点下双击2F，将视图切换到2F楼层平面视图。

（2）单击"建筑"选项卡"构建"面板"楼板" 🗔下拉列表中的"楼板：建筑"按钮 🗔，打开"修改|创建楼层边界"选项卡和选项栏。

（3）在属性选项板中选择"楼板常规-室内"类型，输入自标高的高度为0。创建图6-46所示的楼板。

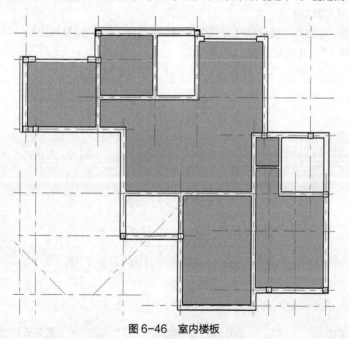

图6-46　室内楼板

（4）单击"建筑"选项卡"构建"面板"楼板" 🗔下拉列表中的"楼板：建筑"按钮 🗔，打开"修改|创建楼层边界"选项卡和选项栏。在属性选项板中选择"楼板 卫生间"类型，输入自标高的高度为-50。

（5）按照一层卫生间楼板的创建方式，创建二层两个卫生间的楼板，结果如图6-47所示。

（6）单击"建筑"选项卡"构建"面板"楼板" ⬜下拉列表中的"楼板：建筑"按钮⬜，打开"修改|创建楼层边界"选项卡和选项栏。

（7）在属性选项板中选择"楼板常规-室内"类型，单击"编辑类型"按钮🔲，打开"类型属性"对话框，单击"复制"按钮，新建"常规-室外"类型，单击"编辑"按钮，打开"编辑部件"对话框，更改结构层的厚度为20，连续单击"确定"按钮，输入自标高的高度为0。创建图6-48所示的楼板。

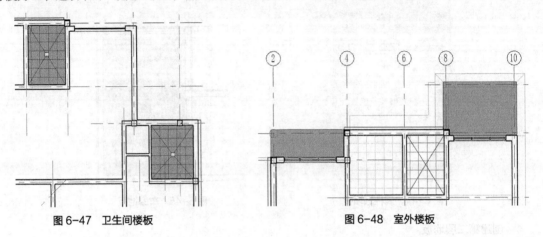

图6-47　卫生间楼板　　　　　　　　　　　　图6-48　室外楼板

（8）单击"建筑"选项卡"构建"面板中的"墙"按钮⬜，在属性选项板中选取"外墙-240砖墙"类型，设置定位线为"核心层中心线"，底部约束为2F，顶部约束为未连接，无连接高度为780，如图6-49所示。

（9）在选项栏中设置连接状态为"不允许"，绘制图6-50所示长度为600的墙体。

（10）单击"建筑"选项卡"构建"面板"楼板" ⬜下拉列表中的"楼板：建筑"按钮⬜，打开"修改|创建楼层边界"选项卡和选项栏。

（11）在属性选项板中选择"楼板常规-室外"类型，创建图6-51所示楼板边界。单击"模式"面板中的"完成编辑模式"按钮✓，完成室外楼板的创建。

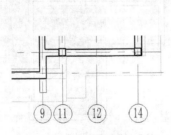

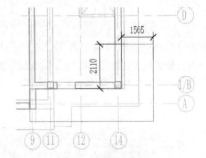

图6-49　属性选项板　　　　　图6-50　绘制墙体　　　　　图6-51　绘制楼板边界

6.1.5　绘制斜楼板

具体绘制过程如下。

（1）单击"建筑"选项卡"构建"面板"楼板" 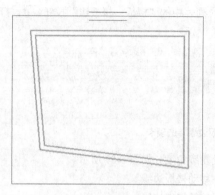 下拉列表中的"楼板：建筑"按钮 ，打开"修改|创建楼层边界"选项卡和选项栏。

（2）在属性选项板中选择"现场浇注混凝土 225mm"类型，其他采用默认设置。

（3）单击"绘制"面板中的"边界线"按钮 和"矩形"按钮 ，直接绘制楼板边界线，如图 6-52 所示。

（4）单击"绘制"面板中的"坡度箭头"按钮 和"线"按钮 ，捕捉边界线的中点绘制坡度箭头，如图 6-53 所示。坡度箭头必须始于现有的绘制线。

图 6-52　绘制边界线

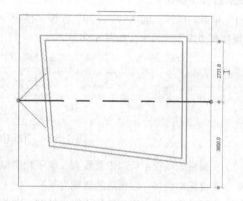

图 6-53　绘制坡度箭头

（5）在属性选项板中输入尾高度偏移为 500，如图 6-54 所示。

- 指定：选择用来定义表面坡度的方法，包括坡度和尾高。
  - ➢ 坡度：通过输入坡度值来定义坡度。
  - ➢ 尾高：通过指定坡度箭头尾部和头部高度来定义坡度。
- 最低处标高：指定与坡度箭头的尾部关联的标高。
- 尾高度偏移：指定倾斜表面相对于"最低处标高"的起始高度。要使其起点在该标高之下，请输入负值。
- 最高处标高：指定与坡度箭头的头部关联的标高。
- 头高度偏移：指定倾斜表面相对于"最高处标高"的终止高度。要在标高之下终止，请输入一个负值。
- 坡度：指定倾斜表面的斜率（高/长）。
- 长度：指定该线的实际长度。

（6）单击"模式"面板中的"完成编辑模式"按钮 ，完成楼板的创建，将视图切换至北立面视图观察图形如图 6-55 所示。

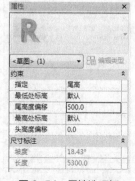

图 6-54　属性选项板

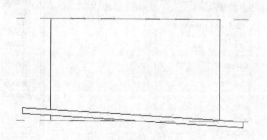

图 6-55　斜楼板

6.2 楼板边

6.2.1 绘制楼板边

可以通过选取楼板的水平边缘来添加楼板边缘。可以将楼板边缘放置在二维视图（如平面或剖面视图）中，也可以放置在三维视图中。

具体操作步骤如下。

（1）单击"建筑"选项卡"构建"面板"楼板" 下拉列表中的"楼板：楼板边"按钮 ，打开"修改|放置楼板边缘"选项卡，如图 6-56 所示。

图 6-56 "修改|放置楼板边缘"选项卡

（2）在属性选项板中可以设置垂直、水平轮廓偏移以及轮廓角度，如图 6-57 所示。

- 垂直轮廓偏移：以创建的边缘为基准，向上和向下移动楼板边缘。
- 水平轮廓偏移：以创建的边缘为基准，向前或向后移动楼板边缘。
- 长度：楼板边缘的实际长度。
- 体积：楼板边缘的实际体积。
- 注释：用于放置有关楼板边缘的一般注释的字段。
- 标记：为楼板边缘创建的标签。对于项目中的每个图元，此值都必须是唯一的，如果此数值已被使用，Revit 会发出警告信息，但允许继续使用它。
- 角度：将楼板边缘旋转到所需的角度。

（3）单击"编辑类型"按钮 ，打开图 6-58 所示的"类型属性"对话框，在轮廓下拉列表中选择"楼板边缘-加厚：600×300mm"轮廓，单击"确定"按钮。

图 6-57 属性选项板

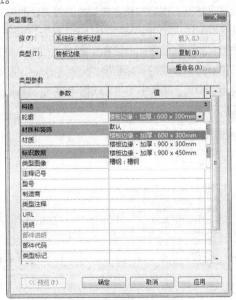

图 6-58 "类型属性"对话框

- 轮廓：特定楼板边缘的轮廓形状。
- 材质：可以采用多种方式指定楼板边缘的外观。
- 注释记号：添加或编辑楼板边缘注释记号。
- 制造商：楼板边缘的制造商。
- 类型注释：用于放置有关楼板边缘类型的一般注释的字段。
- URL：指向可能包含类型专有信息的网页的链接。
- 说明：可以在此文本框中输入楼板边缘说明。
- 部件说明：基于所选部件代码描述部件。
- 部件代码：从层级列表中选择的统一格式部件代码。
- 类别标记：为楼板边缘创建的标签。对于项目中的每个图元，此值都必须是唯一的，如果此数值已被使用，Revit 会发出警告信息，但允许继续使用它。

（4）在绘图区域中鼠标放置在楼板边缘上时，高亮显示楼板边缘，选择楼板水平边缘线单击放置楼板边缘，如图 6-59 所示。

（5）单击"使用垂直轴翻转轮廓" 和"使用水平轴翻转轮廓" ，调整楼板边缘的方向。

（6）继续单击放置楼板边缘，Revit 会将其作为一个连续的楼板边缘。如果楼板边缘的线段在角部相遇，它们会相互斜接，如图 6-60 所示。

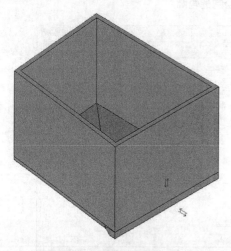

图 6-59　高亮显示楼板边缘

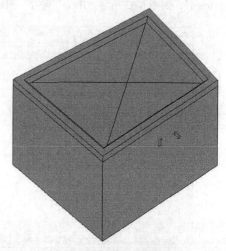

图 6-60　创建楼板边缘

（7）单击"放置"面板中的"重新放置楼板边缘"按钮 ，重新开始放置其他的楼板边缘。

（8）选取要修改的楼板边缘，单击"修改|楼板边缘"选项卡"轮廓"面板中的"添加/删除线段"按钮 ，单击边缘以添加或删除楼板边缘的线段。

6.2.2　实例——创建乡村别墅楼板边

具体绘制过程如下。

（1）接上一实例，单击"文件"→"新建"→"族"命令，打开图 6-61 所示的"新族-选择样板文件"对话框，选择"公制轮廓"选项，单击"打开"按钮，进入轮廓族创建界面。

（2）单击"创建"选项卡"详图"面板中的"线"按钮 ，打开"修改|放置线"选项卡，单击"绘制"面板中的"线"按钮 ，绘制图 6-62 所示的楼板边轮廓。

图 6-61　"新族-选择样板文件"对话框

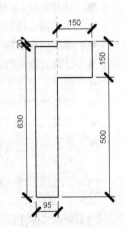

图 6-62　绘制轮廓

（3）单击"快速访问"工具栏栏中的"保存"按钮，打开"另存为"对话框，输入文件名为"楼板边轮廓-150mm"，如图 6-63 所示，单击"保存"按钮，保存绘制的轮廓。

图 6-63　"另存为"对话框

（4）单击"族编辑器"面板中的"载入到项目并关闭"按钮，关闭族文件进入到别墅绘图区。

（5）将视图切换至三维视图，单击"建筑"选项卡"构建"面板"楼板"下拉列表中的"楼板：楼板边"按钮，打开"修改|放置楼板边缘"选项卡。

（6）在属性选项板中单击"编辑类型"按钮，打开"类型属性"对话框，单击"复制"按钮，新建"楼板边 150mm"，在轮廓下拉列表中选取"楼板边轮廓-150mm"，其他采用默认设置，如图 6-64 所示。单击"确定"按钮。

（7）选取楼板边线，创建图 6-65 所示的楼板边。

（8）重复上述步骤绘制图 6-66 所示的楼板边轮廓-80mm，然后选取楼板边创建图 6-67 所示的楼板边。

（9）选取楼板边和墙饰条，拖动控制点调整其长度，结果如图 6-68 所示。

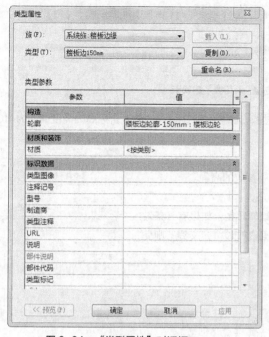

图 6-64 "类型属性"对话框

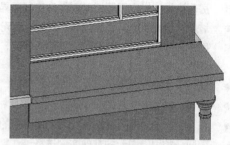

图 6-65 创建楼板边

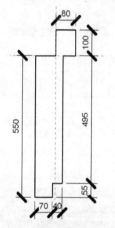

图 6-66 楼板边轮廓-80mm

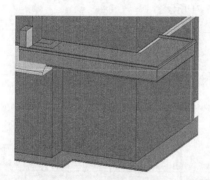

图 6-67 创建楼板边

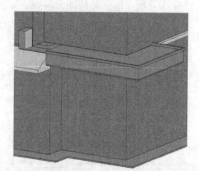

图 6-68 编辑楼板边

6.3 天花板

在天花板所在的标高之上按指定的距离创建天花板。

天花板是基于标高的图元,创建天花板是在其所在标高以上指定距离处进行的。

可在模型中放置两种类型的天花板,基础天花板和复合天花板。

6.3.1 自动创建天花板

具体操作步骤如下。

(1)单击"建筑"选项卡"构建"面板"天花板"按钮 ，打开"修改|放置 天花板"选项卡,如图 6-69
所示。

图 6-69 "修改|放置 天花板"选项卡

（2）在属性选项板中选择"基本天花板-常规"类型，选择标高为标高2，输入自标高的高度偏移为-100，如图6-70所示。

- 标高：指明放置此天花板的标高。
- 自标高的高度偏移：指定天花顶部相对于标高参数的高程。
- 房间边界：指定天花板是否作为房间边界图元。
- 坡度：将坡度定义线修改为指定值，而无需编辑草图。如果有一条坡度定义线，则此参数最初会显示一个值。如果没有坡度定义线，则此参数为空并被禁用。
- 周长：设置天花板的周长。
- 面积：设置天花板的面积。
- 注释：显示您输入或从下拉列表中选择的注释。输入注释后，便可以为同一类别中图元的其他实例选择该注释，无需考虑类型或族。
- 标记：按照用户所指定的那样标识或枚举特定实例。

图 6-70 属性选项板

（3）单击"天花板"面板中的"自动创建天花板"按钮（默认状态下，系统会激活这个按钮），在单击构成闭合环的内墙时，会在这些边界内部放置一个天花板，而忽略房间分隔线，如图6-71所示。

（4）单击鼠标，在选择的区域内创建天花板，如图6-72所示。

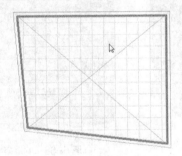

图 6-71 选择边界墙

图 6-72 创建天花板

6.3.2 绘制天花板

具体操作步骤如下。

（1）单击"建筑"选项卡"构建"面板"天花板"按钮，打开"修改|放置 天花板"选项卡，如图6-73所示。

图 6-73 "修改|放置 天花板"选项卡

（2）在属性选项板中选择"复合天花板 600×600mm 轴网"类型，输入自标高的高度偏移为−100，如图 6-74 所示。

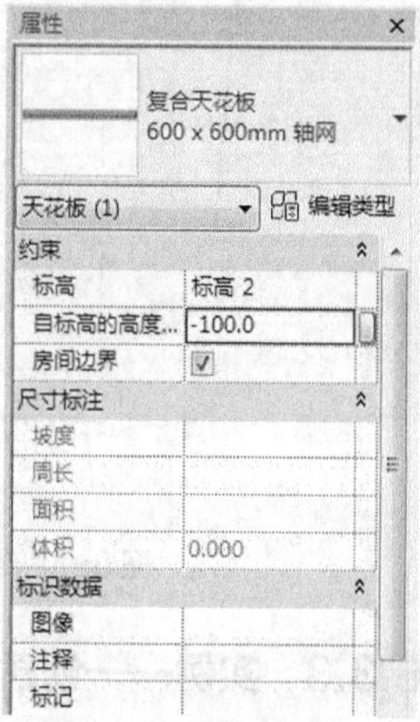

（3）单击"编辑类型"按钮 ，打开图 6-75 所示的"类型属性"对话框，新建"600×600mm 石膏板"类型，单击"编辑"按钮，打开"编辑部件"对话框，设置面层 2[5]的厚度为 24，其他采用默认设置，如图 6-76 所示。连续单击"确定"按钮。

- 结构：单击"编辑"按钮，打开"编辑部件"对话框，通过该对话框可以添加、修改和删除构成复合结构的层。
- 厚度：指定天花板的总厚度。
- 粗略比例填充样式：指定这种类型的图元在"粗略"详细程度下显示时的填充样式。
- 粗略比例填充颜色：为粗略比例视图中这种类型图元的填充样式应用颜色。
- 传热系数：用于计算热传导，通常通过流体和实体之间的对流和阶段变化。
- 热阻：用于测量对象或材质抵抗热流量（每时间单位的热量或热阻）的温度差。
- 热质量：等同于热容或热容量。
- 吸收率：用于测量对象吸收辐射的能力，等于吸收的辐射通量与入射通量的比率。
- 粗糙度：用于测量表面的纹理。

图 6-74 属性选项板

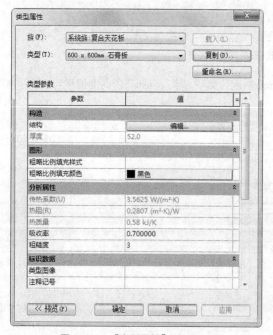

图 6-75 "类型属性"对话框

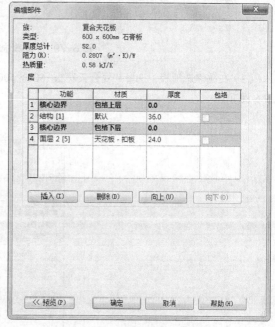

图 6-76 "编辑部件"对话框

（4）单击"天花板"面板中"绘制天花板"按钮 ，打开"修改|创建天花板边界"选项卡，单击"绘制"面板中的"边界线"按钮 和"线"按钮 （默认状态下，系统会激活这两个按钮），绘制天花板的边界线，如图 6-77 所示。

（5）单击"模式"面板中的"完成编辑模式"按钮 ，完成天花板的创建，结果如图 6-78 所示。

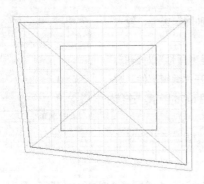

图 6-77 绘制边界线

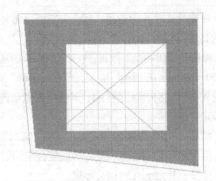

图 6-78 创建天花板

6.3.3 实例——创建大楼一层天花板

具体操作步骤如下。

（1）打开"培训大楼"文件，将视图切换至 1F 天花板平面，调整轴线。

（2）单击"建筑"选项卡"构建"面板"天花板"按钮 🔲，打开"修改|放置 天花板"选项卡，如图 6-79 所示。

图 6-79 "修改|放置 天花板"选项卡

（3）在属性选项板中选择"复合天花板–600×600mm 轴网"类型，输入自标高的高度偏移为 2600，如图 6-80 所示。

图 6-80 属性选项板

（4）单击"编辑类型"按钮 🔠，打开"类型属性"对话框，单击"编辑"按钮，打开"编辑部件"对话框，单击面层 2[5]中的材质按钮 🔲，打开"材质浏览器"对话框，单击表面填充图案选项组中的"填充图案"区域，打开"填充样式"对话框，选择"模型"选项，然后选择"直缝 600×600mm"填充样式，如图 6-81

所示。连续单击"确定"按钮，完成复合天花板 600×600mm 轴网类型的更改。

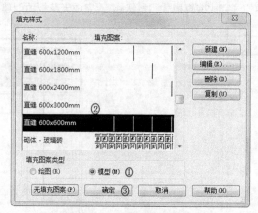

图 6-81　"填充样式"对话框

（5）单击"天花板"面板中的"自动创建天花板"按钮 （默认状态下，系统会激活这个按钮），分别拾取房间的边界创建复合天花板，如图 6-82 所示。

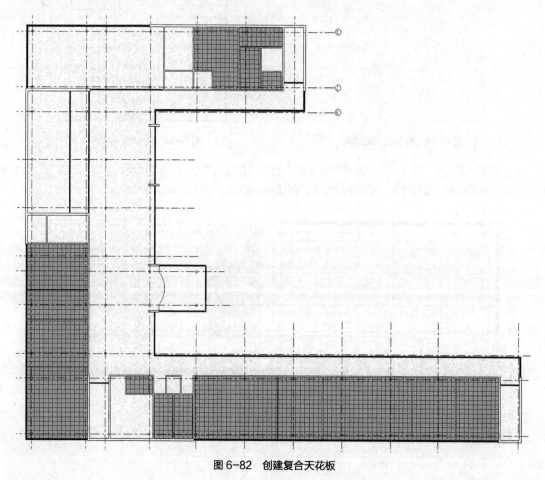

图 6-82　创建复合天花板

（6）单击"天花板"面板中的"绘制天花板"按钮 ，打开"修改|创建天花板边界"选项卡，单击"绘制"面板中的"边界线"按钮 、"线"按钮 和"起点-终点-半径弧"按钮 ，绘制图 6-83 所示的天花板

边界。

（7）单击"模式"面板中的"完成编辑模式"按钮✔，完成天花板的创建，如图 6-84 所示。

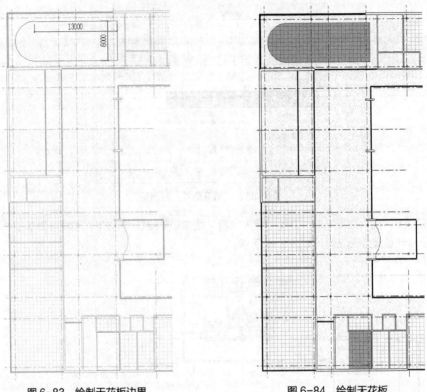

图 6-83　绘制天花板边界　　　　　　　　　　图 6-84　绘制天花板

（8）重复"天花板"命令，在"属性"选项板中选择"复合天花板 光面"类型，单击"天花板"面板中的"自动创建天花板"按钮，拾取房间边界，创建图 6-85 所示的天花板。

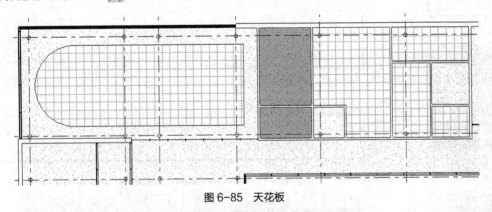

图 6-85　天花板

第7章

门窗设计

门窗按其所处的位置不同分为围护构件或分隔构件,是建筑物围护结构系统中重要的组成部分。

门窗是基于墙体放置的,删除墙体,门窗也随之被删除。在 Revit 中门窗是可载入族,可以自己创建门窗族载入也可以直接载入系统自带的门窗族。

■ 门设计
■ 窗设计

7.1　门设计

门是基于主体的构件，可以添加到任何类型的墙内。可以在平面视图、剖面视图、立面视图或三维视图中添加门。

7.1.1　添加门

选择要添加的门类型，然后指定门在墙上的位置。Revit 将自动剪切洞口并放置门。

具体绘制步骤如下。

（1）将视图切换至标高 1F 楼层平面视图，在视图中以合适尺寸绘制两段墙体。

（2）单击"建筑"选项卡"构建"面板中的"门"按钮，打开图 7-1 所示的"修改|放置 门"选项卡。

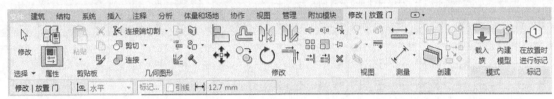

图 7-1　"修改|放置门"选项卡

（3）在属性选项板中选择门类型，系统默认的只有"单扇-与墙对齐"类型，如图 7-2 所示。

- 底高度：设置相对于放置比例的标高的底高度。
- 框架类型：门框类型。
- 框架材质：框架使用的材质。
- 完成：应用于框架和门的面层。
- 注释：显示输入或从下拉列表中选择的注释，输入注释后，便可以为同一类别中图元的其他实例选择该注释，无须考虑类型或族。
- 标记：用于添加自定义标识的数据。
- 创建的阶段：指定创建实例时的阶段。
- 拆除的阶段：指定拆除实例时的阶段。
- 顶高度：指定相对于放置此实例的标高的实例顶高度。修改此值不会修改实例尺寸。
- 防火等级：设定当前门的防火等级。

图 7-2　属性选项板

（4）将光标移到墙上以显示门的预览图像，在平面视图中放置门时，按空格键可将开门方向从左开翻转为右开。默认情况下，临时尺寸标注指示从门中心线到最近垂直墙的中心线的距离，如图 7-3 所示。

（5）单击放置门，Revit 将自动剪切洞口并放置门，如图 7-4 所示。

（6）单击"模式"面板中的"载入族"按钮，打开"载入族"对话框，选择"China"→"建筑"→"门"→"普通门"→"推拉门"文件夹中的"双扇推拉门 5.rfa"，如图 7-5 所示。单击"打开"按钮，载入双扇推拉门。

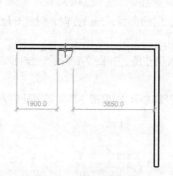

图 7-3　预览门图像

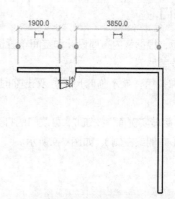

图 7-4　放置单扇门

图 7-5　"载入族"对话框

（7）将光标移到墙上以显示门的预览图像，在平面视图中放置门时，按空格键可将开门方向从左开翻转为右开。默认情况下，临时尺寸标注指示从门中心线到最近垂直墙的中心线的距离，如图 7-6 所示。

（8）在选项卡中单击"在放置时进行标记"按钮①，则在放置门的时候显示门标记，如图 7-7 所示。

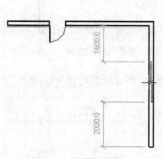

图 7-6　预览门图像

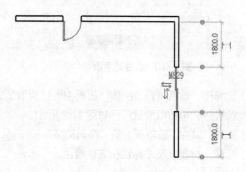

图 7-7　显示门标记

7.1.2 修改门

放置门以后，根据室内布局设计和空间布置情况，来修改门的类型，开门方向、门打开位置等。

具体操作步骤如下。

（1）选取推拉门，显示临时尺寸，双击临时尺寸，更改尺寸值，如图7-8所示。按回车键确定尺寸的更改。

（2）单击"翻转实例面"按钮 ↕，更改门的打开方向（内开或外开），单击"翻转实例开门方向"按钮 ⇆，更改门轴位置（右侧或左侧），如图7-9所示。

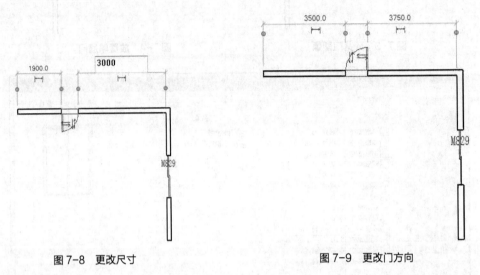

图 7-8　更改尺寸　　　　　　　　　　　　图 7-9　更改门方向

（3）选取门标记，在"属性"选项板的方向栏中可以更改门标记的方向为垂直，如图7-10所示，使门标记方向与门的方向平行，如图7-11所示。

图 7-10　属性选项板

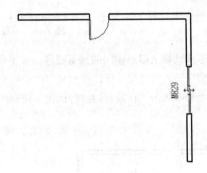

图 7-11　更改门标记方向

（4）选择门，然后单击"主体"面板中的"拾取新主体"按钮，将光标移到另一面墙上，当预览图像位于所需位置时，单击以放置门，如图7-12所示。

（5）单击"属性"选项板上的"编辑类型"按钮，打开图7-13所示的"类型属性"对话框，更改其构造类型、功能、材质、尺寸标注和其他属性。

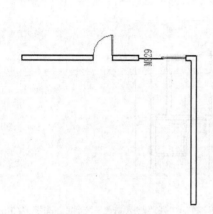

图 7-12　更改门放置主体

图 7-13　"类型属性"对话框

- 功能：指示门是内部的（默认值）还是外部的。功能可用在计划中并创建过滤器，以便在导出模型时对模型进行简化。
- 墙闭合：门周围的层包络，包括按主体、两者都不、内部、外部和两者。
- 构造类型：门的构造类型。
- 门材质：显示门-嵌板的材质，如金属或木质。可以单击 按钮，打开"材质浏览器"对话框，设置门-嵌板的材质。
- 框架材质：显示门-框架的材质，可以单击 按钮，打开"材质浏览器"对话框，设置门-框架的材质。
- 厚度：设置门的厚度。
- 高度：设置门的高度。
- 贴面投影外部：设置外部贴面宽度。
- 贴面投影内部：设置内部贴面宽度。
- 贴面宽度：设置门的贴面宽度。
- 宽度：设置门的宽度。
- 粗略宽度：设置门的粗略宽度，可以生成明细表或导出。
- 粗略高度：设置门的粗略高度，可以生成明细表或导出。

7.1.3　实例——创建乡村别墅的门

具体绘制过程如下。

（1）接 6.2.2 节实例，在项目浏览器中双击楼层平面节点下的 1F，将视图切换到 1F 楼层平面视图。

（2）单击"建筑"选项卡"构建"面板中的"门"按钮 ，打开"修改|放置门"选项卡。

（3）在属性选项板中选择"单扇-与墙齐 750×2000mm"类型，在如图 7-14 所示的位置放置门，并修改临时尺寸，门离墙的距离为 200。

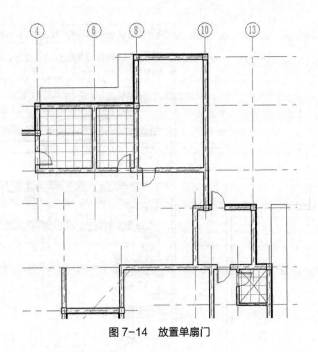

图 7-14　放置单扇门

（4）重复"门"命令，单击"模式"面板中的"载入族"按钮，打开"载入族"对话框，选择"China"→"建筑"→"门"→卷帘门"文件夹中的"滑升门.rfa"，如图 7-15 所示。单击"打开"按钮，载入滑升门族。

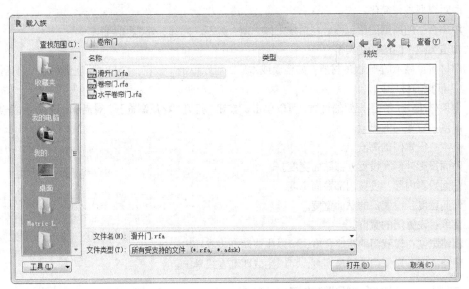

图 7-15　"载入族"对话框

（5）在属性选项板中单击"编辑类型"按钮，打开"类型属性"对话框，单击"复制"按钮，新建"2400×2500mm"类型，更改高度为 2500，单击卷帘箱材质栏中的，打开"材质浏览器"对话框，选取"钢，镀铬"材质，在"图形"选项卡中勾选"使用渲染外观"复选框，如图 7-16 所示，单击"确定"按钮。返回到"类型属性"对话框，设置门嵌板材质为"钢，镀铬"，其他采用默认设置，如图 7-17 所示。

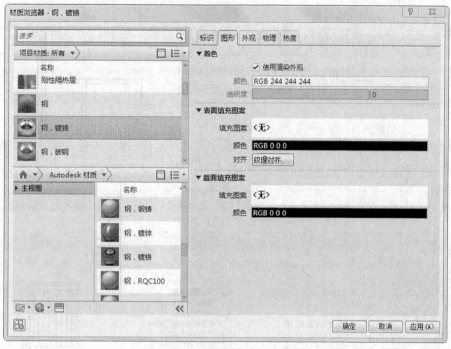

图 7-16   "材质浏览器"对话框

（6）在属性选项板中设置底高度为-450，如图 7-18 所示。

图 7-17   "类型属性"对话框

图 7-18   属性选项板

（7）在一层车库处放置滑升门，并修改临时尺寸如图 7-19 所示。

（8）重复"门"命令，单击"模式"面板中的"载入族"按钮，打开"载入族"对话框，选择"China"→"建筑"→"门"→普通门"→"平开门"→"双扇"文件夹中的"双面嵌板格栅门 1.rfa"，如图 7-20 所示。单击"打开"按钮，载入双面嵌板格栅门 1 族。

（9）在一层入口处放置双面嵌板格栅门，并修改临时尺寸，如图 7-21 所示。

（10）单击"模式"面板中的"载入族"按钮，打开"载入族"对话框，选择"China"→"建筑"→"门"→普通门"→

图 7-19　放置滑升门

"推拉门"文件夹中的"双扇推拉门 1.rfa"，如图 7-22 所示。单击"打开"按钮，载入双扇推拉门 1 族。

图 7-20　"载入族"对话框

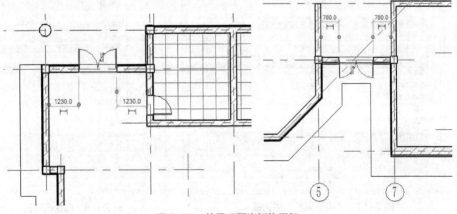

图 7-21　放置双面嵌板格栅门

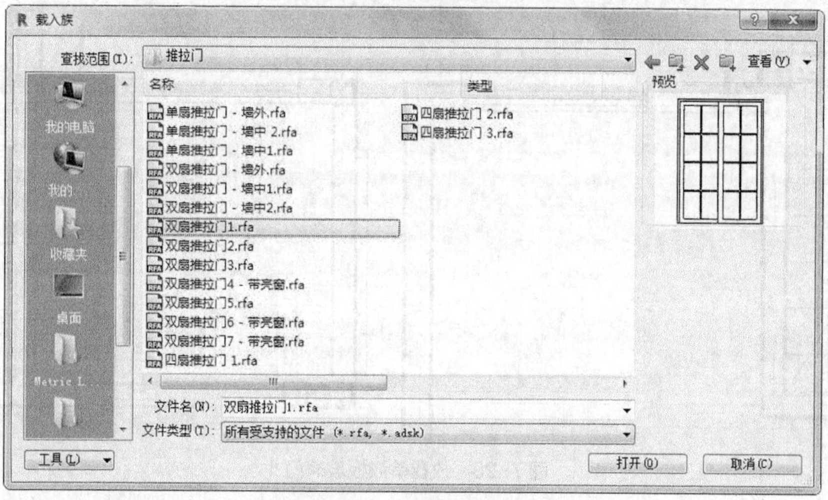

图 7-22 "载入族"对话框

（11）在"属性"选项板中选择"双扇推拉门 1 1500 ×
2100mm"类型，将其放置在图 7-23 所示的位置。

（12）在项目浏览器中双击楼层平面节点下的 2F，将视图切
换到 2F 楼层平面视图。

（13）单击"建筑"选项卡"构建"面板中的"门"按钮，
打开"修改|放置 门"选项卡。

（14）单击"模式"面板中的"载入族"按钮，打开"载
入族"对话框，选择"China"→"建筑"→"门"→普通门"→
"平开门"→"单扇"文件夹中的"单嵌板玻璃门 1.rfa"，如图 7-24
所示。单击"打开"按钮，载入单嵌板玻璃门 1 族。

（15）在属性选项板中选取"单嵌板玻璃门 1 900×2100mm"
类型，将单嵌板玻璃门放置在幕墙上，并修改临时尺寸如图 7-25
所示。

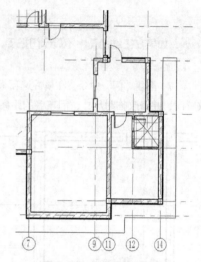

图 7-23 放置双扇推拉门

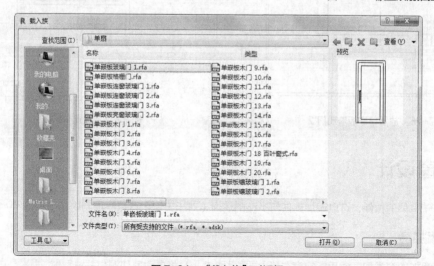

图 7-24 "载入族"对话框

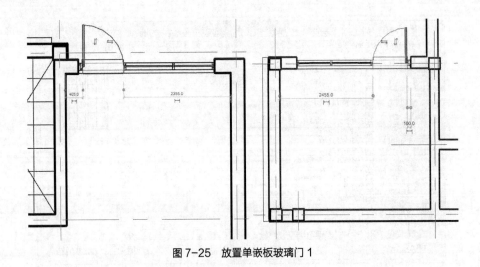

图 7-25　放置单嵌板玻璃门 1

（16）将单嵌板玻璃门放置在图 7-26 所示的墙上。

 如果在三维视图中不显示门把手，将控制栏中的详细程度更改为精细。

（17）重复"门"命令，在属性选项板中选择"单扇-与墙齐 750×2000mm"类型，在图 7-27 所示的位置放置门，并修改临时尺寸，门离墙的距离为 200。

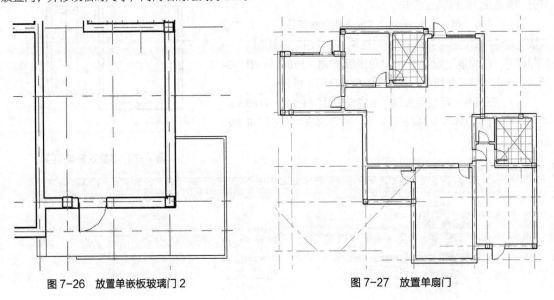

图 7-26　放置单嵌板玻璃门 2　　　　　　图 7-27　放置单扇门

7.2　窗设计

窗是基于主体的构件，可以添加到任何类型的墙内（对于天窗，可以添加到内建屋顶）。

7.2.1　添加窗

选择要添加的窗类型，然后指定窗在墙上的位置。Revit 将自动剪切洞口并放置窗。

具体绘制步骤如下。

（1）单击"建筑"选项卡"构建"面板中的"窗"按钮 ▦，打开图 7-28 所示的"修改|放置窗"选项卡和选项栏。

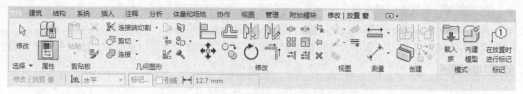

图 7-28　"修改|放置窗"选项卡和选项栏

（2）在属性选项板中选择窗类型，系统默认的只有固定类型，输入底高度为 900，如图 7-29 所示。

● 底高度：设置相对于放置比例的标高的底高度。

● 注释：显示输入或从下拉列表中选择的注释，输入注释后，便可以为同一类别中图元的其他实例选择该注释，无须考虑类型或族。

● 标记：用于添加自定义标识的数据。

● 顶高度：指定相对于放置此实例的标高的实例顶高度。修改此值不会修改实例尺寸。

● 防火等级：设定当前窗的防火等级。

（3）将光标移到墙上以显示窗的预览图像，默认情况下，临时尺寸标注指示从窗边线到最近垂直墙的距离，如图 7-30 所示。

（4）单击放置窗，Revit 将自动剪切洞口并放置窗，如图 7-31 所示。

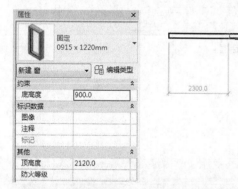

图 7-29　属性选项板

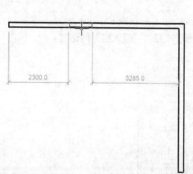

图 7-30　预览窗图像

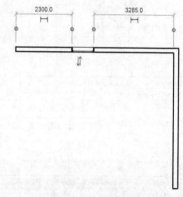

图 7-31　放置平开窗

（5）单击"模式"面板中的"载入族"按钮 ▦，打开"载入族"对话框，选择"China"→"建筑"→"窗"→普通窗"→"平开窗"文件夹中的"双扇平开.rfa"，如图 7-32 所示。单击"打开"按钮，打开双扇平开窗。

（6）在属性选项板中单击"编辑类型"按钮 ▦，打开"类型属性"对话框，新建"1500×2000mm"类型，更改粗略宽度为 2600，粗略高度为 2000，其他采用默认设置，如图 7-33 所示。

● 窗嵌入：设置窗嵌入墙内部的深度。

● 墙闭合：用于设置窗周围的层包络，包括按主体、两者都不、内部、外部和两者。

● 构造类型：设置窗的构造类型。

● 窗台材质：设置窗台的材质，可以单击 ▦ 按钮，打开"材质浏览器"对话框，设置窗台板的材质。

● 玻璃：设置玻璃的材质，可以单击 ▦ 按钮，打开"材质浏览器"对话框，设置玻璃的材质。

● 框架材质：设置框架的材质。

- 贴面材质：设置贴面的材质。
- 高度：设置窗洞口的高度。
- 宽度：设置窗的宽度。
- 粗略宽度：设置窗的粗略洞口的宽度，可以生成明细表或导出。
- 粗略高度：设置窗的粗略洞口的高度，可以生成明细表或导出。

（7）将光标移到墙上以显示窗的预览图像，默认情况下，临时尺寸标注指示从窗边线到最近垂直墙的距离，如图 7-34 所示。

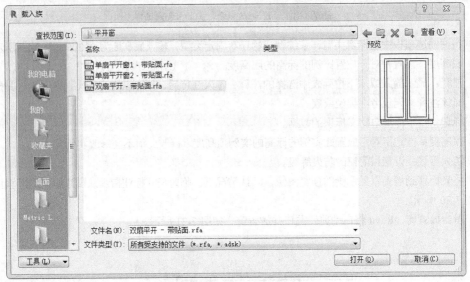

图 7-32 "载入族"对话框

图 7-33 新建 2600×2000mm 类型

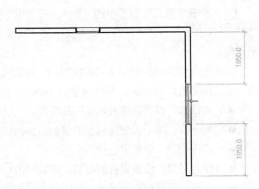

图 7-34 预览窗图像

（8）单击放置窗，Revit 将自动剪切洞口并放置窗，如图 7-35 所示。

（9）在浏览器单击"注释符号"→"标记_窗"→"标记_窗"，如图 7-36 所示，将其拖动到窗户上，并取消选项栏中"引线"复选框的勾选，然后单击图中的窗户，添加窗标记结果如图 7-37 所示。

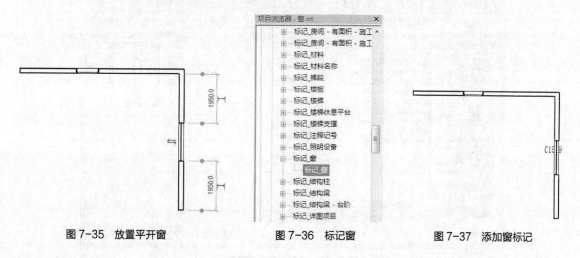

图 7-35　放置平开窗　　　　　　　图 7-36　标记窗　　　　　　　图 7-37　添加窗标记

7.2.2　修改窗

放置窗以后，可以修改窗扇的开启方向等。

具体操作步骤如下。

（1）在平面视图中选取窗，窗被激活并打开"修改|窗"选项卡，如图 7-38 所示。

图 7-38　"修改|窗"选项卡

（2）单击"翻转实例面"按钮 ⇕，更改窗的朝向。

（3）双击尺寸值，然后输入新的尺寸更改窗的位置，也可以直接拖动调整窗的位置。一般窗户放在墙中间位置。

（4）将视图切换到三维视图。选中窗，激活窗，显示窗在墙体上的定位尺寸，双击窗的底高度值，修改尺寸值为 500，也可以直接在属性选项板中更改高度为 1000，如图 7-39 所示。

（5）选择窗，然后单击"主体"面板中的"拾取新主体"按钮 ⟮，将光标移到另一面墙上，当预览图像位于所需位置时，单击以放置窗。

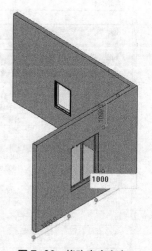

图 7-39　修改窗底高度

7.2.3　实例——创建乡村别墅的窗

具体操作步骤如下。

1. 创建第一层窗

（1）接上一实例，在项目浏览器中双击楼层平面节点下的 1F，将视图切换到 1F 楼层平面视图。

（2）单击"建筑"选项卡"构建"面板中的"窗"按钮 ⊞，打开"修改|放置窗"选项卡。单击"模式"

面板中的"载入族"按钮，打开"载入族"对话框，选择"China"→"建筑"→"窗"→普通窗"→"推拉窗"文件夹中的"推拉窗 6.rfa"，如图 7-40 所示。单击"打开"按钮，载入推拉窗 6 族。

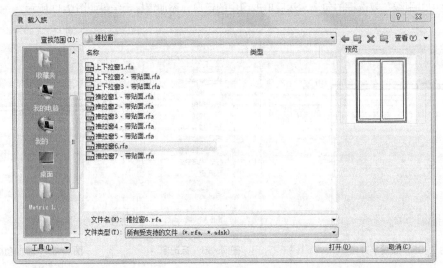

图 7-40 "载入族"对话框

（3）在"属性"选项板中单击"编辑类型"按钮，打开"类型属性"对话框，新建"900×1600mm"类型，设置粗略高度为 1600，粗略宽度为 900，更改框架材质和窗扇框材质为"金属-铝-白色"，如图 7-41 所示，其他采用默认设置，单击"确定"按钮。

（4）在"属性"选项板中设置底高度为 500，其他采用默认设置。

（5）将窗户放置到图 7-42 所示的位置。

图 7-41 "类型属性"对话框

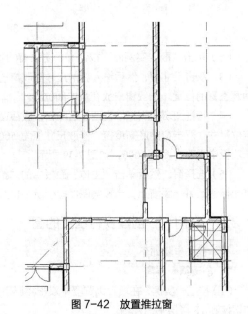

图 7-42 放置推拉窗

（6）在"属性"选项板中单击"编辑类型"按钮，打开"类型属性"对话框，新建"1600×1600mm"

类型，设置粗略高度为 1600，粗略宽度为 1600，更改框架材质和窗扇框材质为"金属-铝-白色"，如图 7-43 所示，其他采用默认设置，单击"确定"按钮。

（7）在"属性"选项板中设置底高度为 500，其他采用默认设置。

（8）将窗户放置到图 7-44 所示的位置。

图 7-43　"类型属性"对话框

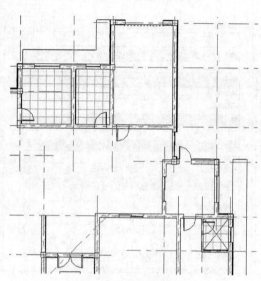

图 7-44　放置推拉窗

（9）单击"模式"面板中的"载入族"按钮，打开"载入族"对话框，选择"China"→"建筑"→"窗"→普通窗"→"组合窗"文件夹中的"组合窗-三层双列（平开+固定）.rfa"，如图 7-45 所示。单击"打开"按钮，载入组合窗-三层双列（平开+固定）族。

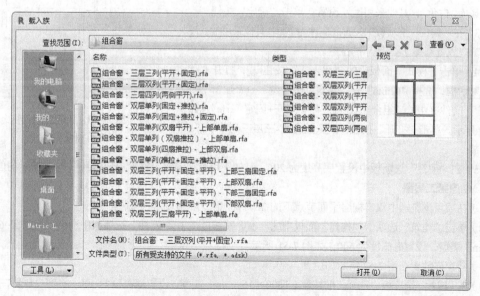

图 7-45　"载入族"对话框

（10）在"属性"选项板中单击"编辑类型"按钮，打开"类型属性"对话框，新建"1600×2800mm"类型，设置粗略宽度为1600，粗略高度为2800，平开窗宽度为800，更改框架材质为"金属-铝-白色"，如图7-46所示，其他采用默认设置，单击"确定"按钮。

（11）在"属性"选项板中设置底高度为200，其他采用默认设置。将窗户放置到图7-47所示的位置。

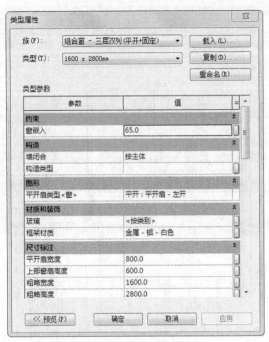

图7-46　"类型属性"对话框

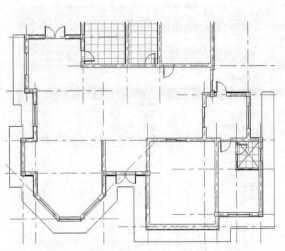

图7-47　放置三层双列（平开+固定）组合窗

（12）在"属性"选项板中单击"编辑类型"按钮，打开"类型属性"对话框，新建"1000×2800mm"类型，设置粗略宽度为1000，粗略高度为2800，平开窗宽度为500，更改框架材质为"金属-铝-白色"，其他采用默认设置，单击"确定"按钮。

（13）在"属性"选项板中设置底高度为200，其他采用默认设置。将窗户放置到图7-48所示的位置。

（14）单击"模式"面板中的"载入族"按钮，打开"载入族"对话框，选择"China"→"建筑"→"窗"→普通窗→"组合窗"文件夹中的"组合窗-三层三列（平开+固定）.rfa"，如图7-49所示。单击"打开"按钮，载入组合窗-三层三列（平开+固定）族。

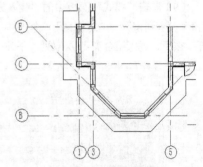

图7-48　放置三层双列
（平开+固定）组合窗

（15）在"属性"选项板中设置底高度为200，其他采用默认设置。将窗户放置到图7-50所示的位置。

2．创建第二层窗

（1）在项目浏览器中双击楼层平面节点下的2F，将视图切换到2F楼层平面视图。

（2）单击"建筑"选项卡"构建"面板中的"窗"按钮，在"属性"选项板中选择"推拉窗 6 900×1600mm"类型，设置底高度为600，如图7-51所示。

（3）将窗户放置在图7-52所示的位置。

（4）在"属性"选项板中选择"推拉窗 6 1600×1600mm"类型，设置底高度为500，将窗户放置在图7-53所示的位置。

图 7-49 "载入族"对话框

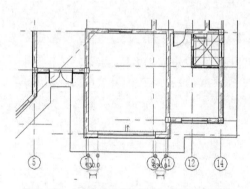

图 7-50 放置三层三列（平开+固定）组合窗

图 7-51 属性选项板

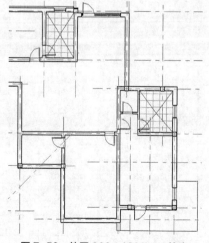

图 7-52 放置 900×1600mm 的窗

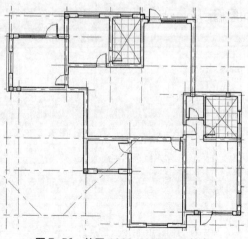

图 7-53 放置 1600×1600mm 的窗

第8章

屋顶设计

屋顶是指房屋或构筑物外部的顶盖，包括屋面以及在墙或其他支撑物以上用以支撑屋面的一切必要材料。

屋顶一般都会延伸至墙面以外，这突出的部分称为屋檐。屋檐还具有保护作用，使其下的立柱和墙面免遭风雨侵蚀。

■ 屋顶
■ 添加屋檐

8.1 屋顶

屋顶有平顶和坡顶两种类型，坡顶又分为一面坡屋顶、二面坡屋顶、四面坡屋顶和攒尖顶四种类型。Revit 软件提供了多种屋顶的创建工具，如迹线屋顶、拉伸屋顶以及屋檐的创建。

8.1.1 创建迹线屋顶

具体操作步骤如下。

（1）单击"建筑"选项卡"构建"面板"屋顶" 下拉列表中的"迹线屋顶"按钮 ，打开"修改|创建屋顶迹线"选项卡和选项栏，如图 8-1 所示。

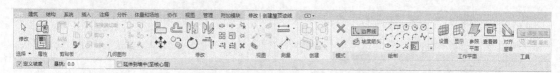

图 8-1 "修改|创建屋顶迹线"选项卡

- 定义坡度：取消此复选框的勾选，创建不带坡度的屋顶。
- 悬挑：定义悬挑距离。
- 延伸到墙中（至核心层）：勾选此复选框，从墙核心处测量悬挑。

（2）单击"绘制"面板中的"边界线"按钮 和"拾取墙"按钮 （系统默认激活这两个按钮，也可以单击其他绘制工具绘制边界），拾取外墙创建屋顶迹线，并调整屋顶迹线使其成为一个闭合轮廓，如图 8-2 所示。

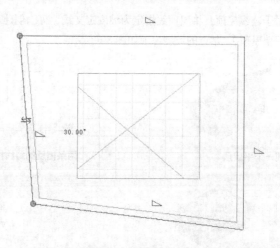

图 8-2 绘制屋顶迹线

（3）单击"模式"面板中的"完成编辑模式"按钮 ，完成屋顶迹线的绘制，如图 8-3 所示。

如果试图在最低标高上添加屋顶，则会出现一个对话框，提示将屋顶移动到更高的标高上。如果选择不将屋顶移动到其他标高上，Revit 会随后提示屋顶是否过低。

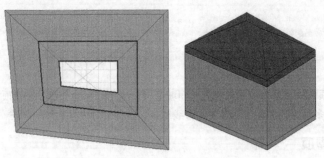

图 8-3　绘制屋顶

（4）双击屋顶对屋顶进行编辑。选取最下端的屋顶迹线，打开图 8-4 所示的"属性"选项板，取消"定义屋顶坡度"复选框，此时屋顶迹线上的坡度符号消失，如图 8-5 所示。

图 8-4　属性选项板

图 8-5　取消坡度

- 定义屋顶坡度：对于迹线屋顶，将屋顶线指定为坡度定义线，可以创建不同的屋顶类型（包括平屋顶、双坡屋顶和四坡屋顶），常见的坡度屋顶如图 8-6 所示。

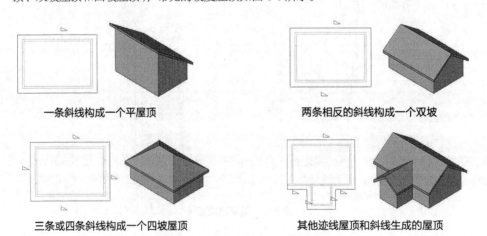

一条斜线构成一个平屋顶　　　　　　　两条相反的斜线构成一个双坡

三条或四条斜线构成一个四坡屋顶　　　其他迹线屋顶和斜线生成的屋顶

图 8-6　根据不同坡度斜线创建屋顶

- 悬挑：调整此线距相关墙体的水平偏移。
- 板对基准的偏移：此高度高于墙和屋顶相交的底部标高，此高度是相对于屋顶底部标高的高度，默认值为 0。
- 延伸到墙中（至核心层）：指定从屋顶边到外部核心墙的悬挑尺寸标注。默认情况下，悬挑尺寸标注是从墙的外部核心墙测量的。

- 坡度：指定屋顶的斜度。此属性指定坡度定义线的坡度角。
- 长度：屋顶边界线的实际长度。

（5）单击"模式"面板中的"完成编辑模式"按钮 ✅，完成屋顶迹线的编辑，如图 8-7 所示。注意观察带坡度和不带坡度的屋顶有何不同。

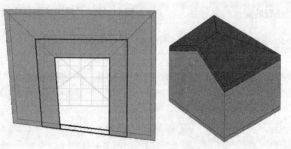

图 8-7　取消坡度后的屋顶

8.1.2　创建拉伸屋顶

通过拉伸绘制的轮廓来创建屋顶。可以沿着与实心构件（例如墙）表面垂直的平面在正方向或负方向上延伸屋顶拉伸，如图 8-8 所示。

具体操作步骤如下。

（1）新建一项目文件，并利用墙体命令绘制图 8-9 所示的墙体。

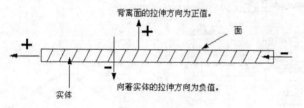

图 8-8　屋顶拉伸

图 8-9　绘制墙体

（2）将视图切换到楼层平面"西立面"。

（3）单击"建筑"选项卡"构建"面板"屋顶" 🗔 下拉列表中的"拉伸屋顶"按钮 ⛰️，打开"工作平面"对话框，选择"拾取一个平面"选项，如图 8-10 所示。

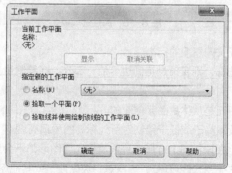

图 8-10　"工作平面"对话框

（4）单击"确定"按钮，在视图中选择图 8-11 所示的墙面，打开"屋顶参照标高和偏移"对话框，设置标高和偏移量，如图 8-12 所示。

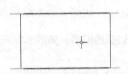

图 8-11　选取墙面

图 8-12　"屋顶参照标高和偏移"对话框

（5）打开"修改|创建拉伸屋顶轮廓"选项卡和选项栏，如图 8-13 所示。

图 8-13　"修改|创建拉伸屋顶轮廓"选项卡和选项栏

（6）单击"绘制"面板中的"线"按钮，首先捕捉墙体中点绘制一条竖直线，然后绘制一条过竖直线的斜直线，利用"镜像-拾取轴"命令，将斜直线沿竖直线进行镜像，然后删除竖直线，如图 8-14 所示。

（7）在属性管理器中选择"基本屋顶 常规-125mm"，其他采用默认设置，如图 8-15 所示。

（8）单击"模式"面板中的"完成编辑模式"按钮，完成屋顶拉伸轮廓的绘制，如图 8-16 所示。

图 8-14　绘制拉伸截面

图 8-15　属性选项板

图 8-16　添加拉伸屋顶

- 底部标高：设置迹线或拉伸屋顶的标高。
- 房间边界：勾选此复选框，则屋顶是房间边界的一部分。在绘制屋顶之后，可以选择屋顶，然后修改此属性。
- 与体量相关：指示此图元是从体量图元创建的。
- 自标高的高度偏移：设置高于或低于绘制时所处标高的屋顶高度。
- 截断标高：指定标高，在该标高上方所有迹线屋顶几何图形都不会显示。以该方式剪切的屋顶可与其他屋顶组合，构成"荷兰式四坡屋顶""双重斜坡屋顶"或其他屋顶样式。
- 截断偏移：指定的标高以上或以下的截断高度。
- 椽截面：通过指定椽截面来更改屋檐的样式，包括垂直截面、垂直双截面或正方形双截面，如图 8-17 所示。

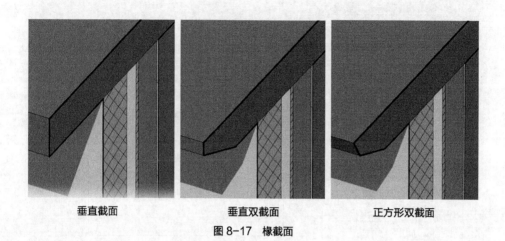

| 垂直截面 | 垂直双截面 | 正方形双截面 |

图 8-17　椽截面

- 封檐带深度：指定一个介于零和屋顶厚度之间的值。
- 最大屋脊高度：屋顶顶部位于建筑物底部标高以上的最大高度。可以使用"最大屋脊高度"工具设置最大允许屋脊高度。
- 坡度：将坡度定义线的值修改为指定值，而无须编辑草图。如果有一条坡度定义线，则此参数最初会显示一个值。
- 厚度：可以选择可变厚度参数来修改屋顶或结构楼板的层厚度，如图 8-18 所示。
- 如果没有可变厚度层，则整个屋顶或楼板将倾斜，并在平行的顶面和底面之间保持固定厚度。
- 如果有可变厚度层，则屋顶或楼板的顶面将倾斜，而底部保持为水平平面，形成可变厚度楼板。

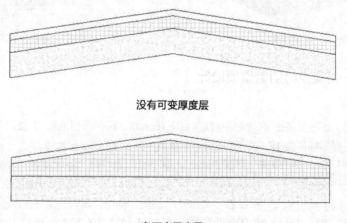

没有可变厚度层

有可变厚度层

图 8-18　厚度

（9）将视图切换至南立面图，在绘图区域中拖动控制柄调整拉伸起点和终点或者在属性选项板中更改拉伸起点和拉伸终点，如图 8-19 所示。

（10）将视图切换到三维视图，如图 8-20 所示。从视图中可以看出墙体没有延伸到屋顶。

（11）选取所有的墙，单击"修改|墙"选项卡"修改墙"面板中的"附着到顶部/底部" 🔲，在选项栏中选择"顶部"选项，然后在绘图区中选择屋顶为墙要附着的屋顶，结果选取的墙延伸至屋顶如图 8-21 所示。

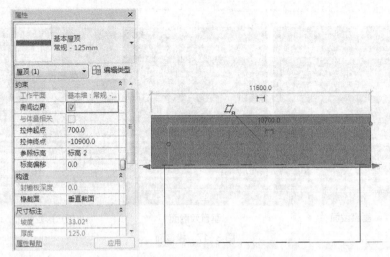

图 8-19　更改拉伸起点和终点

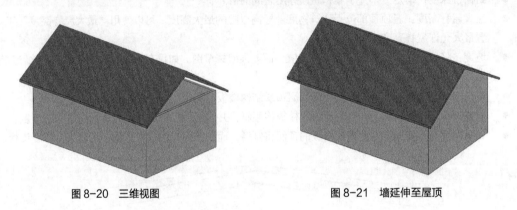

图 8-20　三维视图　　　　　　　　　　　图 8-21　墙延伸至屋顶

8.1.3　实例——创建乡村别墅屋顶设计

　　具体操作步骤如下。

　　（1）接上一实例，在项目浏览器的楼层平面节点下双击 2F，将视图切换到 2F 楼层平面视图。在"属性"选项板中设置范围：底部标高为 1F，在 2F 楼层平面视图中显示 1F 楼层的墙体。

　　（2）单击"建筑"选项卡"构建"面板"屋顶" 下拉列表中的"迹线屋顶"按钮 ，打开"修改|创建屋顶迹线"选项卡和选项栏。

　　（3）在"属性"选项板中选择"保温屋顶-混凝土"类型，单击"编辑类型"按钮 ，打开"类型属性"对话框，单击"编辑"按钮，打开"编辑部件"对话框，更改结构层的厚度为 100，如图 8-22 所示。连续单击"确定"按钮，完成屋顶类型的更改。

　　（4）单击"绘制"面板中的"边界线"按钮 和"拾取墙"按钮 ，在选项栏中输入悬挑值为 500，拾取一层外侧墙体，如图 8-23 所示。

　　（5）单击"绘制"面板中的"边界线"按钮 和"拾取墙"按钮 ，在选项栏中输入悬挑值为 0，拾取一层内侧墙体，并选取屋顶迹线，在"属性"选项板中取消"定义屋顶坡度"复选框的勾选，调整屋顶迹线的长度，使屋顶迹线形成闭合环，如图 8-24 所示。

　　（6）单击"模式"面板中的"完成编辑模式"按钮 ，完成屋顶的创建，如图 8-25 所示。

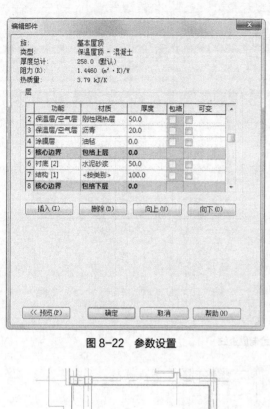

图 8-22　参数设置

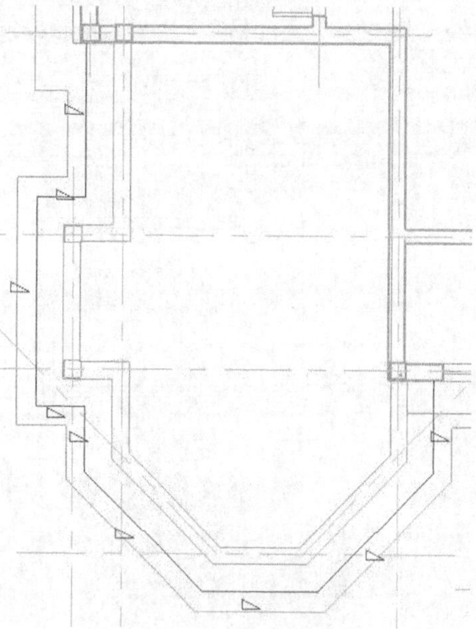

图 8-23　绘制屋顶迹线

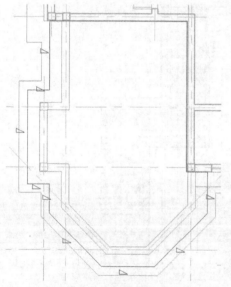

图 8-24　绘制屋顶迹线

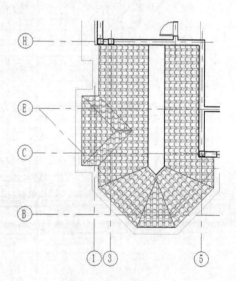

图 8-25　创建屋顶

（7）在项目浏览器的楼层平面节点下双击 3F，将视图切换到 3F 楼层平面视图。在属性选项板中设置范围：底部标高为 2F，在 3F 楼层平面视图中显示 2F 楼层的墙体。

（8）单击"建筑"选项卡"构建"面板"屋顶" ![icon] 下拉列表中的"迹线屋顶"按钮 ![icon]，打开"修改|创建屋顶迹线"选项卡和选项栏，在属性选项板中选择"保温屋顶-混凝土"类型。

（9）单击"绘制"面板中的"边界线"按钮 ![icon] 和"拾取墙"按钮 ![icon]，在选项栏中输入偏移值为 400，绘制屋顶迹线，更改坡度为 20°，取消有些屋顶迹线的坡度，如图 8-26 所示。

（10）单击"模式"面板中的"完成编辑模式"按钮 ![icon]，完成屋顶的创建，如图 8-27 所示。

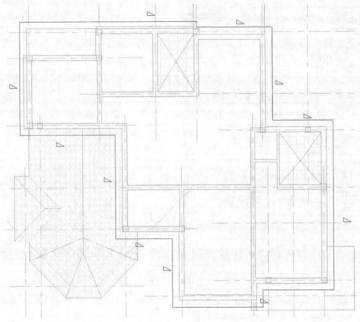

图 8-26　绘制屋迹线

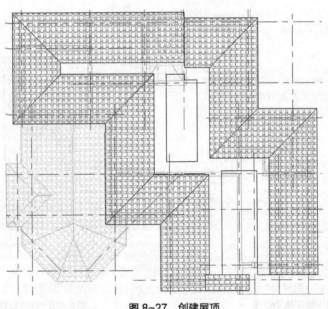

图 8-27　创建屋顶

（11）将视图切换至三维视图，可以看见两面墙没有达到屋顶，如图 8-28 所示。

（12）选取墙，打开"修改|墙"选项卡，单击"修改墙"面板中的"附着 顶部/底部"按钮，然后在选项栏中选择"顶部"选项，选取屋顶为要附着的屋顶，墙体自动延伸至屋顶，结果如图 8-29 所示。

（13）在项目浏览器的楼层平面节点下双击 3F，将视图切换到 3F 楼层平面视图。

（14）单击"建筑"选项卡"构建"面板中的"墙"按钮，在"属性"选项板中选择"基本墙 外墙-240 砖墙"类型，绘制图 8-30 所示的墙体。

（15）采用与步骤（12）相同的方法，将上一步绘制的墙体延伸至屋顶，如图 8-31 所示。

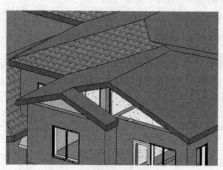

图 8-28　三维视图

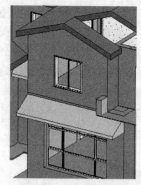

图 8-29　延伸墙体至屋顶

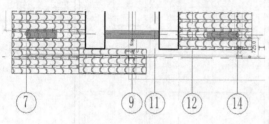

图 8-30　绘制墙体

图 8-31　墙体至屋顶

（16）在项目浏览器的楼层平面节点下双击 3F，将视图切换到 3F 楼层平面视图。

（17）单击"建筑"选项卡"构建"面板"屋顶" 下拉列表中的"迹线屋顶"按钮 ，打开"修改|创建屋顶迹线"选项卡和选项栏，在"属性"选项板中选择"保温屋顶-混凝土"类型。

（18）单击"绘制"面板中的"边界线"按钮 、"拾取墙"按钮 和"线"按钮 ，绘制屋顶迹线，更改坡度为 20°，取消有些屋顶迹线的坡度，如图 8-32 所示。

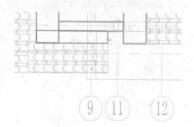

图 8-32　绘制屋迹线

（19）单击"模式"面板中的"完成编辑模式"按钮 ，完成屋顶的创建，如图 8-33 所示。

（20）选取上一步创建的屋顶，打开"修改|屋顶"选项卡，单击"几何图形"面板中的"连接"按钮 ，选取大的屋顶和上一步创建的屋顶，使其连接在一起。采用相同的方法，将墙连接在一起，如图 8-34 所示。

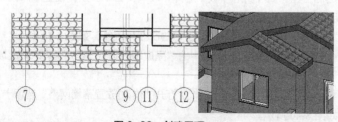

图 8-33　创建屋顶

图 8-34　连接后的屋顶和墙体

8.1.4　实例——创建玻璃屋顶

具体绘制步骤如下。

（1）打开"培训大楼"文件，将视图切换至 4F 楼层平面。

（2）单击"建筑"选项卡"构建"面板中的"墙"按钮，打开"修改|放置墙"选项卡和选项栏。

（3）在"属性"选项板的类型下拉列表中选择"内部-138mm 隔断（1 小时）"类型，设置定位线为"面层面：内部"，底部约束为"4F"，底部偏移为 0，顶部约束为"直到标高：屋顶"，顶部偏移为 50，其他采用默认设置，如图 8-35 所示。

（4）沿着洞口边线绘制墙体，结果如图 8-36 所示。

图 8-35 属性选项板

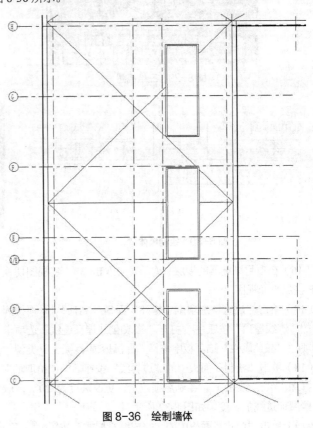

图 8-36 绘制墙体

（5）将视图切换至屋顶楼层平面。

（6）单击"建筑"选项卡"构建"面板"屋顶" 下拉列表中的"迹线屋顶"按钮，打开"修改|创建屋顶迹线"选项卡和选项栏。

（7）在选项栏中勾选"定义坡度"复选框，在"属性"选项板中选择"玻璃斜窗"类型，设置底部标高为屋顶，自标高的底部为 50，如图 8-37 所示。

（8）单击"绘制"面板中的"边界线"按钮和"矩形"按钮，绘制屋顶迹线，如图 8-38 所示。

（9）在"属性"选项板中更改坡度为 15°，单击"模式"面板中的"完成编辑模式"按钮，完成玻璃屋顶的创建，如图 8-39 所示。

（10）单击"建筑"选项卡"构建"面板中的"幕墙 网格"按钮，打开"修改|放置幕墙网格"选项卡，采用默认设置，在玻璃屋顶上添加网格，如图 8-40 所示。

（11）单击"建筑"选项卡"构建"面板中的"竖梃"按钮，打开"修改|放置竖梃"选项卡，单击"全部网格线"按钮。

（12）在"属性"选项板中选择"矩形竖梃 30mm 正方形"，单击"编辑类型"按钮，打开"类型属性"对话框，更改材质为"金属-铝-黑色"，如图 8-41 所示。

图 8-37　属性选项板

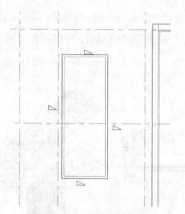

图 8-38　绘制屋顶迹线

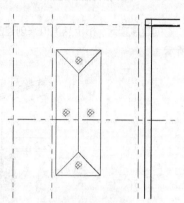

图 8-39　玻璃屋顶

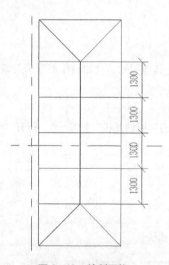

图 8-40　绘制网格

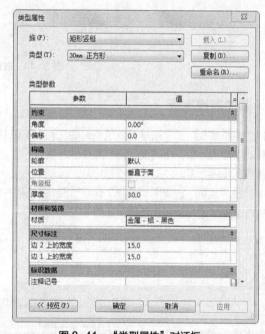

图 8-41　"类型属性"对话框

（13）在视图中选取玻璃屋顶上的网格添加竖梃，结果如图 8-42 所示。

（14）采用相同的方法，创建另外两个玻璃屋顶，结果如图 8-43 所示。

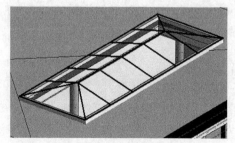

图 8-42　添加竖梃

图 8-43　玻璃屋顶

8.2　添加屋檐

创建屋顶时，指定悬挑值来创建屋檐。完成屋顶的绘制后，可以对齐屋檐并修改其截面和高度，如图 8-44 所示。

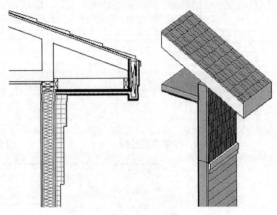

图 8-44　屋檐

8.2.1　添加屋檐底板

使用"屋檐底板"工具来建模建筑图元的底面。可以将檐底板与其他图元（例如墙和屋顶）关联。如果更改或移动了墙或屋顶，檐底板也将相应地进行调整。

具体绘制步骤如下。

（1）单击"建筑"选项卡"构建"面板"屋顶"　下拉列表中的"屋檐底板"按钮　，打开"修改|创建屋檐底板边界"选项卡和选项栏，如图 8-45 所示。

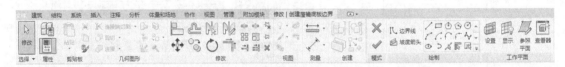

图 8-45　"修改|创建屋檐底板边界"选项卡

（2）单击"绘制"面板中的"边界线"按钮　和"矩形"按钮　，绘制屋檐底板边界线，如图 8-46 所示。

（3）单击"模式"面板中的"完成编辑模式"按钮　，完成屋檐底板边界的绘制。

（4）在"属性"选项板中选择"屋檐底板 常规-300mm"类型，单击"编辑类型"按钮　，打开"类型属性"对话框，新建"常规-100mm"类型，并编辑结构厚度为 100，如图 8-47 所示。连续单击"确定"按钮。

（5）在"属性"选项板中设置自标高的高度偏移为-200，其他采用默认设置，如图 8-48 所示。

- 标高：指定放置檐底板的标高。
- 自标高的高度偏移：设置高于或低于绘制时所处标高的檐底板高度。
- 房间边界：勾选此复选框，则屋檐底板是房间边界的一部分。
- 坡度：将坡度定义线的值修改为指定值，而无须编辑草图。如果有一条坡度定义线，则此参数最初会显示一个值。如果没有坡度定义线，则此参数为空并被禁用。
- 周长：指定檐底板的周长。

- ● 面积：檐底板的面积。
- ● 体积：屋檐底板的体积。

（6）将视图切换到三维视图，屋檐底板如图 8-49 所示。

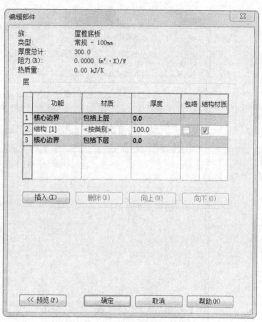

图 8-47　设置屋檐底板参数

图 8-46　绘制屋檐底板边界线

图 8-48　属性选项板

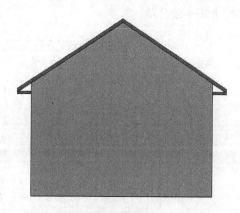

图 8-49　屋檐底板

8.2.2　实例——创建乡村别墅屋檐底板

具体操作步骤如下。

（1）接 8.1.3 节实例，在项目浏览器的楼层平面节点下双击 2F，将视图切换到 2F 楼层平面视图。

（2）单击"建筑"选项卡"构建"面板"屋顶" 下拉列表中的"屋檐底板"按钮 ，打开"修改|创建屋檐底板边界"选项卡和选项栏。

（3）在"属性"选项板中单击"编辑类型"按钮 ，打开"类型属性"对话框，单击"复制"按钮，新建"常规-80mm"类型，单击"编辑"按钮，打开"编辑部件"对话框，更改结构层的厚度为80，如图8-50所示。连续单击"确定"按钮。

（4）在"属性"选项板中输入自标高的高度偏移为-360，其他采用默认设置，如图8-51所示。

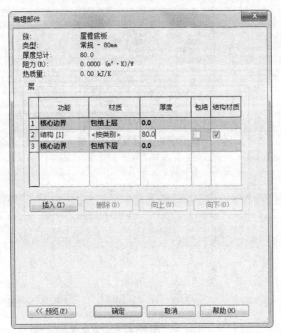

图 8-50　"编辑部件"对话框

图 8-51　属性选项板

（5）单击"绘制"面板中的"边界线"按钮、"拾取墙"按钮和"线"按钮，绘制屋檐底板边界线，宽度为450，如图8-52所示。

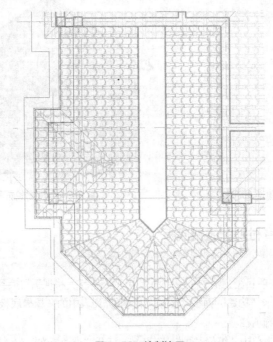

图 8-52　绘制边界

（6）单击"模式"面板中的"完成编辑模式"按钮 ✓，完成屋檐底板的绘制。

8.2.3 添加封檐板

使用"封檐板"工具将封檐带添加屋顶、檐底板、模型线和其他封檐板的边。

具体绘制步骤如下。

（1）单击"建筑"选项卡"构建"面板"屋顶" 📭 下拉列表中的"封檐板"按钮 ，打开"修改|放置封檐板"选项卡和选项栏，如图 8-53 所示。

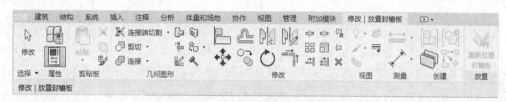

图 8-53 "修改|放置封檐板"选项卡

（2）单击屋顶边、檐底板、封檐板或模型线进行添加，如图 8-54 所示。生成封檐板，如图 8-55 所示。单击 按钮，使用水平轴翻转轮廓；单击 按钮，使用垂直轴翻转轮廓，如图 8-56 所示。

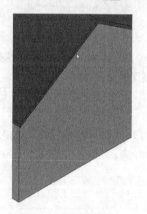

图 8-54 选择屋顶边

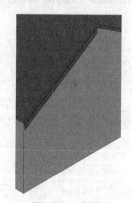

图 8-55 封檐板

（3）继续选择边缘时，Revit 会将其作为一个连续的封檐板。如果封檐带的线段在角部相遇，它们会相互斜接，结果如图 8-57 所示。

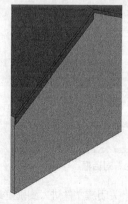

图 8-56 垂直轴翻转封檐板

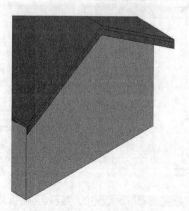

图 8-57 绘制封檐板

（4）如果屋顶双坡段部上的封檐板没有包裹转角，则会斜接端部。选取封檐板，打开"修改|封檐板"选项卡，单击"修改斜接"按钮，打开"斜接"面板，如图 8-58 所示。

图 8-58　斜接面板

（5）选择斜接类型，单击封檐板的端面修改斜接方式，如图 8-59 所示。按 Esc 键退出。

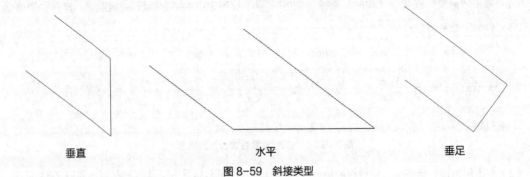

垂直　　　　　　　　　水平　　　　　　　　　垂足

图 8-59　斜接类型

8.2.4　实例——创建乡村别墅屋顶封檐板

具体操作步骤如下。

（1）接上一实例，单击"文件"程序菜单→"新建"→"族"命令，打开"新族-选择样板文件"对话框，选择"公制轮廓"选项，单击"打开"按钮，进入轮廓族创建界面。

（2）单击"创建"选项卡"详图"面板中的"线"按钮，打开"修改|放置线"选项卡，单击"绘制"面板中的"线"按钮，绘制图 8-60 所示的封檐板轮廓。

（3）单击"快速访问"工具栏中的"保存"按钮，打开"另存为"对话框，输入文件名为"屋檐滴水形轮廓"，如图 8-61 所示，单击"保存"按钮，保存绘制的轮廓。

图 8-60　绘制轮廓　　　　　　　　　　图 8-61　"另存为"对话框

（4）单击"族编辑器"面板中的"载入到项目并关闭"按钮，关闭族文件进入到别墅绘图区，在项目浏览器的三维视图节点下双击"三维"，将视图切换到三维视图。

（5）单击"建筑"选项卡"构建"面板"屋顶" ▢下拉列表中的"封檐板"按钮 ◥，打开"修改|放置封檐板"选项卡和选项栏。

（6）在"属性"选项板中单击"编辑类型"按钮 ▤，打开"类型属性"对话框，选择创建的"屋檐滴水形轮廓"轮廓，单击材质栏中的 ▢，打开"材质浏览器"对话框，更改材质为"水磨石"，其他采用默认设置，如图 8-62 所示。单击"确定"按钮。

（7）选取屋顶的边线，创建封檐板，如图 8-63 所示。

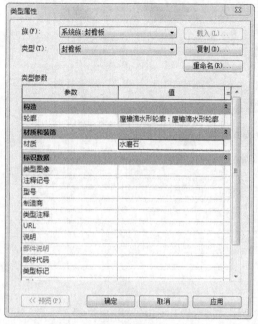

图 8-62 "类型属性"对话框

图 8-63 创建封檐板

8.2.5 添加檐槽

使用"檐槽"工具将檐沟添加到屋顶、檐底板、模型线和封檐带。

具体操作步骤如下。

（1）打开 8.2.3 节绘制的图形。

（2）单击"建筑"选项卡"构建"面板"屋顶" ▢下拉列表中的"檐槽"按钮 ◥，打开"修改|放置檐沟"选项卡和选项栏，如图 8-64 所示。

图 8-64 "修改|放置檐沟"选项卡

（3）在"属性"选项板中可以垂直、水平轮廓偏移以及轮廓角度，如图 8-65 所示。

● **垂直轮廓偏移**：将封檐沟向创建时所基于的边缘以上或以下移动。例如，如果选择一条水平屋顶边缘，一个封檐带就会向此边缘以上或以下移动。

● **水平轮廓偏移**：将封檐沟移向或背离创建时所基于的边缘。

- 长度：檐沟的实际长度。
- 注释：有关屋顶檐沟的注释。
- 标记：用于屋顶檐沟的标签。通常是数值。对于项目中的每个屋顶檐沟，此值都必须是唯一的。
- 角度：旋转檐沟至所需的角度。

（4）在"属性"选项板中单击"编辑类型"按钮 ，打开"类型属性"对话框，在轮廓列表中选择"檐沟-斜角：150×150mm"轮廓，如图 8-66 所示，其他采用默认设置，单击"确定"按钮。

图 8-65　属性选项板

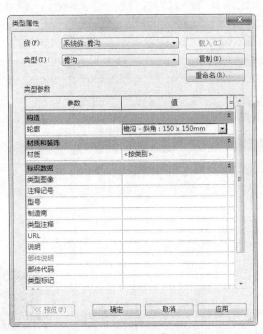

图 8-66　"类型属性"对话框

（5）单击屋顶、层檐底板、封檐带或模型线的水平边缘进行添加，如图 8-67 所示，生成檐沟，如图 8-68 所示。单击 按钮，使用水平轴翻转轮廓；单击 按钮，使用垂直轴翻转轮廓。

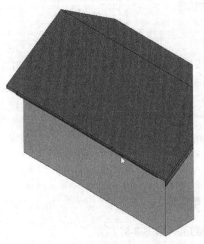

图 8-67　选择边缘

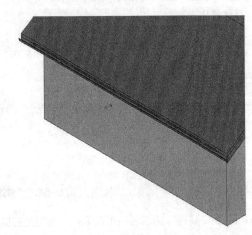

图 8-68　檐沟

第9章

楼梯设计

　　楼梯是房屋各楼层间的垂直交通联系部分，是楼层人流疏散必经的通路，楼梯设计应根据使用要求，选择合适的形式，布置恰当的位置，根据使用性质、人流通行情况和防火规范，综合确定楼梯的宽度和数量，并根据使用对象和使用场合选择最合适的坡度。其中扶手是楼梯的组成部分之一。

　　本章主要介绍楼梯、坡道、扶手以及洞口的创建方法。

- 楼梯
- 坡道
- 栏杆扶手
- 洞口

9.1 楼梯

在楼梯零件编辑模式下，可以直接在平面视图或三维视图中装配构件。

楼梯可以包括以下内容。

- 梯段：直梯、螺旋梯段、U 形梯段、L 形梯段、自定义绘制的梯段。
- 平台：在梯段之间自动创建，通过拾取两个梯段，或通过创建自定义绘制的平台。
- 支撑（侧边和中心）：随梯段自动创建，或通过拾取梯段或平台边缘创建。
- 栏杆扶手：在创建期间自动生成，或稍后放置。

9.1.1 楼梯概述

1. 楼梯组成

楼梯由连续梯级的梯段（又称梯跑）、平台（休息平台）和围护构件等组成。楼梯的最低和最高一级踏步间的水平投影距离为梯长，梯级的总高为梯高。

（1）楼梯段：每个楼梯段上的踏步数目不得超过 18 级，不得少于 3 级。

（2）楼梯平台：楼梯平台按其所处位置分为楼层平台和中间平台。

（3）栏杆和扶手：栏杆（扶手）是设置在楼梯段和平台临空侧的围护构件，应有一定的强度和刚度，并应在上部设置供人们手扶持用的扶手。扶手是设在栏杆顶部供人们上下楼梯倚扶的连续配件。

2．楼梯形式

楼梯按梯段可分为单跑楼梯、双跑楼梯和多跑楼梯。梯段的平面形状有直线的、折线的和曲线的。

单跑楼梯最为简单，适合于层高较低的建筑；双跑楼梯最为常见，有双跑直上、双跑曲折、双跑对折（平行）等，适用于一般民用建筑和工业建筑；三跑楼梯有三折式、丁字式、分合式等，多用于公共建筑；剪刀楼梯是由一对方向相反的双跑平行梯组成，或由一对互相重叠而又不连通的单跑直上梯构成，剖面呈交叉的剪刀形，能同时通过较多的人流并节省空间；螺旋转梯是以扇形踏步支承在中立柱上，虽行走欠舒适，但节省空间，适用于人流较少，使用不频繁的场所；圆形、半圆形、弧形楼梯，由曲梁或曲板支承，踏步略呈扇形，花式多样，造型活泼，富于装饰性，适用于公共建筑。

3．楼梯分类

楼梯是建筑物中作为楼层间交通用的构件，由连续梯级的梯段、平台和围护结构等组成。在设电梯的高层建筑中也同样必须设置楼梯。楼梯分普通楼梯和特种楼梯两大类。普通楼梯包括钢筋混凝土楼梯、钢楼梯和木楼梯等，其中钢筋混凝土楼梯在结构刚度、耐火、造价、施工、造型等方面具有较多的优点，应用最为普遍。特种楼梯主要有安全梯、消防梯和自动梯 3 种。

按照空间可划分为室内楼梯和室外楼梯。室内楼梯，字面已经解释清楚，应用于各种住宅内部，因追求室内美观舒适，室内楼梯多以实木楼梯、钢木楼梯、钢与玻璃、钢筋混凝土等或多种混合材质为主，其中实木楼梯是高档住宅内应用最广泛的楼梯，钢与玻璃混合结构楼梯在现代办公区、写字楼、商场、展厅等应用居多，钢筋混凝土楼梯广泛应用于各种复式建筑中。室外楼梯因为考虑到风吹日晒等自然因素，一般外形美观的实木楼梯、钢木楼梯、金属楼梯等就不太适宜，钢筋混凝土楼梯、各种石材楼梯最为常见。

4．楼梯设计要求

（1）楼梯的坡度：楼梯坡度的确定，应考虑到行走舒适、攀登效率和空间状态等因素。

梯段各级踏步前缘各点的连线称为坡度线。坡度线与水平面的夹角即为楼梯的坡度（这一夹角的正切值称为楼梯的梯度）。室内楼梯的坡度一般为 20 度～45 度为宜，最好的坡度为 30 度左右。特殊功能的楼梯要求的坡度各不相同。例如爬梯的坡度在 60 度以上，专用楼梯一般取 45 度～60 度，室内外台阶的坡度为 14 度～

27度，坡道的坡度通常在15度以下。一般说来，在人流较大、安全标准较高，或面积较充裕的场所楼梯坡宜平缓些，仅供少数人使用或不经常使用的辅助楼梯，坡度可以陡些，但最好不超过38度，个性化楼梯或因空间选择的旋转楼梯除外。

（2）踏步尺寸

踏步的尺寸一般应与人脚尺寸步幅相适应，同时还与不同类型建筑中的使用功能有关。踏步的尺寸包括高度和宽度。踏步高度与宽度之比就是楼梯的梯度。踏步在同一坡度之下可以有不同的数值，给出一个恰当的范围，以使人行走时感到舒适。实践证明，行走时感到舒适的踏步，一般都是高度较小而宽度较大的。因此在选择高宽比时，对同一坡度的两种尺寸以高度较小者为宜，因行走时较之高度和宽度都大的踏步要省力些。但要注意宽度亦不能过小，以不小于240mm为宜，这样可保证脚的着力点重心落在脚心附近，并使脚后跟着力点有90%在踏步上。就成人而言，楼梯踏步的最小宽度应为240mm，舒适的宽度应为280～300mm左右。

国家标准：公共楼梯的踏步的高度为160～170mm，常见的家中的水泥基座楼梯就是按这样的标准，较舒适的高度为160mm左右。

按目前的市场出售的家庭用的成品楼梯的情况来看，高度一般在170～210mm，180mm左右是最经济适用的选择；同一楼梯的各个梯段，其踏步的高度、宽度尺寸应该是相同的，尺寸不应有无规律的变化，以保证坡度与步幅关系恒定。

（3）梯段宽度

梯段宽度一般由通行人流来决定，以保证通行顺畅为原则。单人通行的梯段宽度一般应为800～900mm，一般的成品楼梯应该按照这个宽度设计；但是用于公用场所的楼梯，比如：双人通行的梯段宽度一般应为1100～1400mm；三人通行的梯段宽度一般应为1650～2100mm。如更多的人流通行，则按每股人流增加550+（0～150）mm的宽度。

9.1.2 绘制直梯

通过指定梯段的起点和终点来创建直梯段构件。

具体绘制步骤如下。

（1）打开楼梯原始文件，将视图切换到标高1F楼层平面。

（2）单击"建筑"选项卡"构建"面板"楼梯"按钮 ，打开"修改|创建楼梯"选项卡和选项栏，如图9-1所示。

图9-1 "修改|创建楼梯"选项卡和选项栏

（3）在选项栏中设置定位线为"楼梯：中心"，偏移为0，实际梯段宽度为2075，并勾选"自动平台"复选框。

（4）单击"构件"面板中的"梯段"按钮 和"直梯"按钮 （默认状态下，系统会激活这两个按钮），绘制楼梯路径，如图9-2所示。默认情况下，在创建梯段时会自动创建栏杆扶手。

（5）在属性选项板中选择"现场浇注楼梯-整体式楼梯"类型，设置底部标高为标高1，底部偏移为0，顶部标高为标高2，所需踢面数为24，实际踏板深度为280，其他采用默认设置，如图9-3所示。

- 底部标高：设置楼梯的基面。
- 底部偏移：设置楼梯相对于底部标高的高度。

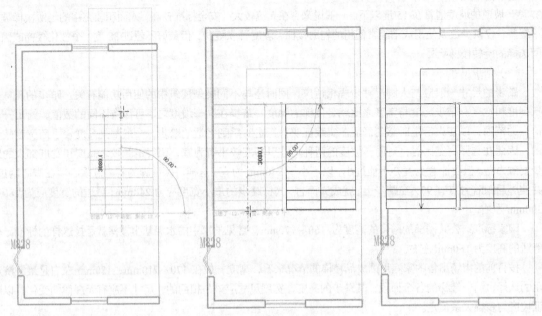

图 9-2　绘制楼梯路径过程

- 顶部标高：设置楼梯的顶部。
- 顶部偏移：设置楼梯相对于顶部标高的偏移量。
- 所需踢面数：踢面数是基于标高间的高度计算得出的。
- 实际踢面数：通常，此值与所需踢面数相同，但如果未向给定梯段完整添加正确的踢面数，则这两个值也可能不同。
- 实际踢面高度：显示实际踢面高度。
- 实际踏板深度：设置此值以修改踏板深度，而不必创建新的楼梯类型。

（6）选取楼梯，移动并调整其位置，如图 9-4 所示。单击"模式"面板中的"完成编辑模式"按钮，完成楼梯创建。

图 9-3　属性选项板

图 9-4　创建楼梯

9.1.3 实例——绘制乡村别墅室外楼梯

具体操作步骤如下。

1. 绘制室外楼梯 1

（1）接上一实例，将视图切换至 1F 楼层平面视图。单击"建筑"选项卡"构建"面板"楼板" ▭下拉列表中的"楼板：结构"按钮 ◿，打开"修改|创建楼层边界"选项卡和选项栏。

（2）在"属性"选项板中选择"常规-300mm"类型，单击"编辑类型"按钮 ▦，打开"类型属性"对话框，单击"复制"按钮，新建"常规-室外 700mm"类型，单击"编辑"按钮，打开"编辑部件"对话框，更改结构层厚度为 700，其他采用默认设置，如图 9-5 所示。

（3）单击"绘制"面板中的"边界线"按钮 |、和"矩形"按钮 ▭，绘制图 9-6 所示的边界。

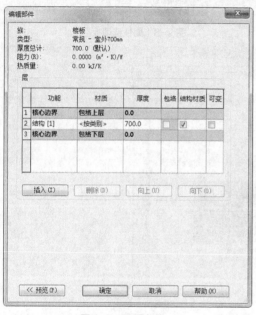

图 9-5 设置参数

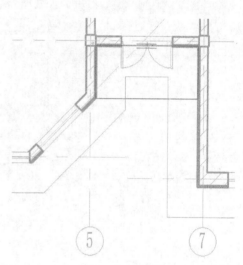

图 9-6 绘制平台边界

（4）在"属性"选项板中输入自标高的高度偏移为-20，单击"模式"面板中的"完成编辑模式"按钮 ✓，完成平台的绘制。

（5）在项目浏览器中双击楼层平面节点下的室外地坪，将视图切换到室外地坪楼层平面视图。

（6）单击"建筑"选项卡"构建"面板"楼梯"按钮 ◐，打开"修改|创建楼梯"选项卡和选项栏。

（7）单击"工具"面板中的"栏杆扶手"按钮 ▥，打开"栏杆扶手"对话框，在类型下拉列表中选择"无"，如图 9-7 所示。

（8）在选项栏中设置定位线为"楼梯：中心"，偏移为 0，实际梯段宽度为 1300，并勾选"自动平台"复选框。

（9）在"属性"选项板中选取"现场浇注楼梯 整体浇筑楼梯"类型，设置底部标高为室外地坪，底部偏移为 0，顶部标高为 1F，所需踢面数为 5，其他采用默认设置，如图 9-8 所示。

（10）单击"构件"面板中的"梯段"按钮 ▨ 和"直梯"按钮 ▦（默认状态下，系统会激活这两个按钮），绘制楼梯路径，如图 9-9 所示。

图 9-7 "栏杆扶手"对话框

图 9-8 属性选项板

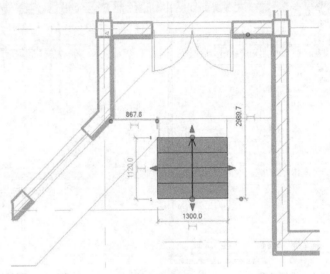

图 9-9 绘制楼梯路径

（11）单击"模式"面板中的"完成编辑模式"按钮 ✅，完成楼梯绘制，选取楼梯调整其位置，如图 9-10 所示。

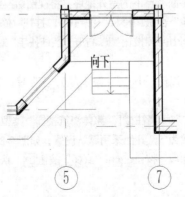

图 9-10 绘制楼梯

为了保证楼梯与平台相连，可以捕捉平台上的点向下绘制楼梯路径，然后单击"翻转"工具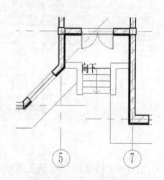来调整楼梯的走向，也可以绘制完成后用"对齐"工具，将楼梯端面与平台端面对齐。

（12）单击"建筑"选项卡"构建"面板中的"墙"按钮，打开"修改|放置墙"选项卡和选项栏。

（13）在"属性"选项板中选择"外墙-240 砖墙"类型，单击"编辑类型"按钮，打开"类型属性"对话框，单击"复制"按钮，新建"台阶外墙-240 砖墙"，打开"编辑部件"对话框，删除保温层/空气层，然后更改面层 2[5]的材质为"砖，普通，红色"，如图 9-11 所示。

（14）在"属性"选项板中设置定位线为"核心面：外部"，底部约束为"室外地坪"，顶部约束为"未连接"，无连接高度为 1000，如图 9-12 所示。

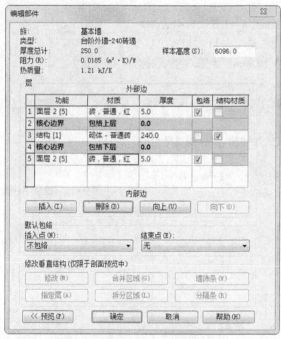

图 9-11 "编辑部件"对话框

图 9-12 属性选项板

（15）在绘图区中的台阶两侧绘制墙体作为栏杆，如图 9-13 所示。

（16）选取台阶一侧墙体，单击"模式"面板中的"编辑轮廓"按钮，打开"转到视图"对话框，选择"立面：东"，单击"打开视图"按钮，打开东立面视图。

（17）单击"绘制"面板中的"线"按钮，绘制轮廓，并利用"拆分图元"按钮，拆分线段删除，如图 9-14 所示。单击"模式"面板中的"完成编辑模式"按钮，完成墙体轮廓编辑。

（18）采用相同的方法，编辑另一侧的墙体轮廓，编辑后的墙体如图 9-15 所示。

（19）从图 9-15 中可以看出散水与楼梯有干涉，这里编辑散水轮廓。将视图切换至 1F 楼层视图。双击散水，编辑散水轮廓，如图 9-16 所示。单击"模式"面板中的"完成编辑模式"按钮，完成散水轮廓编辑。

图 9-13 绘制墙体

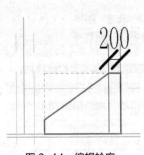

图 9-14　编辑轮廓

图 9-15　编辑墙体

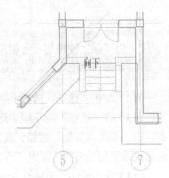

图 9-16　编辑散水轮廓

2. 绘制室外楼梯 2

（1）单击"建筑"选项卡"构建"面板"楼板" 下拉列表中的"楼板：结构"按钮 ，打开"修改|创建楼层边界"选项卡和选项栏。

（2）在"属性"选项板中选择"常规-室外 700mm"类型，输入自标高的高度偏移为−50。

（3）单击"绘制"面板中的"边界线"按钮 和"矩形"按钮 ，绘制图 9-17 所示的边界。

（4）单击"模式"面板中的"完成编辑模式"按钮 ，完成平台的绘制。

（5）新建"室外台阶 5mm×300mm"轮廓族，并绘制图 9-18 所示的轮廓。保存族文件后载入到项目。

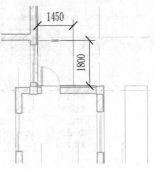

图 9-17　绘制平台边界

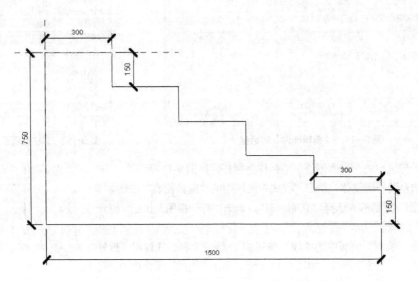

图 9-18　室外台阶轮廓

（6）将视图切换至三维视图，单击"建筑"选项卡"构建"面板"楼板" 下拉列表中的"楼板：楼板边"按钮 ，打开"修改|放置楼板边缘"选项卡。

（7）在"属性"选项板中单击"编辑类型"按钮 ，打开"类型属性"对话框，单击"复制"按钮，新建"室外台阶"类型，选取"室外台阶 5mm×300mm"轮廓，如图 9-19 所示。单击"确定"按钮。

（8）选取楼板边线，创建图 9-20 所示的台阶。

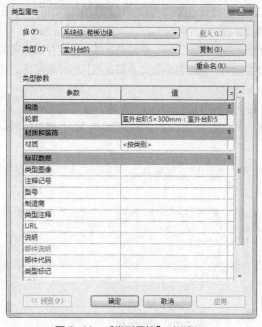

图 9-19 "类型属性"对话框

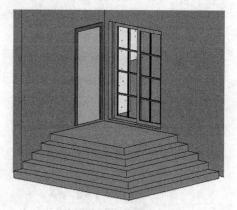

图 9-20 创建台阶

3. 绘制室外楼梯 3

采用室外楼梯 2 的绘制方法，绘制室外楼梯 3，如图 9-21 所示。

图 9-21 绘制室外台阶

9.1.4 绘制全踏步螺旋梯

通过指定起点和半径创建螺旋梯段构件。可以使用"全台阶螺旋"梯段工具来创建大于 360 度的螺旋梯段。

创建此梯段时包括连接底部和顶部标高的全数台阶。

默认情况下，按逆时针方向创建螺旋梯段。

使用"翻转"工具可在楼梯编辑模式中更改方向（如有需要）。

具体绘制步骤如下。

（1）新建一项目文件。

（2）单击"建筑"选项卡"构建"面板"楼梯"按钮，打开"修改|创建楼梯"选项卡和选项栏，在选项栏中设置定位线为"楼梯：中心"，偏移为0，实际梯段宽度为1500，并勾选"自动平台"复选框。

（3）单击"构件"面板中的"梯段"按钮和"全踏步螺旋"按钮，在绘图区域中指定螺旋梯段的中心点，移动光标以指定梯段的半径，如图9-22所示。在绘制时，将指示梯段边界和达到目标标高所需的完整台阶数。默认情况下，按逆时针方向创建梯段。

（4）在"属性"选项板中选择"组合楼梯190mm最大踢面250mm梯段"类型，设置底部标高为标高1，底部偏移为0，顶部标高为标高2，顶部偏移为0，所需踢面数为22，实际踏板深度为250，结果如图9-23所示。

创建了 22 个踢面，剩余 0 个

图9-22　指定中心和半径　　　　　图9-23　螺旋楼梯

（5）单击"模式"面板中的"完成编辑模式"按钮，将视图切换到三维视图，结果如图9-24所示。

（6）双击楼梯，激活"修改|创建楼梯"上下文选项卡，单击"工具"面板中的"翻转"按钮，将楼梯的旋转方向从逆时针更改为顺时针，单击"模式"面板中的"完成编辑模式"按钮，结果如图9-25所示。

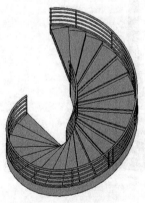
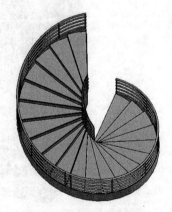

图9-24　逆时针旋转楼梯　　　　　图9-25　顺时针旋转楼梯

9.1.5　绘制圆心端点螺旋梯

通过指定梯段的中心点、起点和终点来创建螺旋楼梯梯段构件。使用"圆心-端点螺旋"梯段工具创建小于360度的螺旋梯段。

具体操作步骤如下。

（1）单击"建筑"选项卡"构建"面板"楼梯"按钮，打开"修改|创建楼梯"选项卡和选项栏。

（2）单击"构件"面板中的"梯段"按钮和"圆心-端点螺旋"按钮，在选项栏中设置定位线为"楼梯：中心"，偏移为0，实际梯段宽度为1000，并勾选"自动平台"复选框。

（3）在绘图区域中指定螺旋梯段的中心点，移动光标以指定梯段的半径，如图9-26所示。

（4）单击确定第一个梯段起点，继续移动光标单击指定梯段终点，如图 9-27 所示。

（5）单击"模式"面板中的"完成编辑模式"按钮 ✔，完成楼梯绘制，如图 9-28 所示。

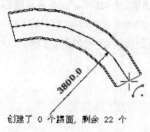
图 9-26　指定中心和半径

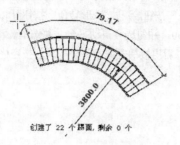
图 9-27　确定第一梯段终点

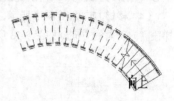
图 9-28　绘制楼梯

9.1.6　实例——绘制大楼旋转楼梯

（1）打开大楼文件。

（2）在项目浏览器中双击楼层平面节点下的 1F，将视图切换到 1F 楼层平面视图。单击"建筑"选项卡"构建"面板"楼梯"按钮 📷，打开"修改|创建楼梯"选项卡和选项栏。

（3）单击"工作平面"面板中的"参照平面"按钮 📐，绘制图 9-29 所示的参照平面。

（4）单击"构件"面板中的"梯段"按钮 📷 和"圆心-端点螺旋"按钮 📷，在选项栏中输入实际梯段宽度为 2000，勾选"自动平台"复选框。

（5）在"属性"选项板中选择"现场浇注楼梯 整体式楼梯"类型，设置底部标高为 1F，顶部标高为 3F，其他采用默认设置。

（6）在视图中以参照平面的交点为圆心，以参照平面绘制圆弧段，如图 9-30 所示。

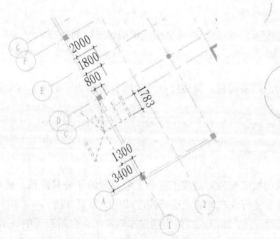
图 9-29　绘制参照平面

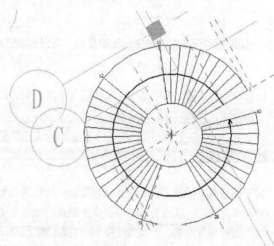
图 9-30　绘制梯段

（7）单击"模式"面板中的"完成编辑模式"按钮 ✔，完成旋转楼梯的绘制。

9.1.7　绘制 L 形转角梯

通过指定梯段的较低端点创建 L 形斜踏步梯段构件。斜踏步梯段将自动连接底部和顶部立面。

具体操作步骤如下。

（1）单击"建筑"选项卡"构建"面板"楼梯"按钮 ，打开"修改|创建楼梯"选项卡和选项栏。

（2）在"属性"选项板中选择"现场浇注楼梯 整体浇筑楼梯"类型，设置底部标高为标高1，底部偏移为0，顶部标高为标高2，顶部偏移为0，所需踢面数为15，实际踏板深度为280，如图9-31所示。

（3）单击"构件"面板中的"梯段"按钮 和"L形转角"按钮，在选项栏中设置定位线为"楼梯：中心"，偏移为0，实际梯段宽度为1000，并勾选"自动平台"复选框。

（4）楼梯方向如图9-32所示，可以看出楼梯方向不符合要求。按空格键可旋转斜踏步梯段的形状，以便梯段朝向所需的方向，如图9-33所示。

图 9-31　属性选项板

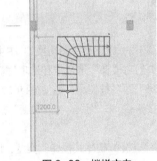

图 9-32　楼梯方向

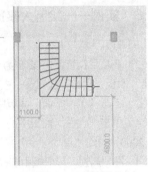

图 9-33　更改楼梯方向

（5）单击"模式"面板中的"完成编辑模式"按钮 ，完成楼梯绘制。

> 如果相对于墙或其他图元定位梯段，将光标靠近墙，斜踏步楼梯会捕捉到相对于墙的位置。

U形转角梯是通过指定梯段的较低端点创建U形斜踏步梯段。具体绘制方法同L形转角梯相同，这里就不再详细介绍，读者可以自行绘制。

9.2　坡道

由于使用或其他原因，无法建造台阶时，可以采用坡道来应对高度的变化。公共绿地和公共建筑，通常都需要无障碍通道，坡道乃是必不可少的因素。坡道是使行人在地面上进行高度转化的重要方法。

常见的坡道有两类：一类为连接有高度差的地面而设的，如出入口处为通过车辆常结合台阶而设的坡道，或在有限时间里要求通过大量人流的建筑，如火车站、体育馆、影剧院的疏散道等；另一类为连接两个楼层而设的行车坡道，常用在医院、残疾人机构、幼儿园、多层汽车库和仓库等场所。此外，室外公共活动场所也有结合台阶设置坡道，以利残疾人轮椅和婴儿车通过。坡道的坡度同使用要求以及面层作法、材料选用等因素有关。

9.2.1　坡道设计概述

坡道的设计也应遵循几条原则。

首先，坡道的倾斜度及其最大比例无论如何不能超过8.33%或12:1。按照12:1的最大坡面边坡率计算，若要设计出一垂直高度为1m的斜面，其水平距离应为12m，如图9-34所示。而对于一组台阶来说，要获得同样的垂直高度，其水平距离只需1.52～1.83m。这一比较再次说明建造坡道需要比较宽广的区域。一条长坡上设计平台，会给斜面的长度带来一定的影响，就如在台阶中出现平台的效果一样，平台也能从视觉上抵消斜面的长度。

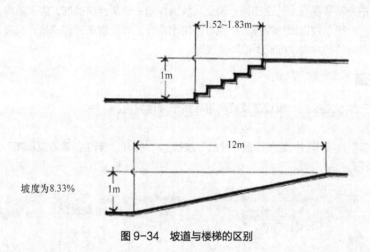

图9-34　坡道与楼梯的区别

其次，对于长距离的斜面来说（见图9-35），被平台所隔开的两级坡道最大长度不得超过9m，而平台的最小长度应为1.5m（也就是说，每隔9m应设计一个平台）。至于说斜面的最小宽度则与台阶相类同，并根据其单行道或双行道而定出宽度。坡道的两边应有15cm高的道牙，并配置栏杆来限制行人于坡道内，如图9-36所示。扶手栏杆的高度与位置，跟台阶的标准一样（高于地面81～91.5cm）。坡道的布局问题也应进一步考虑。

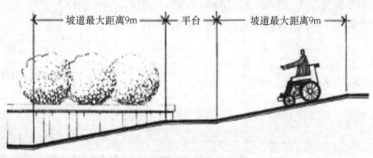

图9-35　坡道的最大长度

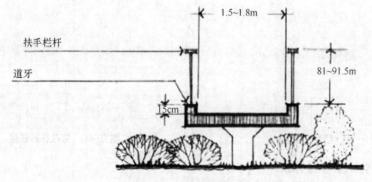

图9-36　坡道横断面尺寸

一般说来，坡道应尽可能地设置在主要活动路线上，使得行人不必离开坡道而能到达目的地。

最后，还应提到，坡道的位置和布局应尽早在设计中决定，这是因为我们需将它与设计中的其他要素相互配合设置，否则坡道会显得格格不入。总之，坡道应在总体布局中成为非常协调的要素。将坡道与台阶结合起来乃是一种创新的设计方法。

坡道面层多采用混凝土、天然石料等抗冻性好、耐磨损的材料，低标准的或临时性的坡道则用普通粘土砖。实地铺筑坡道的方法和混凝土地面相同；架空式坡道作法和楼层作法类同。为了防滑，混凝土坡道上的水泥砂浆面层可划分成格条纹以增加摩擦力，也可采用水泥金刚砂防滑条或作成礓；花岗石坡道可将表面作粗糙处理；砖砌坡道可将砖立砌或砌成类似礓的表面。

9.2.2　绘制坡道

在平面视图或三维视图绘制一段坡道或绘制边界线来创建坡道。

具体创建步骤如下。

（1）单击"建筑"选项卡"构建"面板"坡道"按钮 ，打开"修改|创建坡道草图"上下文选项卡和选项栏，如图 9-37 所示。

图 9-37　"修改|创建坡道草图"选项卡和选项栏

（2）单击"工具"面板中的"栏杆扶手"按钮 ，打开"栏杆扶手"对话框，选择"无"选项，如图 9-38 所示。

（3）单击"绘制"面板中的"梯段"按钮 和"线"按钮，绘制图 9-39 所示的梯段。然后修改梯段的长度为 5000，如图 9-40 所示。

（4）在"属性"选项板中设置底部标高为地下，顶部标高为标高 1，宽度为 750，其他采用默认设置，如图 9-41 所示。

图 9-38　"栏杆扶手"对话框

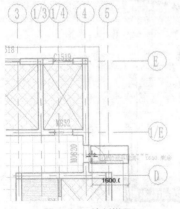

图 9-39　绘制梯段

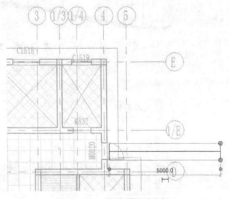

图 9-40　修改梯段长度

- 底部标高：设置坡道的基准。
- 底部偏移：设置距其底部标高的坡道高度。

- 顶部标高：设置坡道的顶。
- 顶部偏移：设置距顶部标高的坡道偏移。
- 多层顶部标高：设置多层建筑中的坡道顶部。
- 文字（向上）：指定向上文字。
- 文字（向下）：指定向下文字。
- 向上标签：指示是否显示向上文字。
- 向下标签：指示是否显示向下文字。
- 在所有视图中显示向上箭头：指示是否在所有视图中显示向上箭头。
- 宽度：坡道的宽度。

（5）单击"编辑类型"按钮 ，打开"类型属性"对话框，设置造型为"实体"，功能为"外部"，坡道最大坡度为 3，其他采用默认设置，如图 9-42 所示。

图 9-41　属性选项板　　　　图 9-42　"类型属性"对话框

- 厚度：设置坡道的厚度。
- 功能：指示坡道是内部的（默认值）还是外部的。
- 文字大小：坡道向上文字和向下文字的字体大小。
- 文字字体：坡道向上文字和向下文字的字体。
- 坡道材质：为渲染而应用于坡道表面的材质。
- 最大斜坡长度：指定要求平台前坡道中连续踢面高度的最大数量。

（6）单击"模式"面板中的"完成编辑模式"按钮 ✓，完成坡道的绘制。

9.2.3　实例——创建三层别墅车库坡道

具体操作步骤如下。

（1）打开"三层别墅"文件，将视图切换到 1F 楼层平面。

（2）单击"建筑"选项卡"构建"面板"坡道"按钮，打开"修改|创建坡道草图"选项卡和选项栏。

（3）单击"工具"面板中的"栏杆扶手"按钮，打开"栏杆扶手"对话框，在类型下拉列表中选择"无"。

（4）在"属性"选项板中设置底部标高为1F，底部偏移为-470，顶部标高为1F，顶部偏移为0，宽度为2800，单击"应用"按钮，如图9-43所示。

（5）单击"编辑类型"按钮，打开"类型属性"对话框，设置造型为"实体"，功能为"外部"，最大斜坡长度为3000，坡道最大坡度为8，其他采用默认设置，如图9-44所示，单击"确定"按钮。

图 9-43　属性选项板

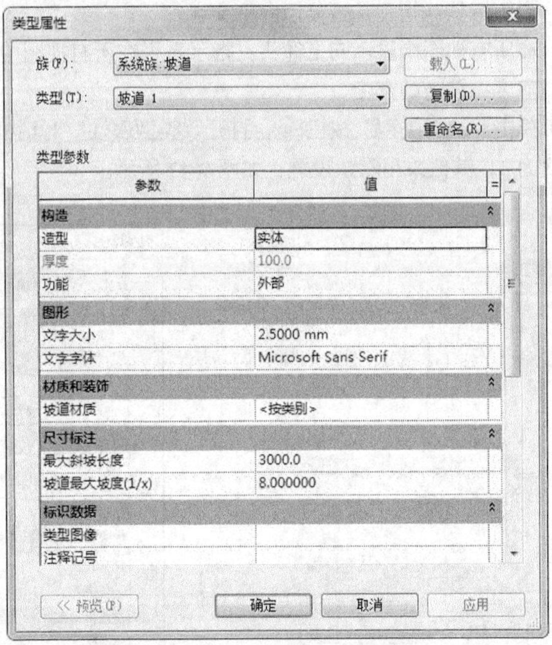

图 9-44　"类型属性"对话框

（6）单击"绘制"面板中的"梯段"按钮和"线"按钮，绘制坡道草图并修改尺寸，如图9-45所示。单击"模式"面板中的"完成编辑模式"按钮，完成坡道绘制。

（7）单击"修改"选项卡"修改"面板中的"对齐"按钮，先选择台阶端面，然后选择坡道端面，并锁定。结果如图9-46所示。

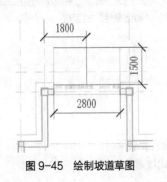

图 9-45　绘制坡道草图

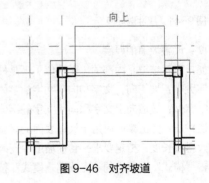

图 9-46　对齐坡道

9.3　栏杆扶手

添加独立式栏杆扶手或附加到楼梯、坡道和其他主体的栏杆扶手。

使用栏杆扶手工具，可以进行如下操作。

● 将栏杆扶手作为独立构件添加到楼层中。

● 将栏杆扶手附着到主体（如楼板、坡道或楼梯）。

● 在创建楼梯时自动创建栏杆扶手。

● 在现有楼梯或坡道上放置栏杆扶手。

● 绘制自定义栏杆扶手路径并将栏杆扶手附着到楼板、屋顶板、楼板边、墙顶、屋顶或地形。

9.3.1 绘制路径创建栏杆

通过绘制栏杆扶手路径来创建栏杆扶手，然后选择一个图元（如楼板或屋顶）作为栏杆扶手主体。

具体绘制步骤如下。

（1）单击"建筑"选项卡"构建"面板"栏杆扶手"▼下拉列表中的"绘制路径"按钮▼，打开"修改|创建栏杆扶手路径"选项卡和选项栏，如图9-47所示。

图9-47　"修改|创建栏杆扶手路径"选项卡和选项栏

（2）单击"绘制"面板中的"线"按钮✏（默认状态下，系统会此按钮），选择栏杆路径，如图9-48所示。单击"模式"面板中的"完成编辑模式"按钮✔，完成栏杆路径的绘制。

（3）在"属性"选项板中选择"栏杆扶手-900mm"类型，输入底部偏移为300，如图9-49所示。

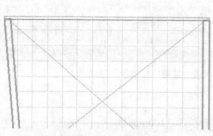

图9-48　绘制栏杆路径

图9-49　属性选项板

● 底部标高：指定栏杆扶手系统不位于楼梯或坡道上时的底部标高。如果在创建楼梯时自动放置了栏杆扶手，则此值由楼梯的底部标高决定。

● 底部偏移：如果栏杆扶手系统不位于楼梯或坡道上，则此值是楼板或标高到栏杆扶手系统底部的距离。

● 从路径偏移：指定相对于其他主体上踏板、梯边梁或路径的栏杆扶手偏移。如果在创建楼梯时自动放置了栏杆扶手，可以选择将栏杆扶手放置在踏板或梯边梁上。

- 长度：栏杆扶手的实际长度。
- 注释：有关图元的注释。
- 标记：应用于图元的标记，如显示在图元多类别标记中的标签。
- 创建的阶段：创建图元的阶段。
- 拆除的阶段：拆除图元的阶段。

（4）双击三维视图，将视图切换至三维视图，结果如图 9-50 所示。

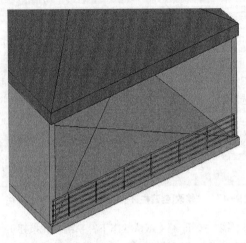

图 9-50　创建栏杆

9.3.2　在楼梯或坡道上放置栏杆

对于楼梯，可以指定将栏杆扶手放置在踏板还是梯边梁上。

具体操作步骤如下。

（1）单击"建筑"选项卡"构建"面板"栏杆扶手" 下拉列表中的"放置在楼梯/坡道上"按钮，
打开"修改|在楼梯/坡道上放置栏杆扶手"选项卡，如图 9-51 所示。

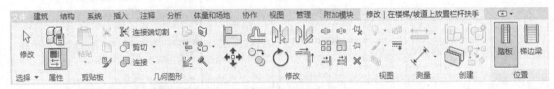

图 9-51　"修改|在楼梯/坡道上放置栏杆扶手"选项卡

（2）默认栏杆扶手位置在踏板上。

（3）在类型选项板中选择栏杆扶手的类型为"栏杆扶手-1100mm"。

（4）在将光标放置在无栏杆扶手的楼梯或坡道时，它们将高亮显示。当设置多层楼梯作为栏杆扶手主体
时，栏杆扶手会按组进行放置，以匹配多层楼梯的组，如图 9-52 所示。

（5）将视图切换到标高 1 平面图，选择栏杆扶手，单击 按钮，调整栏杆扶手位置。

（6）双击栏杆扶手，打开"修改|路径"选项卡，对栏杆扶手的路径进行编辑，单击"圆角弧"按钮，
将拐角处改成圆角，如图 9-53 所示。

单击"模式"面板中的"完成编辑模式"按钮，完成栏杆的修改，结果如图 9-54 所示。

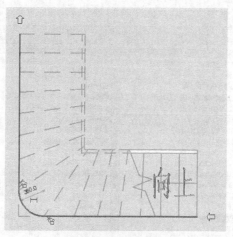

图 9-52　添加扶手　　　　　　　图 9-53　编辑扶手路径　　　　　　图 9-54　修改后的栏杆扶手

9.3.3　实例——创建三层别墅栏杆

（1）接上一实例，单击"插入"选项卡"从库中载入"面板中的"载入族"按钮，打开"载入族"对话框，选择"China"→"建筑"→"栏杆扶手"→栏杆"→"欧式栏杆"→"葫芦瓶系列"文件夹中的"HFB7014.rfa"，如图 9-55 所示，单击"打开"按钮，载入葫芦瓶栏杆。

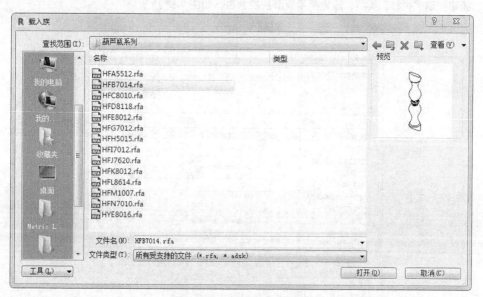

图 9-55　"载入族"对话框

（2）单击"插入"选项卡"从库中载入"面板中的"载入族"按钮，打开"载入族"对话框，选择"China"→"轮廓"→"专项轮廓"→栏杆扶手"文件夹中的"FPA T10×W14×L150.rfa"，如图 9-56 所示，单击"打开"按钮，载入栏杆扶手。

（3）将视图切换至 3F 楼层平面。

（4）单击"建筑"选项卡"构建"面板"栏杆扶手"下拉列表中的"绘制路径"按钮，打开"修改|创建栏杆扶手路径"选项卡和选项栏。

图9-56 "载入族"对话框

（5）在"属性"选项板中选择"栏杆扶手-900mm"类型，单击"编辑类型"按钮 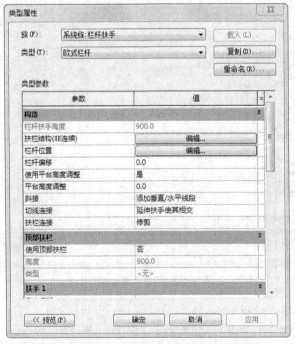，打开"类型属性"对话框。新建"欧式栏杆"类型，设置使用顶部扶栏为否，如图9-57所示。

图9-57 "类型属性"对话框

（6）单击扶栏结构栏中的"编辑"按钮，打开"编辑扶手（非连续）"对话框，单击"插入"按钮，输入名称为扶手栏杆1，在轮廓下拉列表中选择"FPA T10×W14×L150"，继续单击"插入"按钮，创建相同参数的扶手栏杆，高度为900，如图9-58所示。单击"确定"按钮，返回到"类型属性"对话框。

图 9-58　"编辑扶手（非连续）"对话框

（7）单击栏杆位置栏中的"编辑"按钮，打开"编辑栏杆位置"对话框，在常规栏的栏杆族中选择"HFB7014"，设置相对前一栏杆的距离为 300，在支柱中设置起点支柱和终点支柱为无，转角支柱为"HFB7014"，如图 9-59 所示。连续单击"确定"按钮，返回到绘图区。

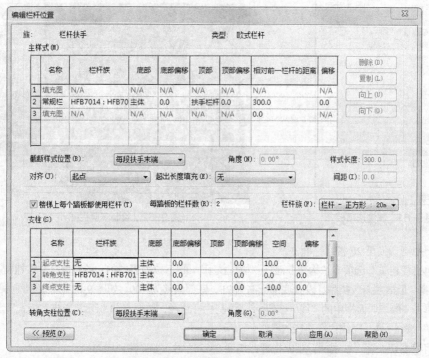

图 9-59　"编辑栏杆位置"对话框

（8）单击"绘制"面板中的"线"按钮 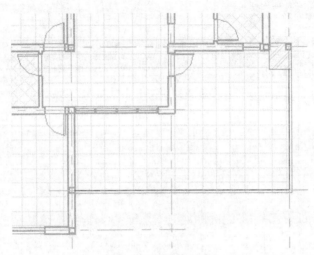，绘制栏杆路径，如图 9-60 所示。单击"模式"面板中的"完成编辑模式"按钮 ✓，完成栏杆路径的绘制。

图 9-60　绘制栏杆路径

（9）在"属性"选项板中设置底部偏移为 100，其他采用默认设置，如图 9-61 所示。

（10）将视图切换至三维视图，观察栏杆如图 9-62 所示。

图 9-61　属性选项板

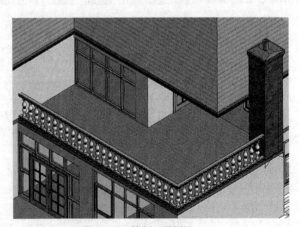

图 9-62　绘制三层栏杆

（11）将视图切换至 2F 楼层平面。

（12）单击"建筑"选项卡"构建"面板"栏杆扶手" ▥ 下拉列表中的"绘制路径"按钮 ▥，在"属性"选项板中选择"欧式栏杆"类型，设置底部标高为 2F，底部偏移为 100，如图 9-63 所示。其他采用默认设置。

（13）单击"绘制"面板中的"线"按钮 ✐，绘制栏杆路径，如图 9-64 所示。单击"模式"面板中的"完成编辑模式"按钮 ✓，完成栏杆路径的绘制。

（14）将视图切换至三维视图，观察栏杆，如图 9-65 所示。

图 9-63　属性选项板

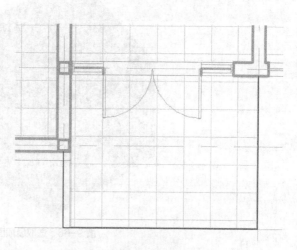

图 9-64　绘制路径

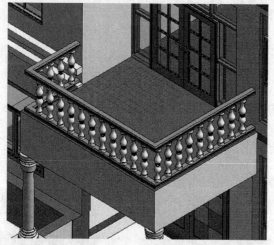

图 9-65　二层栏杆

9.4　洞口

使用"洞口"工具可以在墙、楼板、天花板、屋顶、结构梁、支撑和结构柱上剪切洞口。

9.4.1　面洞口和垂直洞口

1. 面洞口

使用"面洞口"工具在楼板、屋顶或天花板上剪切竖直洞口。

具体绘制步骤如下。

（1）单击"建筑"选项卡"洞口"面板中的"按面"按钮 ，在楼板、天花板或屋顶中选择一个面，如图 9-66 所示。

（2）打开"修改|创建洞口边界"上下文选项卡和选项栏，如图 9-67 所示。

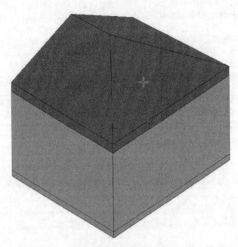

图 9-66　选取屋顶面

图 9-67　"修改|创建洞口边界"上下文选项卡和选项栏

（3）单击"绘制"面板中的"圆形"按钮 ◎ ，在屋顶上绘制圆形，如图 9-68 所示。也可以利用其他绘制工具绘制任意形状的洞口。

（4）单击"模式"面板中的"完成编辑模式"按钮 ✓ ，完成面洞口的绘制，如图 9-69 所示。

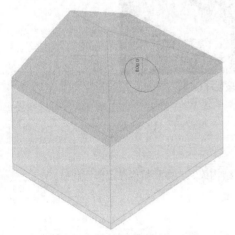

图 9-68　绘制圆形

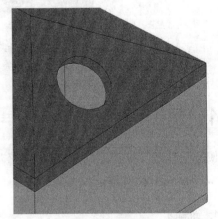

图 9-69　面洞口

2．垂直洞口

使用"垂直洞口"工具在楼板、屋顶或天花板上剪切垂直洞口，如图 9-70 所示。具体绘制过程同面洞口，这里就不再详细介绍。

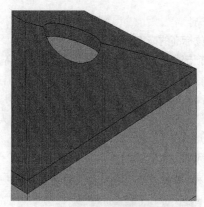

图 9-70　垂直洞口

9.4.2　竖井洞口

使用"竖井"工具可以放置跨越整个建筑高度（或者跨越选定标高）的洞口，洞口同时贯穿屋顶、楼板或天花板的表面。

具体绘制步骤如下。

（1）单击"建筑"选项卡"洞口"面板中的"竖井"按钮 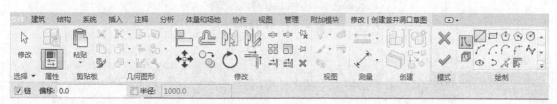 ，打开"修改|创建竖井洞口草图"上下文选项卡和选项栏，如图 9-71 所示。

图 9-71　"修改|创建竖井洞口草图"上下文选项卡和选项栏

（2）将视图切换到上视图，绘制图 9-72 所示的边界线。

（3）在"属性"选项板中设置底部约束为"标高 1"，底部偏移为 0，顶部约束为"未连接"，无连接高度为 8400，其他采用默认设置，如图 9-73 所示。

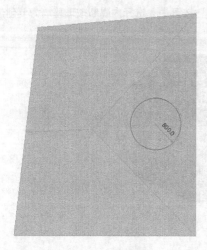

图 9-72　绘制边界线

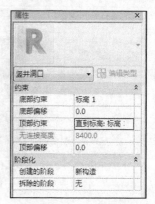

图 9-73　"属性"选项板

- 底部约束：洞口的底部标高。
- 底部偏移：洞口距洞底定位标高的高度。
- 顶部约束：用于约束洞口顶部的标高。如果未定义墙顶定位标高，则洞口高度会在"无连接高度"
  中指定值。
- 顶部偏移：洞口距顶部标高的偏移。
- 无连接高度：如果未定义"顶部约束"，则会使用洞口的高度（从洞底向上测量）。
- 创建的阶段：指示主体图元的创建阶段。
- 拆除的阶段：指示主体图元的拆除阶段。

（4）单击"模式"面板中的"完成编辑模式"按钮✔️，完成竖井洞口的绘制，如图9-74所示。

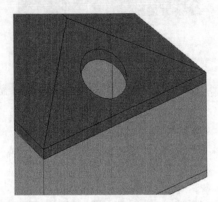

图9-74 竖井洞口

"面洞口""垂直洞口"和"竖井洞口"的绘制区别。

9.4.3 墙洞口

使用"墙洞口"工具可以在直线墙或曲线墙上剪切矩形洞口。

具体操作步骤如下。

（1）单击"建筑"选项卡"洞口"面板中的"墙洞口"按钮🔲，选择内隔断玻璃幕墙为要创建洞口的墙，
如图9-75所示。

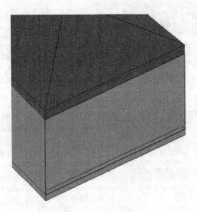

图9-75 选取墙

（2）在墙上单击确定矩形的起点，然后移动鼠标到适当位置单击确定矩形对角点，绘制一个矩形，如图9-76所示。

（3）生成一个矩形洞口，双击临时尺寸更改洞口大小，结果如图9-77所示。

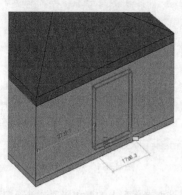

图9-76　绘制矩形

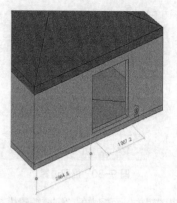

图9-77　矩形洞口

9.4.4　老虎窗洞口

在添加老虎窗后，为其剪切一个穿过屋顶的洞口。

具体操作步骤如下。

（1）单击"建筑"选项卡"洞口"面板中的"老虎窗洞口"按钮，在视图中选择大屋顶作为要被老虎窗剪切的屋顶，如图9-78所示。

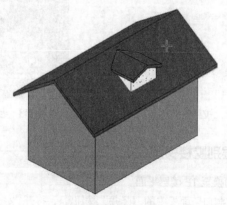

图9-78　选取大屋顶

（2）打开"修改|编辑草图"选项卡，如图9-79所示。系统默认单击"拾取"面板中的"拾取屋顶/墙边缘"按钮。

图9-79　"修改|编辑草图"选项卡

（3）在视图中选取连接屋顶、墙的侧面或屋顶连接面定义老虎窗的边界，如图9-80所示。

（4）取消"拾取屋顶/墙边缘"按钮  的选择，然后选取边界调整边界线的长度，使其成闭合区域，如图 9-81 所示。

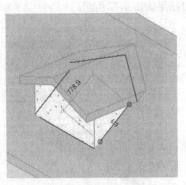

图 9-80　提取边界

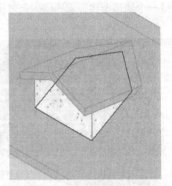

图 9-81　老虎窗边界

（5）单击"模式"面板中的"完成编辑模式"按钮 ✔，选取老虎窗上的墙和屋顶，单击控制栏中的"临时隐藏/隔离"按钮 ❧，在打开的上拉菜单中选择"隐藏图元"选项，如图 9-82 所示，隐藏图元以后的老虎窗洞口，如图 9-83 所示。

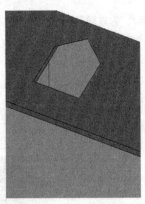

图 9-83　老虎窗洞口

图 9-82　上拉菜单

9.4.5　实例——创建三层别墅楼梯洞口

（1）接上一实例，将视图切换至 1F 楼层平面。

（2）单击"建筑"选项卡"洞口"面板中的"竖井"按钮，打开"修改|创建竖井洞口草图"选项卡和选项栏。

（3）单击"绘制"面板中的"边界线"按钮 和"线"按钮 ，绘制图 9-84 所示的边界线。单击"模式"面板中的"完成编辑模式"按钮 ✔，完成洞口边界的绘制。

（4）在"属性"选项板中设置底部约束为 1F，顶部约束为"直到标高：3F"，其他采用默认设置，如图 9-85 所示。

（5）将视图切换至三维视图，观察图形，如图 9-86 所示。

（6）将视图切换至北立面图。

（7）单击"建筑"选项卡"洞口"面板中的"墙洞口"按钮，在车库位置绘制矩形作为洞口，取消绘制后，双击临时尺寸修改尺寸，如图 9-87 所示。

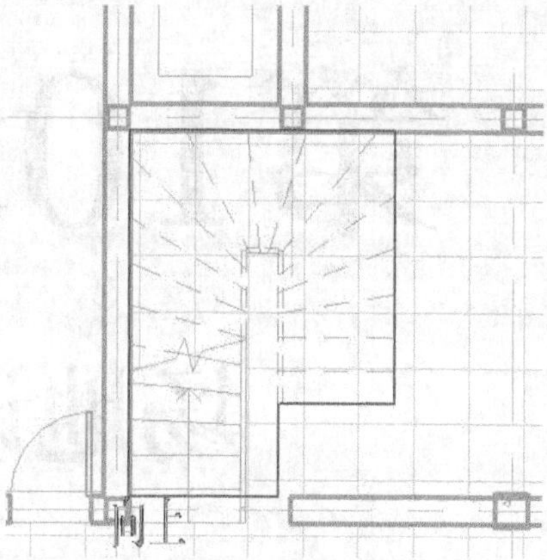

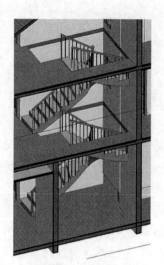

图 9-84 绘制边界线

图 9-85 设置参数

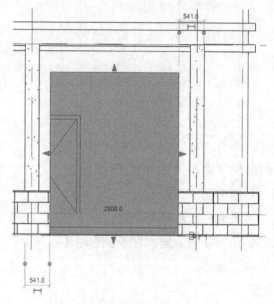

图 9-86 创建洞口

图 9-87 绘制洞口

第10章

场地设置

　　Revit 提供了多种工具帮助布置场地平面，可以从绘制地形表面开始，然后添加建筑红线、建筑地坪以及停车场构件。

　　本章主要介绍场地设置、地形表面、建筑地坪以及修改场地。

- 场地设置
- 创建地形表面
- 建筑地坪
- 修改场地

10.1　场地设置

可以定义等高线间隔、添加用户定义的等高线、选择剖面填充样式、基础土层高程和角度显示等项目全局场地设置。

单击"体量和场地"选项卡"场地建模"面板中的"场地设置"按钮 ⬎，打开"场地设置"对话框，如图 10-1 所示。

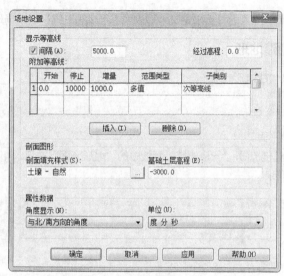

图 10-1　"场地设置"对话框

1. 显示等高线

- 间隔：设置等高线间的间隔，用于确定等高线显示位置处的高程。
- 经过高程：设置等高线的开始高程，在默认情况下，"经过高程"设置为 0。例如，如果将等高线间隔设置为 10，则等高线将显示在-20、-10、0、10、20 的位置。如果将"经过高程"值设置为 5，则等高线将显示在-25、-15、-5、5、15、25 的位置。
- 附加等高线：将自定义等高线添加到场地平面中。
    - ➢ 开始：输入附加等高线开始显示时所处的高程。
    - ➢ 停止：输入附加等高线不再显示时所处的高程。
    - ➢ 增量：设置附加等高线的间隔。
    - ➢ 范围类型：选择"单一值"可以插入一条附加等高线。选择"多值"可以插入增量附加等高线。
    - ➢ 子类别：为等高线指定线样式。包括次等高线、三角形边缘、主等高线、隐藏线四种类型。
- 插入：单击此按钮，插入一条新的附加等高线。
- 删除：选中附加等高线，单击此按钮，删除选中的等高线。

2. 剖面图形

- 剖面填充样式：设置在剖面视图中显示的材质。单击□□按钮，打开"材质浏览器"对话框，设置剖面填充样式。
- 基础土层高程：控制着土壤横断面的深度（例如，-30 英尺或-25 米）。该值控制项目中全部地形图元的土层深度。

3. 属性数据

● 角度显示：指定建筑红线标记上角度值的显示，如果选择"度"，则在建筑红线方向角度表中以 360 度方向标准显示建筑红线，使用相同的符号显示建筑红线标记。

● 单位：指定在显示建筑红线表中的方向值时要使用的单位，如果选择"十进制度数"，则建筑红线方向角度中的角度显示为十进制数而不是度、分和秒。

10.2　创建地形表面

"地形表面"工具使用点或导入的数据来定义地形表面。可以在三维视图或场地平面中创建地形表面。

10.2.1　通过放置点创建地形

在绘图区域中放置点来创建地形表面。

具体创建步骤如下。

（1）新建一项目文件。

（2）将视图切换到场地平面。

（3）单击"体量和场地"选项卡"场地建模"面板中的"地形表面"按钮，打开"修改|编辑表面"选项卡和选项栏，如图 10-2 所示。

图 10-2　"修改|编辑表面"选项卡和选项栏

● 绝对高程：点显示在指定的高程处（从项目基点）。

● 相对于表面：通过该选项，可以将点放置在现有地形表面上的指定高程处，从而编辑现有地形表面。要使该选项的使用效果更明显，需要在着色的三维视图中工作。

（4）系统默认激活"放置点"按钮，在选项栏中输入高程值。

（5）在绘图区域中单击以放置点。如果需要，在放置其他点时可以修改选项栏上的高程。

（6）单击"表面"面板中的"完成表面"按钮，完成地形的表面。

10.2.2　通过导入等高线创建地形

根据从 DWG、DXF 或 DGN 文件导入的三维等高线数据自动生成地形表面。Revit 会分析数据并沿等高线放置一系列高程点。

导入等高线数据时，请遵循以下要求。

● 导入的 CAD 文件必须包含三维信息。

● 在要导入的 CAD 文件中，必须将每条等高线放置在正确的"Z"值位置。

● 将 CAD 文件导入 Revit 时，请勿选择"定向到视图"选项。

10.2.3　通过点文件创建地形

将点文件导入 Revit 模型中创建地形表面。点文件使用高程点的规则网格来提供等高线数据。

导入的点文件必须符合以下要求。

● 点文件必须使用逗号分隔的文件格式（可以是 CSV 或 TXT 文件）。

● 文件中必须包含 x、y 和 z 坐标值作为文件的第一个数值。

● 点的任何其他数值信息必须显示在 x、y 和 z 坐标值之后。

如果该文件中有两个点的 x 和 y 坐标值分别相等，则 Revit 会使用 z 坐标值最大的点。

10.2.4 实例——创建乡村别墅地形

具体操作步骤如下。

（1）打开"乡村别墅"文件，在项目浏览器的楼层平面节点下双击室外地坪，将视图切换到室外地坪楼层平面视图。

（2）单击"建筑"选项卡"工作平面"面板中的"参照平面"按钮 ，在别墅的四周绘制 4 个参照平面，平面距离外墙的距离 10 米，如图 10-3 所示。

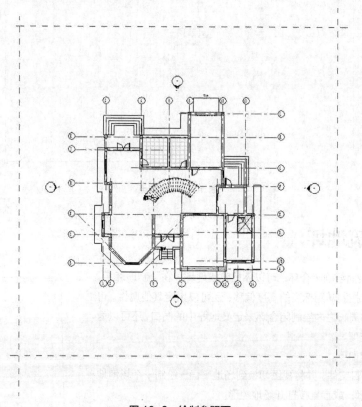

图 10-3　绘制参照面

（3）单击"体量和场地"选项卡"场地建模"面板中的"地形表面"按钮 ，打开"修改|编辑表面"选项卡和选项栏，在选项栏中输入高程为−750。

（4）单击"放置点"按钮 ，在参考面的交点处放置点，结果如图 10-4 所示。单击"模式"面板中的"完成编辑模式"按钮 ，完成地形绘制。

（5）将视图切换至三维视图，选取上一步绘制的地形，在属性选项板的材质栏中单击 按钮，打开"材质浏览器"对话框，设置场地的材质为草。

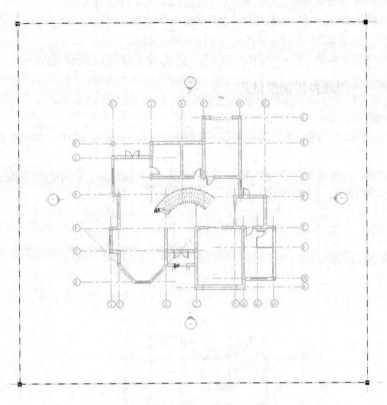

图 10-4　放置点

10.3　建筑地坪

通过在地形表面绘制闭合环，可以添加建筑地坪。在绘制地坪后，可以指定一个值来控制其距标高的高度偏移，还可以指定其他属性。可通过在建筑地坪的周长之内绘制闭合环来定义地坪中的洞口，还可以为该建筑地坪定义坡度。

具体绘制过程如下。

（1）新建一项目文件，并将视图切换到场地平面，绘制一个场地地形，如图 10-5 所示；或者直接打开场地地形。

（2）单击"体量和场地"选项卡"场地建模"面板中的"建筑地坪"按钮，打开"修改|创建建筑地坪边界"选项卡和选项栏，如图 10-6 所示。

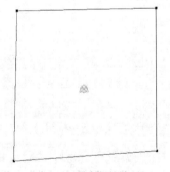

图 10-5　绘制场地地形

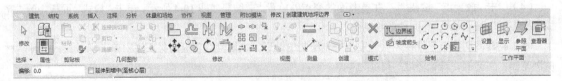

图 10-6　"修改|创建建筑地坪边界"选项卡和选项栏

（3）单击"绘制"面板中的"边界线"按钮 和"线"按钮 （默认状态下，边界线按钮是启动状态），绘制闭合的建筑地坪边界线，如图10-7所示。

（4）在"属性"选项板中设置自标高的高度为–200，其他采用默认设置，如图10-8所示。

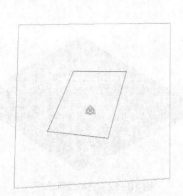

图10-7　绘制地坪边界线

图10-8　属性选项板

● 标高：设置建筑地坪的标高。

● 自标高的高度：指定建筑地坪偏移标高的正负距离。

● 房间边界：用于定义房间的范围。

（5）还可以单击"编辑类型"按钮 ，打开图10-9所示的"类型属性"对话框，修改建筑地坪结构和指定图形设置。

● 结构：定义建筑地坪结构，单击"编辑"按钮，打开图10-10所示的"编辑部件"对话框，设置各层的功能，每一层都必须具有指定的功能。

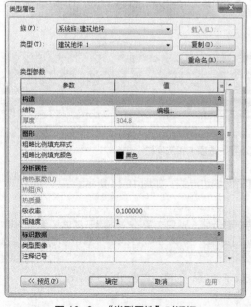

图10-9　"类型属性"对话框

图10-10　"编辑部件"对话框

- 厚度：显示建筑地坪总厚度。
- 粗略比例填充样式：在粗略比例视图中设置建筑地坪的填充样式。
- 粗略比例填充颜色：在粗略比例视图中对建筑地坪的填充样式应用某种颜色。

（6）单击"模式"面板中的"完成编辑模式"按钮 ✔，完成建筑地坪的创建，如图 10-11 所示。

（7）将视图切换到三维视图，建筑地坪的最终效果如图 10-12 所示。

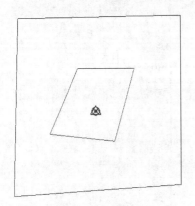

图 10-11　建筑地坪

图 10-12　三维建筑地坪

10.4　修改场地

10.4.1　子面域

子面域定义可应用不同属性集（例如材质）的地形表面区域。例如，可以使用子面域在平整表面、道路或岛上绘制停车场。创建子面域不会生成单独的表面。

具体绘制过程如下。

（1）单击"体量和场地"选项卡"修改场地"面板中的"子面域"按钮 ▦，打开"修改|创建子面域边界"选项卡和选项栏，如图 10-13 所示。

图 10-13　"修改|创建子面域边界"选项卡和选项栏

（2）单击"绘制"面板中的"线"按钮 ✐，绘制建筑子面域边界线，如图 10-14 所示。

> 使用单个闭合环创建地形表面子面域。如果创建多个闭合环，则只有第一个环用于创建子面域，其余环将被忽略。

（3）单击"模式"面板中的"完成编辑"按钮 ✔，完成子区域的创建，如图 10-15 所示。

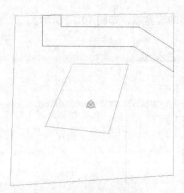

图 10-14　绘制子面域边界线

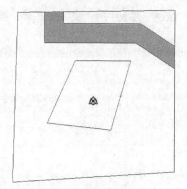

图 10-15　创建子面域

10.4.2　实例——创建乡村别墅道路

具体操作步骤如下。

（1）接上一实例，将视图切换至室外地坪楼层平面视图。单击"体量和场地"选项卡"修改场地"面板中的"子面域"按钮，打开"修改|创建子面域边界"选项卡和选项栏。

（2）单击"绘制"面板中的"线"按钮 ✏ 和"圆角弧"按钮 ，绘制封闭的边界线，如图 10-16 所示。

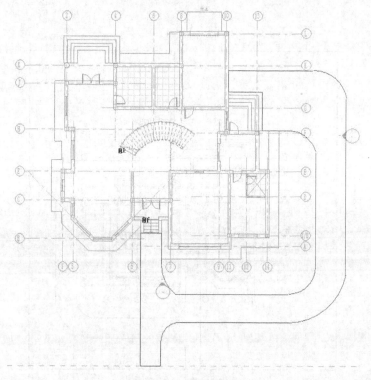

图 10-16　绘制边界线

（3）在"属性"选项板的材质栏中单击 按钮，打开"材质浏览器"对话框，设置道路的材质为卵石。

（4）单击"模式"面板中的"完成编辑模式"按钮 ✔，完成小路的绘制。

（5）单击"体量和场地"选项卡"修改场地"面板中的"子面域"按钮，打开"修改|创建子面域边界"选项卡和选项栏。

（6）单击"绘制"面板中的"线"按钮 ✐，绘制封闭的边界线，如图 10-17 所示。

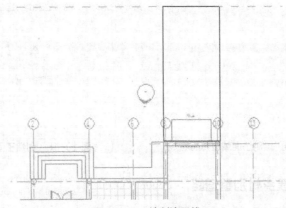

图 10-17　绘制边界线

（7）在"属性"选项板的材质栏中单击 ⋯ 按钮，打开"材质浏览器"对话框，设置道路的材质为水泥砂浆。

（8）单击"模式"面板中的"完成编辑模式"按钮 ✓，完成道路的绘制。

（9）选取立面图标记，拖动将其移动到地形边界外，如图 10-18 所示。

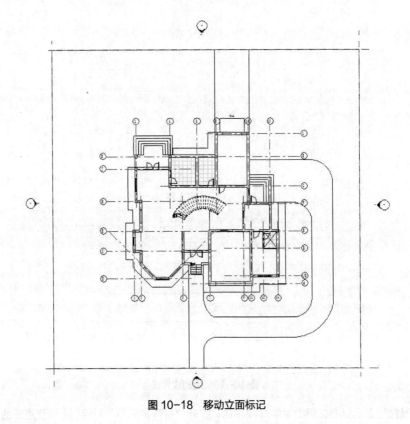

图 10-18　移动立面标记

10.4.3　建筑红线

添加建筑红线的方法有：在场地平面中绘制或在项目中直接输入测量数据。

1. 直接绘制

具体绘制过程如下。

（1）单击"体量和场地"选项卡"修改场地"面板中的"建筑红线"按钮，打开"创建建筑红线"询问对话框，如图 10-19 所示。

（2）单击"通过绘制来创建"选项，打开"修改|创建建筑红线草图"选项卡和选项栏，如图 10-20 所示。

（3）单击"绘制"面板中的"线"按钮，绘制建筑红线草图，如图 10-21 所示。

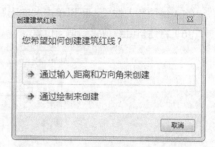

图 10-19　"创建建筑红线"询问对话框

图 10-20　"修改|创建建筑红线草图"选项卡和选项栏

（4）单击"模式"面板中的"完成编辑"按钮，完成建筑红线的创建，如图 10-22 所示。

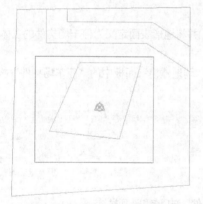

图 10-21　绘制地坪边界线

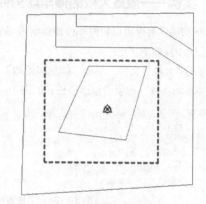

图 10-22　创建建筑红线

这些线应当形成一个闭合环。如果绘制一个开放环并单击"完成建筑红线"，Revit 会发出一条警告，说明无法计算面积。可以忽略该警告继续工作，或将环闭合。

2. 通过角度和方向绘制

具体操作步骤如下。

（1）单击"体量和场地"选项卡"修改场地"面板中的"建筑红线"按钮，打开"创建建筑红线"询问对话框。

（2）单击"通过输入距离和方向角来创建"选项，打开"建筑红线"对话框，如图 10-23 所示。

（3）单击"插入"按钮，从测量数据中添加距离和方向角。

（4）也可以添加圆弧段为建筑红线，分别输入"距离"和"方向"的值，用于描绘弧上两点之间的线段，选取"弧"类型，并输入半径值，但是半径值必须大于线段长度的二分之一，半径越大，形成的圆越大，产生的弧也越平。

（5）继续插入线段，可以单击"向上"或"向下"按钮，修改建筑红线的顺序。

（6）将建筑红线放置到适当位置。

图 10-23　"建筑红线"对话框

10.4.4　实例——放置大楼的停车场构件

"停车场构件"命令可以将停车位添加到地形表面中，并将地形表面定义为停车场构件的主体。

具体绘制步骤如下。

（1）打开"大楼"文件，单击"体量和场地"选项卡"场地建模"面板中的"停车场构件"按钮，打开"修改|停车场构件"选项卡和选项栏，如图 10-24 所示。

图 10-24　"修改|停车场构件"选项卡和选项栏

（2）在"属性"选项板中选择"停车位 4800×2400mm-90 度"类型，其他采用默认设置，如图 10-25 所示。

（3）在停车场左上角放置停车场构件，然后在停车场右下角放置停车场构件，并利用"修改"面板中的"旋转"按钮和"移动"按钮，调整停车场构件的位置，如图 10-26 所示。

图 10-25　属性选项板

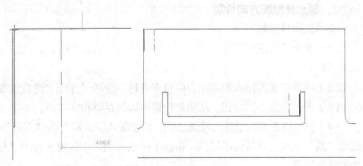

图 10-26　放置停车场构件

（4）单击"修改"面板中的"阵列"按钮 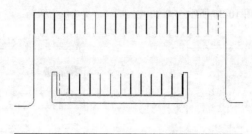，将停车场构件进行阵列，布满停车场，停车场构件最终效果图如图 10-27 所示。

图 10-27　阵列停车场构件

10.4.5　实例——放置别墅场地构件

"场地构件"命令可在场地平面中放置场地专用构件（如树、电线杆和消防栓）。

具体操作步骤如下。

（1）接 10.4.2 节实例，单击"建筑"选项卡"构建"面板"柱" 下拉列表中的"柱：建筑"按钮 ，打开"修改|放置 柱"选项卡和选项栏。

（2）在"属性"选项板中选取"矩形柱 610×610mm"类型，单击"编辑类型"按钮 ，打开"类型属性"对话框，在材质栏中单击 按钮，打开"材质浏览器"对话框，设置材质为"隔音天花板瓷砖24×24"，如图 10-28 所示。连续单击"确定"按钮，完成矩形柱的设置。

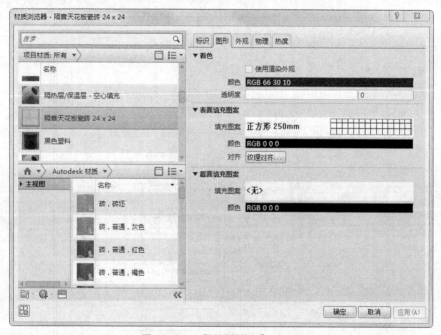

图 10-28　"材质浏览器"对话框

（3）在地形表面的 4 个角放置，然后选取 4 个建筑柱，在"属性"选项板中更改顶部偏移为 1800，其他采用默认设置，如图 10-29 所示。

（4）单击"建筑"选项卡"构建"面板中的"墙"按钮 ，在"属性"选项板中选择"常规-90mm 砖墙"类型，单击"编辑类型"按钮 ，打开"类型属性"对话框，新建"围墙"类型，单击"编辑"按钮，打开

"编辑部件"对话框，更改厚度为 240，连续单击"确定"按钮。

（5）在"属性"选项板中设置定位线为"核心面：外部"，底部约束为"室外地坪"，顶部约束为"未连接"，无连接高度为 2400，如图 10-30 所示。

图 10-29　属性选项板

图 10-30　属性选项板

（6）根据建筑柱绘制墙体，如图 10-31 所示。

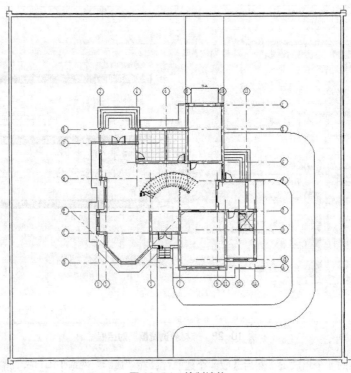

图 10-31　绘制墙体

（7）单击"建筑"选项卡"构建"面板中的"门"按钮，打开"修改|放置门"选项卡。单击"载入族"按钮，打开"载入族"对话框，选取源文件中的"铁艺门"族文件，将其放置在车库道路的围墙处。

（8）单击"修改"面板上的"用间隙拆分"按钮 ⏚，将铁艺门两侧的围墙拆分并删除，然后放置建筑柱，结果如图 10-32 所示。

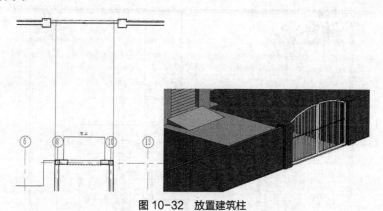

图 10-32　放置建筑柱

（9）采用相同的方法，在大门处放置铁艺门，如图 10-33 所示。

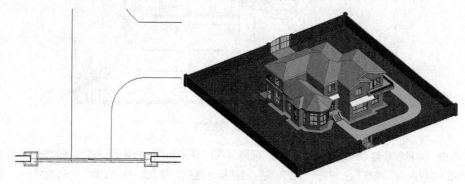

图 10-33　放置铁艺门

（10）单击"体量和场地"选项卡"场地建模"面板中的"场地构件"按钮 🌲，在打开的选项卡中单击"模式"面板中的"载入族"按钮 📥，打开"载入族"对话框，选择"建筑"→"植物"→"3D"→"乔木"文件夹中的"棕榈树 2 3D.rfa"族文件，如图 10-34 所示，单击"打开"按钮。

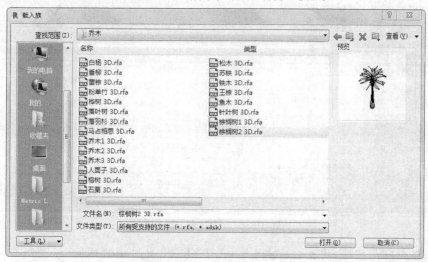

图 10-34　"载入族"对话框

（11）将其放置到场地上适当位置，如图10-35所示。

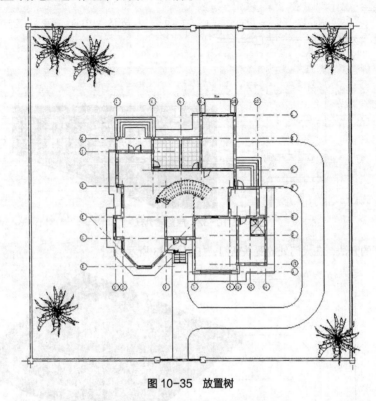

图10-35　放置树

（12）单击"体量和场地"选项卡"场地建模"面板中的"场地构件"按钮，在打开的选项卡中单击"模式"面板中的"载入族"按钮，打开"载入族"对话框，选择"建筑"→"植物"→"3D"→"灌木"文件夹中的"灌木5 3D.rfa"族文件，如图10-36所示。

图10-36　"载入族"对话框

（13）单击"打开"按钮，将灌木放置到场地中的适当位置，如图10-37所示。

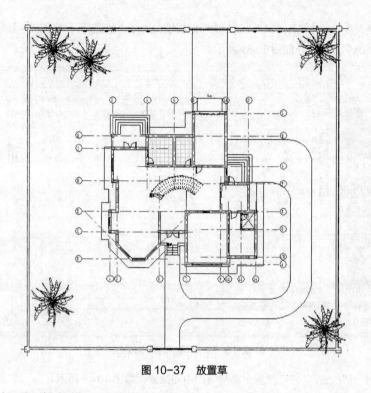

图 10-37　放置草

（14）在"属性"选项板中选择"山茱萸-3.0 米"，在场地上放置山茱萸，如图 10-38 所示。

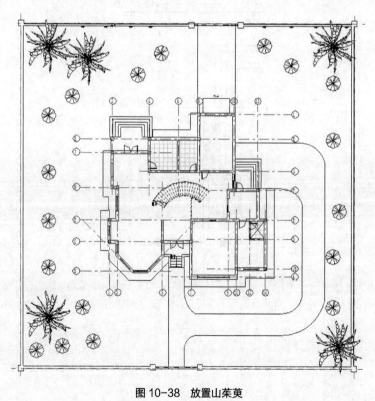

图 10-38　放置山茱萸

（15）单击"体量和场地"选项卡"场地建模"面板中的"场地构件"按钮，在打开的选项卡中单击"模式"面板中的"载入族"按钮 ，打开"载入族"对话框，选择"建筑"→"植物"→"3D"→"草本"文件夹中的"花 3D.rfa"族文件，如图 10-39 所示。

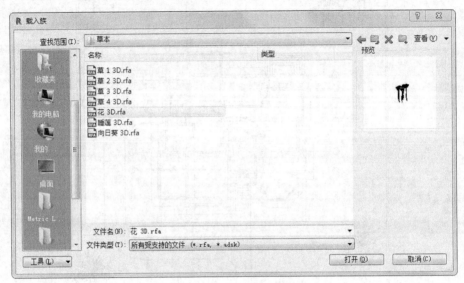

图 10-39 "载入族"对话框

（16）单击"打开"按钮，将花放置到路与墙的中间位置，如图 10-40 所示。

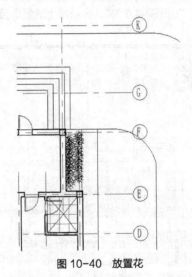

图 10-40 放置花

第11章

漫游和渲染

Revit 可以生成使用"真实"视觉样式构建模型的实时渲染视图，也可以使用"渲染"工具创建模型的照片级真实感图像；Revit 使用不同的效果和内容（如照明、植物、贴花和人物）来渲染三维视图。

■ 贴花

■ 漫游

■ 渲染

11.1　贴花

使用"放置贴花"工具可将图像放置到建筑模型的表面上来进行渲染。例如，可以将贴花用于标志、绘画和广告牌。对于每个贴花，可以指定一个图像及其反射率、亮度和纹理（凹凸贴图）。您可以将贴花放置到水平表面和圆筒形表面上。

11.1.1　放置贴花

具体操作步骤如下。

（1）单击"插入"选项卡"链接"面板"贴花"下拉列表中的"放置贴花"按钮，打开"贴花类型"对话框，如图 11-1 所示。

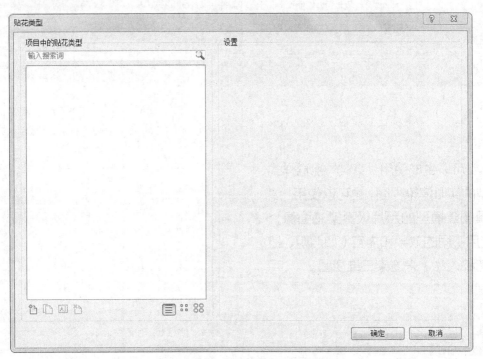

图 11-1　"贴花类型"对话框

（2）单击"新建贴花"按钮，打开"新贴花"对话框，输入名称为"墙画"，如图 11-2 所示，单击"确定"按钮。

（3）新建"墙画"贴花，如图 11-3 所示。可以在对话框中指定图像文件并定义其纹理、凹凸填充图案和其他属性。

- 新建：新建贴花类型。
- 复制：复制贴花类型，单击此按钮，打开"复制贴花"对话框，输入名称，如图 11-4 所示。
- 重命名：重命名的贴花类型。单击此按钮，打开"重命名"对话框，输入新名称，如图 11-5 所示。

图 11-2　"新贴花"对话框

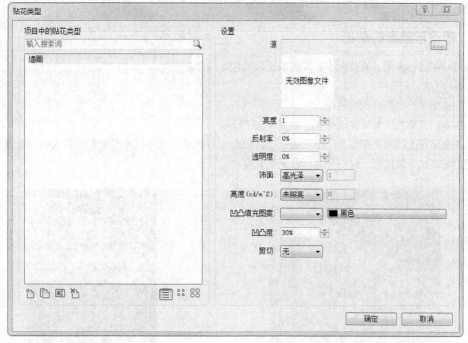

图 11-3 "墙画"贴花

图 11-4 "复制贴花"对话框

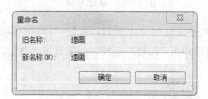

图 11-5 "重命名"对话框

- 删除：删除所选定的贴花。
- 源：为贴花显示的图像文件。单击按钮，打开"选择文件"对话框，选择贴花文件。Revit 支持 BMP、JPG、JPEG 和 PNG 类型的图像文件。
- 亮度：贴花照度的感测。"亮度"是一个乘数，因此值为 1.0 时亮度将无变化。如果指定为 0.5，则其亮度将减半。
- 反射率：测量贴花从其表面反射了多少光。输入一个介于 0 (无反射) 和 1 (最大反射) 之间的值。
- 透明度：测量有多少光通过该贴花。输入一个介于 0 (完全不透明) 和 1 (完全透明) 之间的值。
- 饰面：贴花表面的纹理，包括粗面、半光泽、光泽、高光泽和自定义五种饰面。
- 亮度 (cd/m^2)：表面反射的灯光，包括未照亮、暗发光、手机屏幕、桌灯镜等 12 种灯光。
- 凹凸填充图案：要在贴花表面上使用的凹凸填充图案 (附加纹理)。此纹理位于已应用到放置了贴花的表面上的任何纹理顶层。
- 凹凸度：凹凸的相对幅度。输入 0 可使表面平整。输入更大的小数值 (最大 1.0) 可增大表面不规则性的程度。
- 剪切：剪切贴花表面的形状。

(4) 单击按钮，打开"选择文件"对话框，选择贴花文件，并设置参数。

（5）在绘图区域中，单击要在其上放置贴花的水平表面（如墙面或屋顶面）或圆柱形表面。贴图在所有未渲染的视图中显示为一个占位符。

11.1.2 修改已放置的贴花

可以对贴花进行移动、调整大小、旋转或更改属性等操作。

具体操作方法如下。

（1）在视图中选择要修改的贴花。

（2）拖曳贴花到新位置来移动贴花，如图 11-6 所示。

（3）拖曳贴花上的蓝色夹点调整贴花的大小，如图 11-7 所示；也可以在选项栏中输入新的宽度和高度，勾选"固定宽高比"复选框，保持尺寸标注间的长宽比。

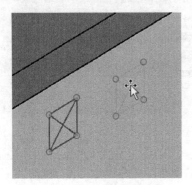

图 11-6 移动贴花

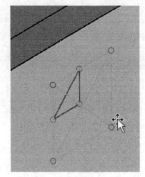

图 11-7 调整大小

（4）单击选项栏中的"重设"按钮，将贴花恢复到原始尺寸。

（5）可以利用"修改"面板中的工具来修改贴花。

11.2 漫游

定义通过建筑模型的路径，并创建动画或一系列图像，向客户展示模型。

漫游是指沿着定义的路径移动的相机。此路径由帧和关键帧组成。关键帧是指可在其中修改相机方向和位置的可修改帧。默认情况下，漫游创建为一系列透视图，但也可以创建为正交三维视图。

11.2.1 实例——创建乡村别墅漫游

具体操作步骤如下。

（1）接上一实例，单击"视图"选项卡"创建"面板"三维视图" 🏠 下拉列表中的"漫游"按钮 👣，打开"修改|漫游"选项卡和选项栏，如图 11-8 所示。

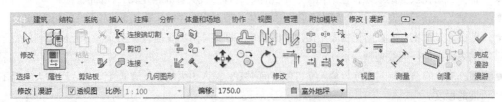

图 11-8 "修改|漫游"选项卡和选项栏

● 透视图：取消"透视图"复选框，将漫游创建为正交三维视图。

- 偏移：在平面视图中，通过设置相机距所选标高的偏移可调整路径和相机的高度。从下拉列表中选择一个标高，然后在"偏移"文本框中输入高度值。

（2）在当前视图的任意位置单击作为漫游路径的开始位置，然后单击鼠标左键逐个放置关键帧，如图 11-9 所示。

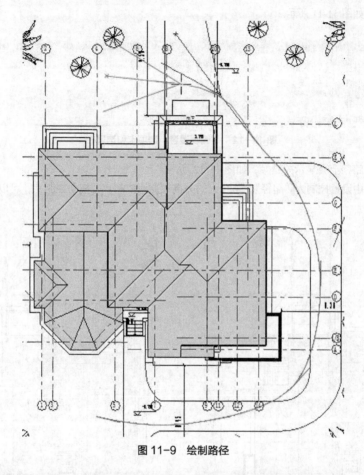

图 11-9　绘制路径

（3）单击"漫游"面板中的"完成漫游"按钮 ✔，结束路径的绘制。

（4）在项目浏览器中新增漫游视图"漫游 1"，双击漫游 1 视图，打开漫游视图，如图 11-10 所示。

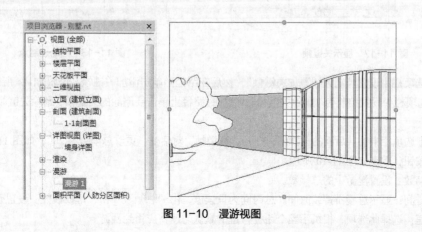

图 11-10　漫游视图

11.2.2 实例——编辑乡村别墅漫游

具体操作步骤如下。

（1）接上一实例，单击"修改|相机"选项卡"漫游"面板中的"编辑漫游"按钮，打开"编辑漫游"选项卡和选项栏，如图 11-11 所示。

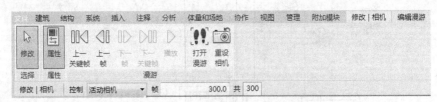

图 11-11 "编辑漫游"选项卡和选项栏

（2）此时漫游路径上会显示关键帧，如图 11-12 所示。

（3）在选项栏中设置控制为"路径"，路径上的关键帧变为控制点，拖动控制点，可以调整路径形状，如图 11-13 所示。

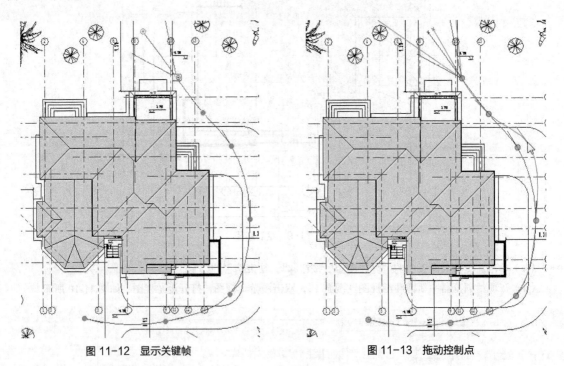

图 11-12 显示关键帧　　　　　　　　图 11-13 拖动控制点

（4）在选项栏中设置控制为"添加关键帧"，然后在路径上单击添加关键帧，如图 11-14 所示。

（5）在选项栏中设置控制为"删除关键帧"，然后在路径上单击要删除的关键帧，删除关键帧，如图 11-15 所示。

（6）单击选项栏中的共后面的"300"，打开"漫游帧"对话框，更改总帧数为 200，如图 11-16 所示。单击"确定"按钮，效果如图 11-10 所示。

- 总帧数：设置漫游中的总帧数。
- 总时间：显示总漫游持续时间。总时间为只读值，由"总帧数"和"每秒帧数"设置确定。
- 匀速：选择此选项，相机沿整个路径行进的默认匀速将应用到漫游。

- 帧/秒：设置漫游动画的每秒帧数。
- 关键帧：显示漫游路径中每个关键帧的编号。
- 帧：沿路径为每个关键帧标识帧编号。
- 加速器：设置和显示漫游在特定关键帧处的播放速度。
- 速度：显示了相机沿路径移动通过每个关键帧的速度（每秒距离）。
- 已用时间：显示了从第一个关键帧开始的已用时间。漫游的总时间取决于帧数和每秒帧数。
- 指示器：选择此选项，可沿漫游路径查看帧分布。
- 帧增量：勾选"指示器"复选框，输入"帧增量"值以便指示器按此值进行显示。

（7）在选项栏中设置控制为"活动相机"，然后拖曳相机控制相机角度，如图 11-17 所示。单击"下一关键帧"按钮 ▷||，调整关键帧上相机角度，采用相同的方法，调整其他关键帧的相机角度。

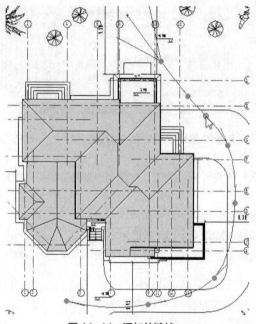

图 11-14　添加关键帧

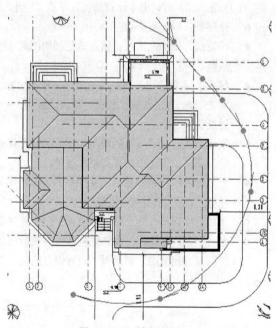

图 11-15　删除关键帧

漫游帧

总帧数(T)：	100		总时间：	20	
☑匀速(U)			帧/秒(F)：	15	

关键帧	帧	加速器	速度(每秒)	已用时间(秒)	
1	1.0	1.0	1985 mm	0.1	
2	71.5	1.0	1985 mm	4.8	
3	170.2	1.0	1985 mm	11.3	
4	214.1	1.0	1985 mm	14.3	
5	242.2	1.0	1985 mm	16.1	
6	264.5	1.0	1985 mm	17.6	
7	300.0	1.0	1985 mm	20.0	

☐指示器(D)
帧增量(I)：　5

确定　取消　应用(A)　帮助(H)

图 11-16　"漫游帧"对话框

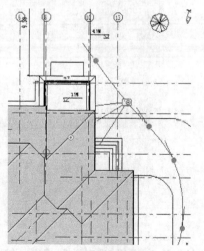

图 11-17　调整相机角度

（8）在选项栏中输入"1"，单击"漫游"面板中的"播放"按钮 ▷，开始播放漫游，中途要停止播放，可以按 Esc 键结束播放。

11.2.3　实例——导出乡村别墅漫游

可以将漫游导出为 AVI 或图像文件。

将漫游导出为图像文件时，漫游的每个帧都会保存为单个文件。可以导出所有帧或一定范围的帧。

具体操作步骤如下。

（1）接上一实例，单击"文件主程序菜单"→"导出"→"图像和动画"→"漫游"命令，打开"长度/格式"对话框，如图 11-18 所示。在对话框中设置参数，单击"确定"按钮。

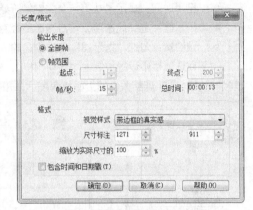

图 11-18　"长度/格式"对话框

- 全部帧：导出整个动画。
- 帧范围：选择此选项，指定该范围内的起点帧和终点帧。
- 帧/秒：设置导出后漫游的速度为每秒多少帧，默认为 15 帧，播放速度比较快，建议设置为 3～4 帧，速度比较合适。
- 视觉样式：设置导出后漫游中图像的视觉样式，包括线框、隐藏线、着色、带边框着色、一致的颜色、真实、带边框的真实感和渲染。
- 尺寸标注：指定帧在导出文件中的大小，如果输入一个尺寸标注的值，软件会计算并显示另一个尺寸标注的值以保持帧的比例不变。
- 缩放为实际尺寸的：输入缩放百分比，软件会计算并显示相应的尺寸标注。
- 包含时间和日期戳：勾选此复选框，在导出的漫游动画或图片上会显示时间和日期。

（2）打开"导出漫游"对话框，设置保存路径、文件名称和文件类型，如图 11-19 所示。单击"保存"按钮。

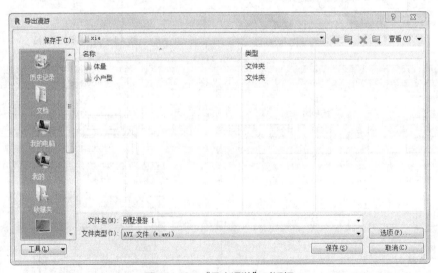

图 11-19　"导出漫游"对话框

（3）打开"视频压缩"对话框，默认压缩程序为"全帧（非压缩的）"，产生的文件非常大，选择"Microsoft

Video 1"压缩程序，如图 11-20 所示。单击"确定"按钮将漫游文件导出为 AVI 文件。

11.3 渲染

渲染为建筑模型，创建照片级真实感图像。

图 11-20 "视频压缩"对话框

11.3.1 相机视图

在渲染之前，一般要先创建相机透视图，生成不同地点，不同角度的场景。

11.3.2 实例——创建室内相机视图

具体操作步骤如下。

（1）打开"培训大楼"文件，将视图切换 3F 天花板平面视图。

（2）单击"视图"选项卡"创建"面板"三维视图" 🏠下拉列表中的"相机"按钮 📷 ，在走廊的右下端放置相机，如图 11-21 所示。

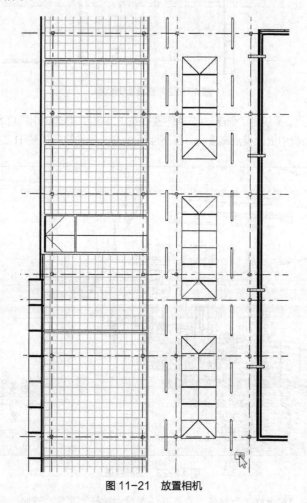

图 11-21 放置相机

（3）移动鼠标，确定相机的方向，如图 11-22 所示。

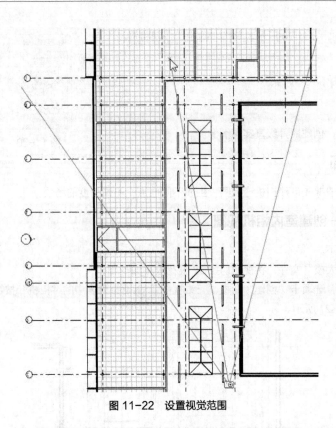

图 11-22　设置视觉范围

（4）单击放置相机视点，系统自动创建一张三维视图，同时在项目浏览器中增加了相机视图：三维视图 1。

（5）在"属性"选项板中更改视点高度和目标高度为 9350，三维视图如图 11-23 所示。

图 11-23　三维视图

（6）单击控制栏中的"视觉样式"按钮，在打开的菜单中选择"真实"选项，如图 11-24 所示。真实效果图如图 11-25 所示。

图 11-24　视觉样式

图 11-25　真实效果

（7）在项目浏览器中选择上一步创建的三维视图 1，单击鼠标右键，在弹出的快捷菜单中选择"重命名"选项，如图 11-26 所示，打开"重命名视图"对话框，输入名称为"3F 走廊视图"，如图 11-27 所示，单击"确定"按钮，完成视图名称的更改。

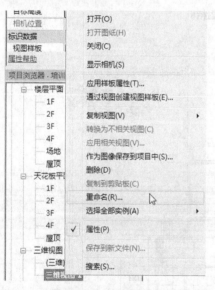

图 11-26　快捷菜单

图 11-27　"重命名视图"对话框

11.3.3　实例——创建外景相机视图

具体操作步骤如下。

（1）接 11.2.3 节实例，在项目浏览器的楼层平面节点下双击室外地坪，将视图切换到室外地坪平面视图。

（2）单击"视图"选项卡"创建"面板"三维视图"　下拉列表中的"相机"按钮　，在平面视图的左下角放置相机，如图 11-28 所示。

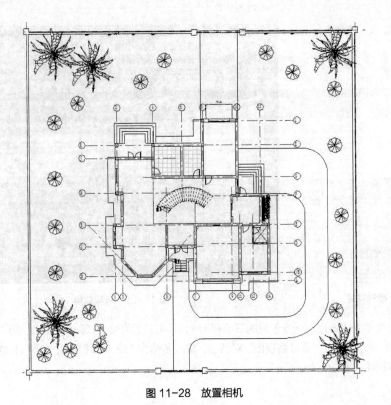

图 11-28 放置相机

（3）移动鼠标，确定相机的方向，如图 11-29 所示。

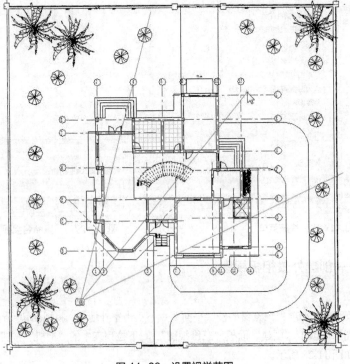

图 11-29 设置视觉范围

（4）单击放置相机视点，系统自动创建一张三维视图，同时在项目浏览器中增加了相机视图：三维视图 1 如图 11-30 所示。

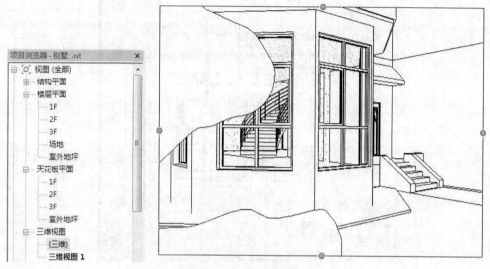

图 11-30　三维视图

（5）拖动裁剪区域的控制点，调整视图的界限，三维视图如图 11-31 所示。

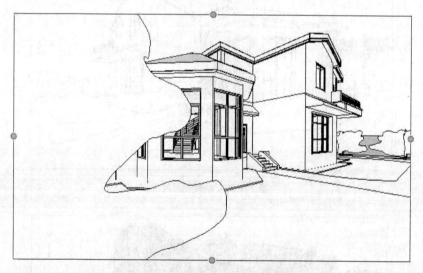

图 11-31　更改尺寸后的三维视图

（6）将视图切换至室外地坪楼层平面视图，拖动相机的控制点，调整相机的视图范围，如图 11-32 所示。

（7）双击三维视图 1，切换至三维视图并选取，拖动视口上的控制点，调整视图范围，结果如图 11-33 所示。

（8）单击控制栏中的"视觉样式"按钮，在打开的菜单中选择"着色"选项，效果图如图 11-34 所示。

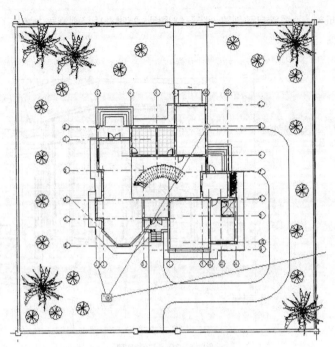

图 11-32　调整相机视图范围

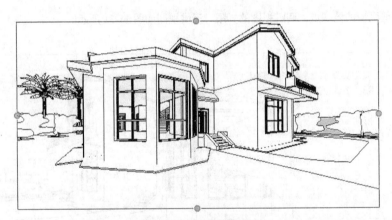

图 11-33　调整视图范围

图 11-34　着色效果

（9）在项目浏览器中选择上一步创建三维视图 1，单击鼠标右键，在弹出的快捷菜单中选择"重命名"选项，如图 11-35 所示，打开"重命名视图"对话框，输入名称为"外景视图"，如图 11-36 所示，单击"确定"按钮，完成视图名称的更改。

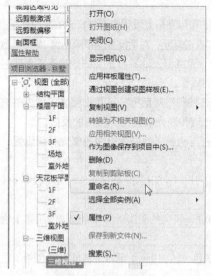

图 11-35　快捷菜单

图 11-36　"重命名视图"对话框

11.3.4　渲染视图

渲染视图以创建三维模型的照片级真实感图像。

（1）打开已创建的相机视图文件。

（2）单击"视图"选项卡"演示视图"面板中的"渲染"按钮，打开"渲染"对话框，质量设置为"高"，分辨率为"打印机"，照明方案为"室外：日光和人造光"，背景样式为"天空：少云"，其他采用默认设置，如图 11-37 所示。

① 区域：勾选此复选框，在三维视图中，Revit 会显示渲染区域边界。选择渲染区域，并使用蓝色夹具来调整其尺寸。对于正交视图，也可以拖曳渲染区域以在视图中移动其位置。

② 质量：为渲染图像指定所需的质量。包括绘图、中、高、最佳、自定义和编辑 6 种。

● 绘图：尽快渲染，生成预览图像。模拟照明和材质，阴影缺少细节。渲染速度最快。

● 中：快速渲染，生成预览图像，获得模型的总体印象，模拟粗糙和半粗糙材质。该设置最适用于没有复杂照明或材质的室外场景。渲染速度中等。

● 高：相对中等质量，渲染所需时间较长。照明和材质更准确，尤其对于镜面（金属类型）材质。对软性阴影和反射进行高质量渲染。该设置最适用于有简单的照明的室内和室外场景。渲染速度慢。

● 最佳：以较高的照明和材质精确度渲染。以高质量水平渲染半粗糙材质的软性阴影和柔和反射。此

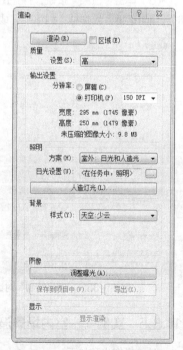

图 11-37　"渲染"对话框

渲染质量对复杂的照明环境尤为有效，生成所需的时间最长。渲染速度最慢。

- 自定义：使用"渲染质量设置"对话框中指定的设置。渲染速度取决于自定义设置。

③ 输出设置-分辨率：选择"屏幕"选项，为屏幕显示生成渲染图像；选择"打印机"选项，生成供打印的渲染图像。

④ 照明：在方案中选择照明方案，如果选择了日光方案，可以在日光设置中调整日光的照明设置。如果选择使用人造灯光的照明方案，则单击"人造灯光"按钮，打开"人造灯光"对话框控制渲染图像中的人造灯光。

⑤ 背景：可以为渲染图像指定背景，背景可以是单色、天空和云或者自定义图像，注意创建包含自然光的内部视图时，天空和云背景可能会影响渲染图像中灯光的质量。

⑥ 调整曝光：单击此按钮，打开图 11-38 所示的"曝光控制"对话框，可帮助将真实世界的亮度值转换为真实的图像，曝光控制模仿人眼对与颜色、饱和度、对比度和眩光有关的亮度值的反应。

- 曝光值：渲染图像的总体亮度。此设置类似于具有自动曝光的摄影机中的曝光补偿设置。输入一个介于 6（较亮）和 16（较暗）之间的值。
- 高亮显示：图像最亮区域的灯光级别。输入一个介于 0（较暗的高亮显示）和 1（较亮的高亮显示）之间的值。默认值是 0.25。
- 阴影：图像最暗区域的灯光级别。输入一个介于 0.1（较亮的阴影）和 1（较暗的阴影）之间的值。默认值为 0.2。
- 饱和度：渲染图像中颜色的亮度。输入一个 0（灰色/黑色/白色）到 5（更鲜艳的色彩）之间的值。默认值为 1。
- 白点：应该在渲染图像中显示为白色的光源色温。此设置类似于数码相机上的"白平衡"设置。如果渲染图像看上去橙色太浓，则减小"白点"值。如果渲染图像看上去太蓝，则增大"白点"值。

（3）单击"渲染"按钮，打开图 11-39 所示的"渲染进度"对话框，显示渲染进度，勾选"当渲染完成时关闭对话框"复选框，则渲染完成后自动关闭对话框。

图 11-38 "曝光控制"对话框

图 11-39 "渲染进度"对话框

11.3.5 实例——室内场景渲染

具体操作步骤如下。

（1）接 11.3.2 节实例，双击 3F 走廊视图，将视图切换至 3F 走廊视图。

（2）单击"视图"选项卡"演示视图"面板中的"渲染"按钮，打开"渲染"对话框，在质量设置的下拉列表中选择"编辑"选项，打开"渲染质量设置"对话框，在质量设置下拉列表中选择"自定义（视图专用）"，选择"高级-精确材质和阴影"选项，如图 11-40 所示，其他采用默认设置，单击"确定"按钮，返回到"渲染"对话框。

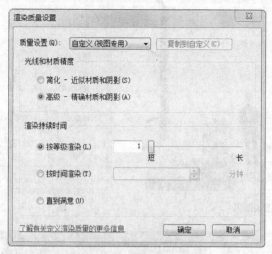

图 11-40　"渲染"对话框

（3）在"渲染"对话框中输出设置选择"屏幕"分辨率，照明方案为"室内：日光和人造光"选项，单击日光设置栏中的"选择太阳位置"按钮 ，打开"日光设置"对话框，选择"照明"选项，在预设栏中选择"来自右上角的日光"选项，取消"地平面的标高"复选框的勾选，其他采用默认设置，如图 11-41 所示。

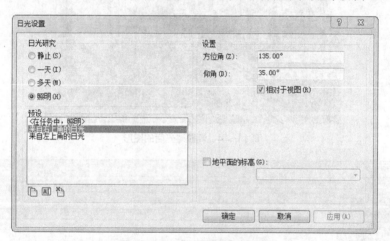

图 11-41　"日光设置"对话框

（4）单击"渲染"按钮，打开图 11-40 所示的"渲染进度"对话框，显示渲染进度，勾选"当渲染完成时关闭对话框"复选框，则渲染完成后自动关闭对话框，渲染结果如图 11-42 所示。

（5）单击"渲染"对话框中的"调整曝光"按钮，打开"曝光控制"对话框，拖动各个选项的滑块调整数值，也可以直接输入数值，如图 11-43 所示。单击"应用"按钮，结果如图 11-44 所示。然后单击"确定"按钮，关闭"曝光控制"对话框。

（6）单击"渲染"对话框中的"保存到项目中"按钮，打开"保存到项目中"对话框，输入名称为"三层走廊效果图"，单击"确定"按钮，将渲染完的图像保存在项目中。

（7）单击"导出"按钮，打开"保存图像"对话框，设置图像的保存路径和文件名，如图 11-45 所示。单击"保存"按钮，导出图像。

图 11-42　渲染图形

图 11-43　"曝光控制"对话框

图 11-44　调整曝光后的图形

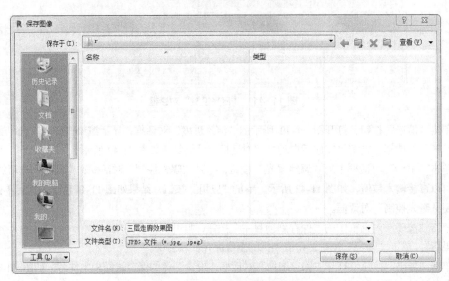

图 11-45　"保存图像"对话框

11.3.6 实例——外景渲染

具体操作步骤如下。

（1）接 11.3.3 节实例，单击"视图"选项卡"演示视图"面板中的"渲染"按钮，打开"渲染"对话框，质量设置为"最佳"，分辨率为"屏幕"，照明方案为"室外：仅日光"，背景样式为"天空：少云"，如图 11-46 所示。

（2）单击"渲染"按钮，打开图 11-47 所示的"渲染进度"对话框，显示渲染进度，勾选"当渲染完成时关闭对话框"复选框，则渲染完成后自动关闭对话框，渲染结果如图 11-48 所示。

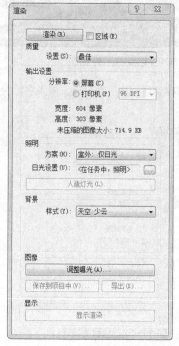

图 11-46 "渲染"对话框

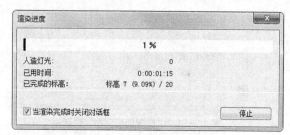

图 11-47 "渲染进度"对话框

图 11-48 渲染图形

（3）单击"渲染"对话框中的"调整曝光"按钮，打开"曝光控制"对话框，拖动各个选项的滑块调整数值，也可以直接输入数值，如图 11-49 所示。单击"应用"按钮，结果如图 11-50 所示。然后单击"确定"按钮，关闭"曝光控制"对话框。

图 11-49 "曝光控制"对话框

图 11-50 调整曝光后的图形

（4）单击"渲染"对话框中的"保存到项目中"按钮，打开"保存到项目中"对话框，输入名称为"别墅效果图"，如图 11-51 所示。

（5）单击"确定"按钮，将渲染完的图像保存在项目中，如图 11-52 所示。

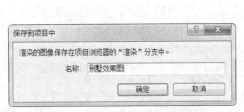

图 11-51 "保存到项目中"对话框

图 11-52 项目浏览器

（6）关闭"渲染"对话框后，视图显示为相机视图，双击项目中的"渲染：别墅效果图"，打开渲染图像，如图 11-50 所示。

11.3.7 导出渲染视图

导出图像时，Revit 会将每个视图直接打印到光栅图像文件中。

具体操作步骤如下。

（1）打开创建的渲染视图文件。

（2）单击"文件主程序菜单"→"导出"→"图像和动画"→"图像"命令，打开"导出图像"对话框，如图 11-53 所示。在对话框中设置图像参数。

● 修改：根据需要修改图像的默认路径和文件名。

● 导出范围：指定要导出的图像。

● 当前窗口：选择此选项，将导出绘图区域的所有内容，包括当前查看区域以外的部分。

● 当前窗口可见部分：选择此选项，将导出绘图区域中当前可见的任何部分。

● 所选视图/图纸：选择此选项，将导出指定的图纸和视图。单击"选择"按钮，打开图 11-54 所示的"视图/图纸集"对话框，选择所需的图纸和视图，单击"确定"按钮。

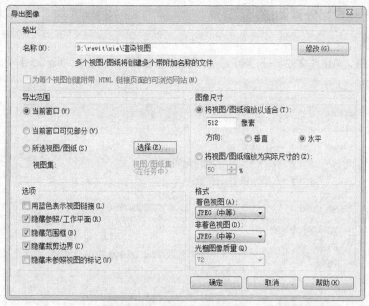

图 11-53　"导出图像"对话框

图 11-54　"视图/图纸集"对话框

- 图像尺寸：指定图像显示属性。
- 将视图/图纸缩放以适合：要指定图像的输出尺寸和方向。Revit 将在水平或垂直方向将图像缩放到指定数目的像素。
- 将视图/图纸缩放为实际尺寸的：输入百分比，Revit 将按指定的缩放设置输出图像。
- 选项：选择所需的输出选项。默认情况下，导出的图像中的链接以黑色显示。选择"用蓝色表示视图链接"选项，显示蓝色链接。选择"隐藏参照/工作平面""隐藏范围框""隐藏裁剪边界"和"隐藏未参照视图的标记"选项，在导出的视图中隐藏不必要的图形部分。
- 格式：选择着色视图和非着色视图的输出格式。

11.3.8 实例——导出外景图形

具体操作步骤如下。

（1）接上一实例，单击"文件"→"导出"→"图像和动画"→"图像"命令，打开"导出图像"对话框，如图 11-55 所示。

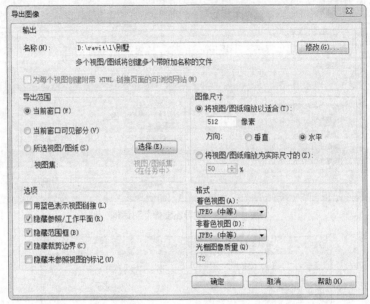

图 11-55 "导出图像"对话框

（2）单击"修改"按钮，打开"指定文件"对话框，设置图像的保存路径和文件名，如图 11-56 所示。单击"保存"按钮，返回到"导出图像"对话框。

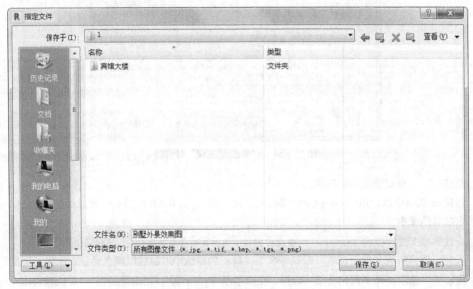

图 11-56 "指定文件"对话框

（3）在"图像尺寸"中设置像素为 1024，方向为水平，在格式中设置着色视图和非着色视图为 JPEG（无失真），其他采用默认设置，如图 11-57 所示。单击"确定"按钮，导出图像。

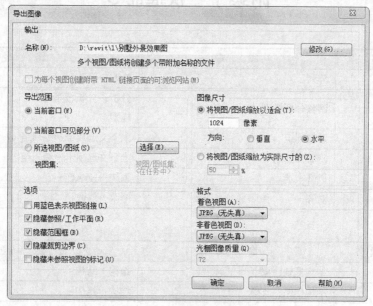

图 11-57　设置导出图像参数

（4）在保存位置打开保存的图像，如图 11-58 所示。

图 11-58　打开图像

附录 I 快捷命令

A

快 捷 键	命 令	路 径
AR	阵列	修改→修改
AA	调整分析模型	分析→分析模型工具；上下文选项卡→分析模型
AP	添加到组	上下文选项卡→编辑组
AD	附着详图组	上下文选项卡→编辑组
AT	风管末端	系统→HVAC
AL	对齐	修改→修改

B

快 捷 键	命 令	路 径
BM	结构框架：梁	结构→结构
BR	结构框架：支撑	结构→结构
BS	结构梁系统；自动创建梁系统	结构→结构；上下文选项卡→梁系统

C

快 捷 键	命 令	路 径
CO/CC	复制	修改→修改
CG	取消	上下文选项卡→编辑组
CS	创建类似	修改→创建
CP	连接端切割：应用连接端切割	修改→几何图形
CL	柱；结构柱	建筑→构建；结构→结构
CV	转换为软风管	系统→HVAC
CT	电缆桥架	系统→电气
CN	线管	系统→电气
Ctrl+Q	关闭文字编辑器	上下文选项卡→编辑文字；文字编辑器

D

快 捷 键	命 令	路 径
DI	尺寸标注	注释→尺寸标注；修改→测量；创建→尺寸标注；上下文选项卡→尺寸标注
DL	详图 线	注释→详图
DR	门	建筑→构建
DT	风管	系统→HVAC
DF	风管管件	系统→HVAC
DA	风管附件	系统→HVAC
DC	检查风管 系统	分析→检查系统
DE	删除	修改→修改

E

快 捷 键	命 令	路 径
EC	检查 线路	分析→检查系统
EE	电气设备	系统→电气
EX	排除构件	关联菜单
EW	弧形导线	系统→电气
EW	编辑 尺寸界线	上下文选项卡→尺寸界线
EL	高程点	注释→尺寸标注；修改→测量；上下文选项卡→尺寸标注
EG	编辑 组	上下文选项卡→成组
EH	在视图中隐藏：隐藏图元	修改→视图
EU	取消隐藏 图元	上下文选项卡→显示隐藏的图元
EOD	替换视图中的图形：按图元替换	修改→视图
EOG	图形由视图中的图元替换：切换假面	
EOH	图形由视图中的图元替换：切换半色调	

F

快 捷 键	命 令	路 径
FG	完成	上下文选项卡→编辑组
FR	查找/替换	注释→文字；创建→文字；上下文选项卡→文字
FT	结构基础：墙	结构→基础
FD	软风管	系统→HVAC
FP	软管	系统→卫浴和管道
F7	拼写检查	注释→文字；创建→文字；上下文选项卡→文字
F8/Shift+W	动态视图	
F5	刷新	
F9	系统浏览器	视图→窗口

G

快 捷 键	命 令	路 径
GP	创建组	创建→模型；注释→详图；修改→创建；创建→详图；建筑→模型；结构→模型
GR	轴网	建筑→基准；结构→基准

H

快 捷 键	命 令	路 径
HH	隐藏图元	视图控制栏
HI	隔离图元	视图控制栏

续表

快　捷　键	命　令	路　径
HC	隐藏类别	视图控制栏
HR	重设临时隐藏/隔离	视图控制栏
HL	隐藏线	视图控制栏

I

快　捷　键	命　令	路　径
IC	隔离类别	视图控制栏

L

快　捷　键	命　令	路　径
LD	荷载	分析→分析模型
LO	热负荷和冷负荷	分析→报告和明细表
LG	链接	上下文选项卡→成组
LL	标高	创建→基准；建筑→基准；结构→基准
LI	模型线；边界线；线形钢筋	创建→模型；创建→详图；创建→绘制；修改→绘制；上下文选项卡→绘制
LF	照明设备	系统→电气
LW	线处理	修改→视图

M

快　捷　键	命　令	路　径
MD	修改	创建→选择；插入→选择；注释→选择；视图→选择；管理→选择等
MV	移动	修改→修改
MM	镜像	修改→修改
MP	移动到项目	关联菜单
ME	机械 设备	系统→机械
MS	MEP 设置：机械设置	管理→设置
MA	匹配类型属性	修改→剪贴板

N

快　捷　键	命　令	路　径
NF	线管配件	系统→电气

O

快　捷　键	命　令	路　径
OF	偏移	修改→修改

P

快 捷 键	命 令	路 径
PP/Ctrl+L/VP	属性	创建→属性；修改→属性；上下文选项卡→属性
PI	管道	系统→卫浴和管道
PF	管件	系统→卫浴和管道
PA	管路附件	系统→卫浴和管道
PX	卫浴装置	系统→卫浴和管道
PT	填色	修改→几何图形
PN	锁定	修改→修改
PC	捕捉到点云	捕捉
PS	配电盘 明细表	分析→报告和明细表
PC	检查管道 系统	分析→检查系统

R

快 捷 键	命 令	路 径
RM	房间	建筑→房间和面积
RT	房间 标记；房间标记	建筑→房间和面积；注释→标记
RY	光线追踪	视图控制栏
RR	渲染	视图→演示视图；视图控制栏
RD	在云中渲染	视图→演示视图；视图控制栏
RG	渲染库	视图→演示视图；视图控制栏
R3	定义新的旋转中心	关联菜单
RA	重设分析模型	分析→分析模型工具
RO	旋转	修改→修改
RE	缩放	修改→修改
RB	恢复已排除构件	关联菜单
RA	恢复所有已排除成员	上下文选项卡→成组；关联菜单
RG	从组中删除	上下文选项卡→编辑组
RC	连接端切割；删除连接端切割	修改→几何图形
RH	切换显示隐藏 图元模式	上下文选项卡→显示隐藏的图元；视图控制栏
RC	重复上一个命令	关联菜单

S

快 捷 键	命 令	路 径
SA	选择全部实例：在整个项目中	关联菜单
SB	楼板；楼板：结构	建筑→构建；结构→结构
SK	喷头	系统→卫浴和管道
SF	拆分面	修改→几何图形
SL	拆分图元	修改→修改
SU	其他设置：日光设置	管理→设置

续表

快　捷　键	命　　令	路　　径
SI	交点	捕捉
SE	端点	捕捉
SM	中点	捕捉
SC	中心	捕捉
SN	最近点	捕捉
SP	垂足	捕捉
ST	切点	捕捉
SW	工作平面网格	捕捉
SQ	象限点	捕捉
SX	点	捕捉
SR	捕捉远距离对象	捕捉
SO	关闭捕捉	捕捉
SS	关闭替换	捕捉
SD	带边缘着色	视图控制栏

T

快　捷　键	命　　令	路　　径
TL	细线	视图→图形；快速访问工具栏
TX	文字标注	注释→文字；创建→文字
TF	电缆桥架 配件	系统→电气
TR	修剪/延伸	修改→修改
TG	按类别标记	注释→标记；快速访问工具栏

U

快　捷　键	命　　令	路　　径
UG	解组	上下文选项卡→成组
UP	解锁	修改→修改
UN	项目单位	管理→设置

V

快　捷　键	命　　令	路　　径
VV/VG	可见性/图形	视图→图形
VR	视图 范围	上下文选项卡→区域；属性选项卡
VH	在视图中隐藏类别	修改→视图
VU	取消隐藏 类别	上下文选项卡→显示隐藏的图元
VOT	图形由视图中的类别替换：切换透明度	
VOH	图形由视图中的类别替换：切换半色调	
VOG	图形由视图中的图元替换：切换假面	

W

快 捷 键	命 令	路 径
WF	线框	视图控制栏
WA	墙	建筑→构建；结构→结构
WN	窗	建筑→构建
WC	层叠窗口	视图→窗口
WT	平铺窗口	视图→窗口

Z

快 捷 键	命 令	路 径
ZZ/ZR	区域放大	导航栏
ZX/ZF/ZE	缩放匹配	导航栏
ZC/ZP	上一次平移/缩放	导航栏
ZV/ZO	缩小一半	导航栏
ZA	缩放全部以匹配	导航栏
ZS	缩放图纸大小	导航栏

数字

快 捷 键	命 令	路 径
32	二维模式	导航栏
3F	飞行模式	导航栏
3W	漫游模式	导航栏
3O	对象模式	导航栏

附录Ⅱ Revit 常见问题

1. 怎样避免双击误操作

在使用 Revit 建模过程中，常会由于双击模型中构件进入族编辑视图中，有时不需要进行族的编辑工作，为了避免双击导致的不确定性后果，可以在选项菜单中的用户界面选项卡双击选项，将族的双击操作设置为无反应。

2. 绘制图元时，Shift 键的限制作用

（1）将直线和多边形半径限制为水平或垂直的线。
（2）将三点画弧的弦、从圆心和端点创建的弧半径以及椭圆的轴限制为 45 度的整数倍。
将两点画弧和三点画弧限制为 90 度、180 度或 270 度。

3. "复制"和"复制到剪贴板"工具的区别

要复制某个选定图元并立即放置该图元时（例如，在同一个视图中），可使用"复制"工具。在某些情况下可使用"复制到剪贴板"工具，例如，需要在放置副本之前切换视图时。

4. 快速复制方法

选中要复制的图元，按住键盘 Ctrl 键，然后单击鼠标左键拖动所选中的图元，即可完成复制。

5. 同一位置有多个图元时，如何快速选中目标图元

在被激活的当前视图下，将鼠标移动到图元位置，重复按 Tab 键，直至所需图元高亮为蓝色，此时单击鼠标左键，可准确快速选中目标图元。

6. 如何合并拆分后的图元

选择拆分后的任意一部分图元，单击其操作夹点，使其分离然后再拖动到原来的位置松手，被拆分的图元就又重新合并了。

7. 族命令规则

（1）对于族和类型名称使用标题大小写。
（2）不要在类型名称中重复使用族名称。
（3）类型名称应该体现出实际用途，要在名称中指明尺寸，请使用特定的尺寸标注，而非不明确的描述。
（4）名称中的英制单位格式应该是 a'-b c/d" xa'-b c/d"。大多数情况下，应该以英寸作为尺寸单位，即 aa"xbb"。
（5）名称中公制单位格式应该是 aa×bbmm。
（6）公称尺寸不应将单位指示器用于名称，即对于尺寸标注使用 2×4，而不是 2"×4"。

8. 创建的标高没有对应的视图

通过复制创建的标高不会在楼层平面自动生成楼层平面视图，需要通过视图选项卡创建面板中的平面视图下拉列表中的楼层平面选项新建新的楼层平面视图。

9. 轴网 3D 和 2D 的区别

如果轴网都是 3D 的信息，那么影响是，标高 1、标高 2 都会跟着一起移动。

如果轴网是 2D 的信息，那么影响是，只在标高 1 移动，对其标高 2 平面的轴网没有移动。

10. 画的柱在视图中不显示

在进行柱的创建时默认放置方式为深度，表示柱是由放置高度平面向下布置的，在建筑样板创建的项目中默认的视图范围只能看到当前平面向上的图元，也就导致了所创建的柱显示不出来。所以一般在创建柱的时候将放置方式深度改为高度。

11. 门窗插入的技巧

（1）在平面中插入门窗时，在键盘中输入 SM 门窗会自动定义其在墙体的中心位置。

（2）空格键可以快速调整门开启的方向。

（3）在三维视图中调整门窗的位置时需要注意，选择门窗后使用移动命令调整时只能在同一平面上进行修改，重新定义主体后可以使门窗移动到其他的墙面上。

常规的编辑命令同样适用于门窗的编辑。可在平面、立面、剖面、三维等视图中移动、复制、阵列、镜像和对齐门窗。

12. 查看建筑模型内部的某一部分

在属性选项卡中勾选"剖面框"，调整剖面框的大小来查看建筑模型内部。

13. Revit 视图中默认的背景颜色为白色能否修改

可以修改。单击"文件"程序菜单→"选项"命令，打开"选项"对话框，在"图形"选项卡的"颜色"选项组中单击背景色块，打开"颜色"对话框，选择需要的背景颜色即可。

14. 文件损坏出错如何修复

在"打开"对话框中勾选"核查"选项。若数据仍存在问题，可以使用项目的备份文件，如"×××项目.0001.rvt"。

15. 如何控制在插入建筑柱时不与墙自动合并

定义建筑柱族时，单击其"属性"中的"类别和参数"按钮，打开其对话框不勾选"将几何图形自动连接到墙"的选项。

16. 如何改变门或窗等基于主体的图元位置

选取需要改变的图元，然后单击"修改|××"选项卡中的"拾取新主体"按钮。

17. 若不小心将面板上的"属性"或者"项目浏览器"关闭，如何处理

单击"视图"选项卡"窗口"面板中的"用户界面"按钮，在打开的图Ⅱ-1 所示的下拉菜单中勾选"属性"或"项目浏览器"即可。

图 II-1　用户界面下拉菜单

18.　Revit 中链接 CAD 和导入 CAD 的区别

链接 CAD 有点类似于 Office 软件里的超链接功能，链接一定要有 CAD 原文件，也就是复制出去的时候，CAD 原文件也要一起附带过去，否则 Revit 中的文件就会丢失。通俗来说，链接 CAD 相当于借用 CAD 文件，如果在外部将 CAD 移动位置或者删除，Revit 中的 CAD 也会随之消失。

导入 CAD 相当于直接把 CAD 文件变为 Revit 本身的文件，而不是借用，不管外部的 CAD 如何变化，都不会对 Revit 中的 CAD 产生影响，因为它已经成为 Revit 项目的一部分，跟外部 CAD 文件不存在联系。

19.　在视图中找不到 CAD

在 Revit 使用过程中，常遇到在视图中找不到导入的 CAD 图纸的问题，此时可以双击鼠标滚轮迅速进入视图中心，找到图纸，再进行解锁、移动的操作。

20.　创建图元在楼层平面不可见

创建的图元在视图中不显示的原因很多，首先，检查视图范围，检查创建的图元是否在当前视图范围内；第二，检查视图控制栏中的显示隐藏图元选项，检查该图元是否能够显示；第三，检查属性框内图形选项中的规程是否为协调；第四，检查属性框内范围选项中是否打开了剪裁视图；第五，通过快捷键 VV 进入可见性图形替换窗口，检查该图元是否未勾选可见性以及是否有过滤器。

21.　标高偏移与 z 轴偏移的区别

在创建结构梁过程中，可以通过起点、终点的标高偏移和 z 轴偏移两个参数来调整梁的高度，在结构梁并未旋转的情况下，这两种偏移的结果是相同的。但如果梁需要旋转一个角度，两种方式创建的梁就会产生差别。

因为标高的偏移无论是否有角度，都会将构件垂直升高或降低。而结构梁的 z 轴偏移在设定的角度后，将会沿着旋转后的 z 轴方向进行偏移。

22.　在 Revit 中隐藏导入 CAD 图纸的指定图层

导入 CAD 图纸以后，为了让图纸显示得更加简单明了，可以隐藏图纸中指定的一些图层。单击"视图"选项卡"图形"面板中的"可见性/图形"按钮，打开"可见性/图形替换"对话框，在"导入的类别"选项卡中单击导入的 CAD 图纸，在图纸节点下取消相应图层复选框的勾选，即可隐藏对应的图层。

23. Revit 中测量点、项目基点、图形原点三者的区别

测量点：项目在实际坐标系中实际测量定位的参考坐标原点，需要和总图专业配合，从总图中获取坐标值。

项目基点：项目在用户坐标系中测量定位的相对参考坐标原点，需要根据项目特点确定此点的合理位置（项目的位置是会随着基点的位置变换而变化的，也可以关闭其关联状态，一般以左下角两根轴网的交点为项目基点的位置，所以链接的时候一定是原点到原点的链接）。

图形原点：默认情况下，在第一次新建项目文件时，测量点和项目基点位于同一个位置点，此点即为图形原点，此点无明显显示标记。

 当项目基点、测量点和图形原点不在同一个位置的时候，使用高程点坐标可以测出三个不同的值。

24. 视图总是灰显下一层的解决办法

将属性选项板中基线"范围：底部标高"设置为"无"，如图 II -2 所示，就不会看到下层楼层的图元。

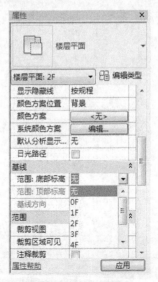

图 II -2　属性选项板

25. 在幕墙中添加门窗的方法

方法一：在项目中插入一个窗嵌板族，然后通过 Tab 键切换选择幕墙中要替换的嵌板，替换为门窗嵌板即可。

方法二：把幕墙中的一块玻璃替换成墙，然后就可在墙的位置插入普通的门窗。

26. 如何将剖面线变粗并设置为红色

单击"管理"选项卡"设置"面板中的"对象样式"按钮，打开"对象样式"对话框，在"注释对象"选项卡中分别设置"剖面标头""剖面框"和"剖面线"标签，设置线宽投影为 5 或更大的值，然后修改线颜色为红色。

27. 结构柱和建筑柱的区别

结构柱和建筑柱本身存在物体属性方面的区别。结构柱主要用于承重，而建筑柱主要起装饰作用。同样在 Revit 中，结构柱与建筑轴的设定也有类似的区别。

在 Revit 中结构柱由结构专业布置，并可以进行结构分析，而建筑柱由建筑装饰布置，不参与结构计算，只起到装饰的作用。

建筑柱将继承连接到的其他图元的材质，墙的复合层包络建筑柱，而结构柱将不具备此特性。

28. 多个图元如何选择

如果几个图元彼此非常接近或相互重叠，可将指针移到该区域上并按 Tab 键，直至状态栏描述所需图元为止。按 Shift+Tab 组合键可以按相反的顺序循环切换图元。